上海合作组织环境保护研究丛书

上海合作组织
区域和国别环境保护研究
（2016）

STUDY ON REGIONAL AND COUNTRY
ENVIRONMENTAL PROTECTION OF SCO (2016)

国冬梅　王玉娟　张　宁等　编著

社会科学文献出版社
SOCIAL SCIENCES ACADEMIC PRESS (CHINA)

前　言

截至目前，上海合作组织（简称上合组织）有 6 个成员国，分别为哈萨克斯坦、中国、吉尔吉斯斯坦、俄罗斯、塔吉克斯坦、乌兹别克斯坦，6个观察员国（阿富汗、白俄罗斯、伊朗、蒙古、印度和巴基斯坦已经启动加入成员国程序），6 个对话伙伴国（阿塞拜疆、亚美尼亚、柬埔寨、尼泊尔、土耳其、斯里兰卡）。

本书是上海合作组织环境保护研究丛书之三：《上海合作组织区域和国别环境保护研究（2016）》。第一本为《上海合作组织成员国环境保护研究》，介绍了上海合作组织概况及其 5 个成员国（哈萨克斯坦、吉尔吉斯斯坦、俄罗斯、塔吉克斯坦、乌兹别克斯坦）的国家概况、环境状况、环境管理和环保国际合作。第二本为《上海合作组织区域和国别环境保护研究（2015）》，重点对上海合作组织区域重点环保国际合作机制（独联体、欧亚经济联盟、亚开行"中亚区域经济合作机制"、联合国"中亚经济专门计划"、南亚区域合作联盟、南亚合作环境规划署）进行了整体梳理，并进一步对两个启动加入成员国程序的国家（印度和巴基斯坦）、三个观察员国（阿富汗、白俄罗斯、伊朗）、两个对话伙伴国（土耳其、斯里兰卡）环境概况及环保国际合作进行了阐述。本书分为国际合作篇、国别篇和观点篇，国际合作篇重点选取上合组织区域重点环保国际合作机制，从主要合作内容和具体合作项目等方面进行整体梳理。国别篇对上合组织新加入的两个对话伙伴国——亚美尼亚和阿塞拜疆分别从国家概况、环境概况、环境管理及环保国际合作四个方面进行了详细介绍。观点篇主要针对区域焦点问题，开展综合分析，并提出相应的政策建议，为区域环境可持续发展及环保合作提供依据。

本书由中国－上海合作组织环境保护合作中心、中国社会科学院俄罗斯东欧中亚研究所相关人员共同编著完成。中国－上海合作组织环境保护合作中心郭敬、周国梅、张洁清给予总体指导和支持。各章节完成人：第一章，李菲、张宁、王玉娟；第二章，何小雷、张玉麟、王聊同；第三章，王聃同、张宁、李菲；第四章，国冬梅、张宁、何小雷；第五章，王玉娟、张宁、徐向梅；第六章，张宁、王玉娟、马雅静。全书由国冬梅、王玉娟统稿，李菲、马雅静、何小雷等参与了书稿中文字、图表等内容的修订编辑工作，中国－上海合作组织环境保护合作中心刘婷、尚会君、刘妍妮、张玉麟、吕夏妮等为本书的完成提供了支持和保障。

本书由中国环境保护部提供资金支持，并得到了中国社会科学院俄罗斯东欧中亚研究所等单位的大力支持，在此深表感谢。

作者

2017 年于北京

CONTENTS 目　录

国际合作篇　上海合作组织主要区域环保国际
合作机制研究

国别篇　上海合作组织国别环境保护状况

观点篇　上海合作组织区域环境问题研究

| 国际合作篇 |

上海合作组织主要区域环保国际合作机制研究

第一章　UNDP 与中亚国家的环保合作

联合国开发计划署（UNDP）是联合国下属的多边技术援助机构，致力于推动人类的可持续发展，协助各国经济社会发展，创造更美好的生活。近年的主要工作内容是落实联合国千年发展目标，重点关注减贫、对抗艾滋病、政府善治、能源与环境、社会发展、危机预防与恢复、保护人权、能力建设、女性权益等。

UNDP 在中亚各国的工作机制是：①主要通过该组织驻各国办事处开展工作，即 UNDP 办事处（见表 1-1）+ 各国官方和非官方机构；②聘请咨询专家，对有关项目和领域进行研究，并制定规划报告；③与各国制定合作规划，如与哈萨克斯坦政府签订《2010～2015 年合作纲要》，通过正式文件保障合作规划实施、检验工作成果。

表 1-1　UNDP 驻中亚各国办事处编制

单位：人

国家	哈萨克斯坦	乌兹别克斯坦	吉尔吉斯斯坦	塔吉克斯坦	土库曼斯坦
合同工	109	156	—	188	45
志愿者	1	3		3	2
总部员工	35	26		43	16
总计	145	185	—	234	63

UNDP 检验环保合作效果的指标主要有：①森林覆盖率；②单位 GDP 的 CO_2 排放指标；③破坏臭氧的物质的消耗量；④鱼类在安全生物限量中的比重；⑤水资源利用比重；⑥陆上和水上保护区占国土总面积的比重；⑦能够饮用清洁水的居民的比重；⑧能够享受卫生保障的居民的比重；⑨在获得显著改善的贫民窟中生活的居民的数量比重（生活在城市贫民窟的居民比重）。

比如在吉尔吉斯斯坦，UNDP 将上述各指标确定为：①森林覆盖率达到 6%；②特别保护区面积占国土总面积的比重达到 10%；③获得清洁饮用水的居民占比达到 90%；④自来水管普及率达到 40%；⑤人均 CO_2 排放量低于 3.14 克；⑥破坏臭氧的物质的人均消耗量低于 16 克；⑦人均化石能源气体排放量低于 2.4 吨。

第一节　主要合作内容

UNDP 在中亚的主要任务是落实联合国千年目标，具体有三大块：一是经济发展和民生福利；二是民主管理和公民社会建设；三是生态环保和可持续发展。具体包括以下几个方面。

在减贫方面，UNDP 帮助中亚各国实现经济增长；改善民众福利和社会保障；制定衡量和评估贫困的标准、就业和收入的统计方法、确定最低生活保障线和最低工资标准的办法；建立就业培训机构；促进中小企业发展等。

在民主管理方面，UNDP 与中亚各国的政府机构、代议制机构（议会）、地方政府、地方自治机构、非政府组织等密切合作，推动公民社会发展；改善各机构管理制度和程序，提高政府工作效率；开展政府和非政府组织的对话合作；完善选举制度和机制，提高公民和机构的选举意识等。

在生态环保方面，UNDP 与中亚国家的环保、农业、能源、经济发展等部门密切合作，宣传可持续发展理念；制定可持续发展战略；发布气候变化等国家报告；完善生态和环保立法；推动中亚国家加入国际环保条约和环保国际合作机制；完善水资源管理；清洁饮用水；提高能源开发利用水平；发展可再生能源；促进节能；铀尾矿和核试验基地处理；固体垃圾物处理；增强应对自然等各类灾害的能力、土壤改良、保护生态多样性等。检验指标主要是联合国千年目标第 7 项"确保环境的可持续能力"中的规定指标。

UNDP 与中亚各国的主要合作内容见表 1 - 2。

表 1 - 2　UNDP 与中亚各国的主要合作内容

与哈萨克斯坦 2020 年前的主要合作内容	
推动"可持续发展"理念 写入所有国家战略	推动立法与国际条约和标准接轨； 推动政府机构改革，提高工作效率； 推动制定中亚整个区域环保合作规划，解决跨境环保问题； 推动建立生态保险和环保基金
清洁饮用水	提高符合技术和卫生标准的清洁饮用水的使用人数和覆盖率； 改善基础设施，铺设自来水管、安装水表等； 提高节水意识； 研究节水技术，推动节水设备生产； 改革水价管理和征收体系

续表

改善农村生活条件和农村生态环境	完善农村社会保障，缩小城乡差距； 发展农村基础设施，如生产、交通、通信等设施； 发展农业加工业； 加强农村教育； 改善卫生条件； 协助哈萨克斯坦政府落实《农业路线图2020年》战略
与吉尔吉斯斯坦的合作内容	
环保立法	固体废弃物处理； 铀尾矿处理； 鱼类保护； 生物多样性保护； 可再生能源开发利用； 应对气候变化； 可持续发展理念、绿色经济理念及其国家战略
铀尾矿处理	
气候变化	应对雪山融化； 水资源管理利用； 减少森林砍伐和煤炭使用，增加可再生能源和天然气使用（每年约15万立方米木材用于燃烧供热）
伊塞克湖生态保护	制定《伊塞克湖生态多样性保护法》，维护水质，减少重污染，维护鱼类品种等
清洁饮用水	
与塔吉克斯坦的合作内容	
立法，为相关法律的制定和修改提供技术援助，将联合国发展理念融入立法过程	如《牧场法》《减贫计划》《气候变化国家报告》等
可再生资源开发利用	小水电建设； 评估和制定可再生能源发展规划
牧场的修复与建设	提高牧场生产能力； 增加牧场与外界的联系渠道
气候变化	减少工业排放； 雪山保护
土壤改良	减少盐碱化等土壤退化现象
生物多样性保护	避免森林面积减少和森林砍伐； 维护动植物种群多样性
水质监测	减少水质污染； 改善水资源供应，如增加管道运输、水渠管理、改革收费制度等

续表

与乌兹别克斯坦的主要合作内容	
气候变化	减少温室气体排放； 水资源管理
发展可再生能源	太阳能； 杰拉夫尚河水电； 楼房节电措施
土壤改良	咸海治理； 灌溉渠土壤退化治理
生物多样性	维护动植物种类，落实《2011～2020年维护生态多样性措施计划》
应对自然灾害	
与土库曼斯坦的合作内容	
气候变化	减少天然气开采时的二氧化碳排放； 应对沙漠化
生物多样性	尤其是里海鱼类资源
自然保护区管理	
能源和水资源管理	节能

资料来源：Обеспечениеэкологическойустойчивости，Текущаяситуация。

第二节　具体合作项目

为落实联合国千年目标，改善当地的环境，增进人民的福祉，UNDP 与中亚五国分别开展了一些合作项目。

UNDP 与哈萨克斯坦的合作项目见表 1-3。

表 1-3　UNDP 与哈萨克斯坦的合作项目

项目名称（主题）	项目内容
生物废弃物管理和医用垃圾管理	防止医疗废弃物污染
草原生态维护与管理	合理利用草场，保护草原生态多样性，制定合理开发规划，主要涉及托尔盖草原、伊犁河流域草原、热兰什克河流域草场（Улы-Жыланшык）
公共供暖体系中的节能措施	在供暖时减少温室气体排放； 增加节能措施
制定有关减少二苯基影响的规划	减少聚氯丁二烯二苯基对健康和环境的影响

项目名称（主题）	项目内容
居民建筑的节能项目	建造节能建筑，应用节能建筑材料； 应用节能灯具； 普及节能型建筑设计和施工工艺
气候风险管理	减少极端天气不良后果影响； 应对气候变化； 将应对气候变化与国家发展战略相结合
生物多样性的信息体系建设	完善生态多样性体系的信息管理和监督体系
阿拉木图可持续交通管理	减少汽车尾气排放，改善阿拉木图城市环境
保护生物多样性，支持《2011～2020年国家生物多样性公约落实实施措施纲要》	帮助哈萨克斯坦落实《2011～2020年国家生物多样性公约落实实施措施纲要》
支持哈萨克斯坦的"绿色之桥"倡议	支持哈萨克斯坦在欧洲与亚太国家间开展"绿色之桥"合作，发展可持续经济，注重生态环保
减少哈萨克斯坦东部和东南部灾害的影响	预防自然灾害；减少人员伤亡；支持减灾志愿服务发展
化学品的安全管理	对危险化学品进行安全管理；制定相应管理措施，使其符合《国际化学品管理战略方针》标准
提高农业应对气候变化的能力，保证小麦生产和粮食安全	提高各地应对气候变化的能力； 提高预报天气信息能力； 分析研究气候变化对小麦生产的影响及应对措施
发展生物多样性方面的投资管理措施	加强和改善有关生物多样性的投资活动； 采取措施鼓励有助于保护生物多样性的投资行为； 建立有助于保护生物多样性的政策和资金支持体系
支持哈萨克斯坦向绿色经济转化	发展绿色经济； 气候变化和水资源管理； 完善相关法律、政策以及基础设施等，鼓励可持续发展
鼓励节能	发展节能技术和节能照明设备
制定气候变化国家报告	介绍哈萨克斯坦关于气候变化的立场和措施

资料来源：Окружающая среда и энергетика。

UNDP与吉尔吉斯斯坦的合作项目见表1-4。

表1-4　UNDP与吉尔吉斯斯坦的合作项目

项目名称（主题）	项目内容
伊塞克湖鱼类保护	UNDP和全球生态基金合作，保护伊塞克湖的生态多样性，尤其是鱼类

续表

项目名称（主题）	项目内容
规范水电投资的规则	制定和修改法律，吸引投资，改善投资环境； 鼓励水电开发，开发小水电，为小水电开发提供技术援助
草场修复和建立	修建连接牧场的道路、水管、电网和通信设施等基础设施，让牧场与外界方便联系，提高经济效益； 种植谷物、草料等饲料作物
天山自然保护区建设	国家自然保护区面积占国土面积的比重由 6.03% 增长到 7%；雪豹栖息地面积占自然保护区的比重由 20% 提高到 48%
改善建筑节能	减少建筑物能耗；使用节能材料和节能照明设备
二苯基管理	减少二苯基排放，保护自然环境和居民健康
应对气候变化	采取措施帮助苏萨梅尔谷地的动物应对气候变化影响
可持续发展	帮助穷人；支持环保非政府组织；帮助政府制定国家发展战略规划

UNDP 与塔吉克斯坦的合作项目见表 1-5。

表 1-5　UNDP 与塔吉克斯坦的合作项目

项目名称（主题）	项目内容
应对气候变化，保障农业生产	确保农业种植品种多样性；应对气候变化对农业的影响
气候变化风险管理	普及气候变化常识； 培训各级人员应对气候变化的方法； 为分析气候变化及其应对措施提供技术援助
通过水资源管理保障人权	改善塔吉克斯坦的饮用水质量和卫生条件，保障饮用水安全
制作应对气候变化国家报告	帮助塔吉克斯坦政府制定落实《京都议定书》国家报告
改善杜尚别市交通状况	减少汽车尾气排放； 使用清洁能源
小水电技术援助	帮助塔吉克斯坦发展小水电等可再生能源； 农村地区减贫
减贫与环境倡议	加强区域合作； 加强自然资源管理； 将减贫与环境保护相结合

资料来源：About UNDP in Tajikistan, http://www. tj. undp. org/content/tajikistan/en/home/operations/about_undp. html, UNDP's Work in Tajikistan; Environment and Sustainable Development, http://www. tj. undp. org/content/tajikistan/en/home/operations/projects/environment_and_energy/。

UNDP 与乌兹别克斯坦的合作项目见表 1-6。

表 1 - 6 UNDP 与乌兹别克斯坦的合作项目

项目名称（主题）	项目内容
帮助乌兹别克斯坦实现国民经济低碳发展	发展可再生能源； 帮助政府制定低碳经济发展规划； 为实现低碳发展动员可能的资源
油气领域的生物多样性保护	与油气公司合作，在开发油气过程中尽可能保护生物多样性，减少对自然的破坏
杰拉夫尚河水资源开发与水资源管理	通过完善法律和管理制度，提高水资源利用效率，减少水资源开发对环境的影响，形成跨部门的协调合作
落实《2011~2020年保护生物多样性公约》	履行国际条约规定的义务，保护生物多样性
全球生态基金提供的小额贷款	利用全球生态基金提供的小额贷款，开展生态环保项目
通过开发山区、干旱和半干旱地区的非灌溉土地降低土地和自然资源利用强度	通过开发山区、干旱和半干旱地区的荒地或非灌溉区，降低其他地区的自然资源的开发强度，发展森林和草场
减少使用能够破坏臭氧层的物质	与全球生态基金合作，开展《在转轨国家减少使用能够破坏臭氧层物质的初期计划》，减少能够破坏臭氧层的物质排放
帮助干旱地区的农户应对气候变化影响	开展"保障干旱地区的农业稳定生产"项目，帮助从事种植业和养殖业的农户应对气候变化，包括咸海危机等
发展农村建筑市场	帮助农村地区设计、规划、建设低碳环保的住房，满足农村地区的居住需求
提高应对灾害的能力	帮助乌兹别克斯坦政府制定应对危机的体系、制度、规则等，满足《2005~2015年兵库行动框架：提高国家和社区的抗灾力》要求
森林利用和生物多样性保护	开展"在对生物多样性保护具有重要意义的重点山区可持续利用自然资源和森林资源"项目，将自然资源利用和生物多样性保护结合，促进可持续发展

资料来源：UNDP 驻乌兹别克斯坦办事处网站，http://www.undp.uz/ru/about/countryoffice.php；О ПРООН в Узбекистане，http://www.uz.undp.org/content/uzbekistan/ru/home/operations/about_undp.html。

UNDP 与土库曼斯坦的合作项目见表 1 - 7。

表 1 - 7 UNDP 与土库曼斯坦的合作项目

项目名称（主题）	项目内容
应对气候变化，保证农业生产	应对气候变化对农业的影响；改善土地管理和水资源利用现状
提高住宅能源利用效率	减少温室气体排放； 减少能源开发利用过程中的温室气体和有害气体排放； 使用节能建筑材料，设计、规划节能建筑

续表

项目名称（主题）	项目内容
《2011~2020 年国家生物多样性公约落实实施措施纲要》	保护生物多样性
提高能源利用效率，加强可再生能源利用和水资源管理	改善水资源利用现状； 改善土地利用和灌溉系统； 发展可再生能源

第二章 欧盟与中亚国家的环保合作*

　　1999 年 7 月 1 日，欧盟分别与中亚哈萨克斯坦、吉尔吉斯斯坦、乌兹别克斯坦三国签订了双边的《伙伴关系合作条约》，之后分别于 1998 年 5 月和 2004 年 10 月 11 日与土库曼斯坦、塔吉克斯坦签订了《伙伴关系合作条约》（2010 年 1 月 1 日生效），但与土库曼斯坦的协议至今未获得部分欧盟成员国批准，现行的双方关系文件主要是临时的《贸易及其相关事务协议》（2010 年 8 月 1 日生效）。《伙伴关系合作条约》通过法律文件的形式，将欧盟与中亚国家的合作纳入法制化和规范化轨道，并确定欧盟与中亚国家的重要合作领域：一是欧盟与中亚的政治对话；二是经济贸易关系；三是各领域的具体合作项目。

　　伴随"塔西斯计划"（欧盟对独联体国家的技术援助项目）的执行以及伙伴关系的确定，欧盟针对东欧、俄罗斯、乌克兰、南高加索和中亚等不同地区的不同特点，逐渐形成不同的地区合作与援助战略。各个地区规划的结构大体分为三个层次，即每 5~7 年制定一次的长期区域战略、每 3 年制定一次的中期合作纲要和每 1~2 年制定一次的短期年度具体合作项目。中期合作纲要和短期年度具体合作项目是在区域战略规划指导下，针对成员国及其所在地区制定的、具体的国别（双边）和地区（多边）合作规划。从苏联解体至今，欧盟共通过两份《中亚援助战略》，即 2002 年 10 月 30 日的《2002~2006 年中亚区域援助战略》和 2007 年 6 月 22 日的《2007~2013 年中亚区域援助战略》。

　　目前，欧盟与中亚国家正就《2014~2020 年战略》进行谈判。2015 年 12 月 21 日，欧盟与哈萨克斯坦在哈萨克斯坦首都阿斯塔纳签署双边的《扩大伙伴关系与合作协定》，取代原有的《伙伴关系与合作协定》，作为双方开展合作的新版法律基础。协议涉及 29 项合作内容，包括经济、金融、运

---

* European External Action Service, "EU relations with Central Asia," http://eeas. europa. eu/central_asia/index_en. htm.

输、能源、环境保护、教育研究、数据保护、移民问题、法律和反腐、反恐、打击跨国犯罪和维护国际与地区安全稳定等。另外，欧盟决定自 2016 年 1 月 27 日起给予吉尔吉斯斯坦超普惠制待遇（GSP＋）。该优惠政策具有单向性，吉尔吉斯斯坦对来自欧盟的商品的贸易政策保持不变，但向欧盟成员以及与欧盟缔结关税同盟条约的国家（如土耳其等）出口 7000 余种商品（如水果、干果、食品、烟草、纺织品、毡制品、服装、地毯和皮革制品等）可享受免关税或较低关税税率待遇。

第一节　主要合作内容

为落实伙伴关系合作计划，欧盟与中亚四国（土库曼斯坦除外）均建立合作委员会（Комитет по вопросам сотрудничества），该委员会由欧盟代表和各国政府代表组成。委员会下设各具体领域合作的分委会。合作委员会和分委会每年都举行若干次会议，研究项目进展情况，解决面临的困难等。

欧盟与中亚国家的双边合作项目，则是依据各对象国的具体特点，解决欧盟和各对象国最关心的问题，通常涉及七个领域。

（1）体制改革，目的是支持成员国行政、法律和经济体制改革，提高政府工作效率和透明度，改善贸易和投资环境。

（2）宏观财政金融稳定，目的在于减少外债、保持汇率稳定、保证成员国经济稳定发展。

（3）人权保护，如支持司法改革、新闻自由、护法机构改革、预防冲突。

（4）减贫和提高生活质量，如发展农业、建设网络基础设施、解决转轨过程中的社会问题等，约 60% 的"塔西斯计划"都直接与此有关。

（5）粮食安全，目的在于提高粮食产量和农业竞争力。

（6）人道主义援助，目的在于减少自然灾害和国内动乱造成的不利后果。

（7）与欧盟的政治对话，促进双方了解，增进友谊。

欧盟在中亚地区的多边合作项目，主要是解决区域成员共同面临的或者需要共同解决的问题，主要涉及七个领域。

（1）交通，如"欧洲－高加索－亚洲运输走廊"技术援助计划（TRACEKA）。

（2）能源，如通往欧洲的跨国油气运输计划（INOGATE）。

（3）教育，如高等教育合作计划（TEMPUS）。

（4）执法安全，如边境管理、打击跨国有组织犯罪、难民管理等。

（5）核安全，如欧盟与哈萨克斯坦、乌兹别克斯坦两国签订的《和平利用核能协议》。

（6）环境资源管理，主要包括水资源管理、大气环保和生物多样性保护。

（7）卫生保健，如消灭艾滋病、结核病和疟疾计划。

据欧盟统计，1991～2006年，欧盟向中亚国家提供的各类援助共计13.86亿欧元（落实到位的为11.32亿欧元），其中通过"塔西斯计划"提供了6.50亿欧元，人道主义援助为1.93亿欧元，粮食安全援助为2.34亿欧元，特别财政援助和塔吉克斯坦国家重建援助为3.08亿欧元。2007～2013年欧盟向中亚国家提供7.19亿欧元的援助，其中30%～35%用于区域多边合作，包括发展交通网络、环保、边境和移民管理、打击有组织犯罪、发展教育和科技等；40%～45%用于减少贫困和提高生活质量；20%～25%用于政府和经济体制改革等。

2002年欧盟通过《对外政策中的环境一体化》（*Strategy on Environmental Integration in External Policies*），旨在将生态环保问题作为欧盟对外政策的重要内容之一，如气候变化等，建设"绿色外交网络"（Green Diplomacy Network）。欧盟与中亚国家的环保合作通常属于多边合作范围，主要涉及10个领域。

（1）水资源治理。

（2）里海环境保护。

（3）地表水和地下水资源管理。

（4）水电站和水利设施建设环境评估等。

（5）气候变化。

（6）保护生物多样性，落实《联合国保护生物多样性公约》。

（7）森林保护。

（8）加强污染防治等环保法律体系建设。

（9）提高预防和消除自然灾害对环境影响的能力。

（10）加强环保宣传教育，培养环保社团组织。

欧盟与中亚国家开展环保合作时，通常与联合国、世界银行等国际组织相互配合，如欧盟对中亚国家的环保援助项目便与联合国"千年目标"

和联合国开发计划署的"环境与安全倡议"项目（ENVSEC：The Environment and Security Initiative）相辅相成。另外，中亚五国在欧盟委员会和联合国开发计划署帮助下，于2001年共同组建"中亚区域环境中心"（CAREC：The Regional Environmental Centre for Central Asia），其主要职能是开展环保对话、培训和推广先进环保科技、提高公民参与度、发展环保组织等。

欧盟"中亚区域环境项目"（The Regional Environmental Programme for Central Asia）2007～2010年的项目总金额为1620万欧元，其中1320万欧元用于两期环保项目，另外300万欧元用于能力建设。

第一期"中亚区域环境项目"重点是水资源管理，计划执行期限是2009～2012年，具体分为两项：一是跨界地下水的可持续利用与管理，总援助为200万欧元；二是"费尔干纳谷地的地下水与地表水综合利用"，总援助为200万欧元。

第二期"中亚区域环境项目"重点是建设区域环境项目改善合作机制、提高合作能力，计划执行期限是2010～2013年，具体分为四项：一是建设环境和水资源合作平台；二是自然资源的可持续利用，如应对气候变化，森林保护，环保数据信息收集、交流、监测和评估等；三是水资源综合管理；四是环境预警合作。

第二节　具体合作项目[①]

一　与哈萨克斯坦的合作项目

1991～2013年，欧盟共向哈萨克斯坦提供约1.4亿欧元援助，涉及300多个合作项目。根据欧盟与哈萨克斯坦签订的伙伴关系规划项目，欧盟计划向哈萨克斯坦援助5.32亿欧元，其中，人权、法律、民主化和国家管理援助为8353.63万欧元，青年和教育援助为8961.84万欧元，经济发展、贸易和投资、社会发展援助为1.0988亿欧元，应对公共威胁援助为6339.73万欧元，能源和交通援助为1.3176亿欧元，生态可持续和水资源援助为5290.05万欧元。

欧盟与哈萨克斯坦的合作项目见表2-1。

---

① Представительство Европейского Союза в Казахстане，http：//eeas. europa. eu/delegations/kazakhstan/central _ asia _ eu/index；Обзор сотрудничества，http：//eeas. europa. eu/delegations/kazakhstan/projects/list_of_projects/projects_ru. htm.

表 2 - 1 欧盟与哈萨克斯坦的合作项目

项目名称（主题）	主要内容
水和能源	①提高居民环保意识，提高地方政府废品处理能力。执行期为 2011 ~ 2013 年，援助额为 29.63 万欧元，主要在曼吉斯套州 ②河流流域规划建设能力。执行期为 2011 ~ 2014 年，援助额为 71.99 万欧元，主要是哈萨克斯坦与周边国家的跨境河流流域水资源管理 ③东欧和中亚国家建筑节能倡议。执行期为 2010 ~ 2014 年，援助额为 444.96 万欧元，主要是帮助高加索和中亚国家发展建筑节能事项 ④帮助中亚国家开展环保和水资源区域合作。执行期为 2012 ~ 2014 年，援助额为 149.63 万欧元，主要是加强欧盟与中亚国家国家的环保与水资源合作，召开高水平会议，商讨环保合作机制，组建紧急状态应对专家组等 ⑤水资源管理和跨界河流管理。执行期为 2011 ~ 2014 年，援助额为 127.96 万美元，主要是改善区域水资源合作机制
国家管理、人权、法制、机构改革	公共监管项目； 《国家人权行动计划：提高公民意识和行动监管能力》； 地区中小企业发展投资； 公民社会改革和国家管理现代化； 给予移民权力保障及保护归国人员尊严； 加强化学品安全管理； 加强竞争规则和机制建设； "人权：社区、信息、管理"项目； 增强民众对阿拉木图地方当局的信心； 地区发展； 中亚法规建设； 乡村公民组织建设； 加强人权的计算机网络建设； 维护非法贩卖人口犯罪受害者权益，尤其是妇女和儿童； 加强有关人权的教育； 支持司法改革
贸易和区域一体化	制定和落实贸易政策与规则； 促进外商直接投资和竞争领域发展，使其多元化； 欧洲复兴开发银行等机构支持哈萨克斯坦的稳定能源融资能力建设
社会和谐与就业	通过区域合作和国际网络，发展中亚音乐文化
人的发展	防止艾滋病扩散项目； 中亚教育项目； "我们的正能量"项目（Our Positive in the Activity）； 预防结核病和艾滋病项目； 依照人群风险比重相应扩大结核病和艾滋病服务项目； 帮助哈萨克斯坦卫生部落实国家卫生保健改革和发展战略； 帮助哈萨克斯坦发展技术职业教育和培训； 落实职业教育和培训机构伙伴项目

续表

项目名称（主题）	主要内容
预防冲突	中亚国家的边界管理项目； 中亚国家的禁毒项目
多元社会	落实欧盟与中亚国家的中亚教育合作项目

二　与乌兹别克斯坦的合作项目①

欧盟在《与乌兹别克斯坦 2014～2020 年战略纲要》中计划 2014～2020 年向乌兹别克斯坦援助 1.68 亿欧元，其中 1.65 亿欧元将用于发展农村地区和环境合作。环保合作的重点依然是水资源和能源管理，如清洁饮用水、防治水污染、节水灌溉、土壤改良（防治盐碱化和沙漠化）、能源企业污染治理、温室气体管理、节能技术、可再生资源利用、灾害预防等。

欧盟与乌兹别克斯坦的合作项目见表 2－2。

表 2－2　欧盟与乌兹别克斯坦的合作项目

项目名称（主题）	主要内容
政府管理、人权、法制、机构改革	残疾人职业教育； 通过与企业家协会和妇女中心等组织合作，帮助低收入家庭； 提高费尔干纳居民生活水平； 完善两院制议会系统建设，加强中央和地方议会间的联系； 提高妇女权利，减少被边缘化的妇女数量，加强弱势妇女群体的权益保障； 增加青年参与社会管理的机会，加强青年网络和非政府组织建设； 公共财政管理； 发展教育培训社会伙伴关系； 加强大学在培训失业人员事务方面的基础设施和能力建设； 支持海关工作； 支持边远地区的妇女和青年企业家发展； 支持司法改革； 针对乌兹别克斯坦海关委员会的技术援助
贸易和区域一体化	经济组织培训； 低收入家庭的金融培训计划
水资源和能源	①安集延和苏尔汉河州居民健康项目。执行期为 2011～2013 年。援助额为 19.71 万欧元。主要是预防水污染和水源性疾病，如腹泻、肝炎、伤寒等，改善农村地区医疗卫生条件

① Делегация Европейского Союза в Республике Узбекистан，http://eeas. europa. eu/delegations/ uzbekistan/projects/case_studies/index_ru. htm.

项目名称（主题）	主要内容
	②公民的水资源和环保意识项目。执行期为2016年，援助额为20万欧元。主要是通过宣传教育，提高公民的环保意识，增强环保理念 ③针对特殊学校的残疾青年的环保教育。与普通教育面对的对象不同，需用特殊方法，传授环保理念、意识和技能 ④在马哈拉组织中培养青年环保精英。利用基层马哈拉组织，向青年灌输环保理念和意识
人力资源发展	增强经济自主独立性，特别是通过增加农村妇女参与社会企业等途径，提高妇女和农户的经济独立性； 搭建费尔干纳、安集延和塔什干地区的妇女社会活动网络平台，提高弱势妇女群体的权益保障能力； 加强妇女和儿童的健康服务
多元社会	改善费尔干纳地区的生活水平； 改善儿童和家庭环境

三　与塔吉克斯坦的合作项目

1992～2013年，欧盟共向塔吉克斯坦提供7.5亿欧元援助，合作项目主要涉及人道主义援助（尤其是粮食援助）、边界安全、禁毒、政府管理等。2014年，欧盟与塔吉克斯坦签订《2014～2020年合作战略》（Документ страновой стратегии ЕС в отношении Таджикистана на 2014 - 2020 годы，Многолетняя индикативная программа на 2014 - 2020 годы），提出2020年前将向塔吉克斯坦援助2.51亿欧元，重点开展农业、卫生、教育、私营企业、财政管理、社会保障等领域合作。

欧盟与塔吉克斯坦的合作项目见表2-3。

表2-3　欧盟与塔吉克斯坦的合作项目

项目名称（主题）	主要内容
水资源	水资源修复工程，帮助塔吉克斯坦修复自来水管网。援助额为720万欧元
经济发展、民主、人权、国家管理	通过帮扶留守妇女和儿童，减轻在海外工作的劳动移民的压力以及劳动移民对国家经济的不利影响； 公民社会建设，弥补塔吉克斯坦民主进程与公民社会间的差距，增强公民组织的作用和能力； 帮助残疾儿童社会服务中心； 通过发展社会经济、提高收入增长能力等途径，降低冲突的社会风险； 提高果蔬加工能力；

续表

项目名称（主题）	主要内容
	支持妇女手工工艺发展； 支持媒体和公民社会发展，促进民主改革； 刺激和增强农业经济竞争力计划； 提高农村居民的生活水平和粮食安全水平； 组织人权论坛、对话、研讨会等； 通过改善劳动力市场机制、维护劳动力权益，发展劳动力市场； 帮助民营牧场发展； 开展政党、非政府组织、选举机构间的对话，发展政治多元化和公平选举； 保护人权，保护无国籍人、避难人、逃难人、非法贩卖人口的受害人等的权利，建立快速反应机制； 帮助实施进出口单一窗口服务； 进行金融财政系统现代化改造； 防范金融和国企风险； 维护在押犯和嫌犯的社会经济和文化权利； 帮助改善预算管理； 在减贫过程中提高公民组织的能力； 发展中亚传统音乐； 降低单位能耗； 加强国内债务管理； 发展基础教育和培训； 支持健康保健项目； 支持健康信息体系建设； 发展中亚旅游业； 养老金改革技术支持

四　与吉尔吉斯斯坦的合作项目

1991～2013 年，欧盟与吉尔吉斯斯坦共开展 500 多项合作，援助额达 1.3 亿欧元。其中 2011～2013 年援助额便达 1700 万欧元。

欧盟与吉尔吉斯斯坦的合作项目见表 2－4。

表 2－4　欧盟与吉尔吉斯斯坦的合作项目

项目名称（主题）	主要内容
政府管理、人权、法制、机构改革	选举制度改革技术援助； 法制建设，发挥公民组织在司法改革过程中的作用； 建立以社团为基础的青年权利保障体系； 支持公民社会与媒体发展； 监督被监禁的儿童和妇女的权益； 支持媒体新闻调查能力建设；

续表

项目名称（主题）	主要内容
	举办欧盟—吉尔吉斯斯坦公民社会论坛； 维护中亚稳定的人权保护项目； 选举支持项目； 选举制度能力发展项目； 地区冲突形势监督和评估项目； 为预防压迫而加强非政府组织和机制建设项目； 促进和保护残疾人权益项目； 促进民族平等和市民婚约项目； 促进性别平等项目； 推动宪法法庭运作项目； 推动执政当局提高宪法司法体系的效率和质量项目； 落实欧洲安全与合作组织的社会组织安全倡议； 审计署技术援助项目； 妇女和平建设项目
社会和谐与就业	针对社会保障和财政管理绩效评估的技术援助； 减少对针对儿童实施暴力的行为保持沉默的现象； 社会政策技术援助
人力资源发展	教育资助计划的技术援助； 教育领域改革技术援助； 教育发展援助项目
农村发展、地区发展、农业和粮食安全	固体废弃物处理项目； 借助农村发展和妇女手工工艺生产改善生态环境； 果蔬生产项目； 通过保护生物多样性和促进粮食生产发展中亚国家经济项目； 完善粮食安全信息体系项目； 加强农村地区可持续发展需求； 可持续能源融资能力项目； 通过发展农村旅游增加收入和解决就业问题； 增强地方社团在减贫行动中的能力和作用； 增强地方社团和地方政府能力项目； 支持阿克苏和楚河州的地方社团和农户的可持续发展倡议； 减贫妇女行动计划

　　资料来源：List of Projects，http://eeas. europa. eu/delegations/kyrgyzstan/projects/list_of_projects/projects_en. htm。

五　与土库曼斯坦的环保合作①

　　根据欧盟与土库曼斯坦商谈的《2014～2020年合作纲要》，欧盟计划在

---

①　EU Relations with Turkmenistan，http://eeas. europa. eu/turkmenistan/。

2020 年前向土库曼斯坦提供 6500 万欧元援助，其中 2017 年前提供 3700 万欧元，主要用于卫生、教育、能源和水资源管理、农村发展、经济改革、政府管理等领域。在环保方面，主要工作是促进绿色经济发展和普及绿色发展理念，如利用节水技术设备、灌溉农业管理、节能、可再生能源、减少油气工业排放、防治沙漠化和盐碱化等。

欧盟与吉尔吉斯斯坦的合作项目见表 2 - 5。

表 2 - 5　欧盟与土库曼斯坦的环保合作项目

项目名称（主题）	主要内容
灌溉和水资源管理	"地理信息管理系统"建设。执行期为 2013 年，援助额为 3.6 万欧元，主要是灌溉渠的水资源管理建设； 跨境河流水资源管理项目； 减少干旱风险项目。执行期 2012～2013 年，援助额 17.41 万欧元； 落实《2011～2020 年保护生物多样性公约》国家落实措施计划，执行期为 2012～2015 年，援助额为 26 万欧元； 加强自然保护区管理，执行期为 2009～2013 年，援助额为 10.1 万欧元； 应对气候变化风险管理项目，执行期为 2010～2015 年，援助额为 35.38 万欧元

第三章　美国国际开发署与中亚
国家的环保合作

美国国际开发署（USAID）是承担美国大部分对外非军事援助的政府机构，是美国的官办援外机构，成立于 1961 年，总部在华盛顿。表面上，美国国际开发署致力于"为那些为美好生活而奋斗、灾后重建以及为生活于民主自由之国家的人们提供帮助"，实际上，美国国际开发署因服务于美国对外政策，支持各地非政府组织活动，在一些地区也往往成为引发局势动荡的幕后黑手。

美国国际开发署对外援助的领域主要有以下几个。

（1）民主改革。援助的目的是推行民主价值观，提高民主意识，强化民主机制建设，用制度保障民主。常采用的方式有：支持新闻和言论自由；进行人权研究；支持非政府组织活动；人员培训，赴美留学，召开研讨会；监督选举；反腐败等。

（2）社会改革。援助的目的是提高民众的健康水平和生活质量，提高民众的自治能力。常采用的方式有：支持社区建设，支持健康、教育、环保项目等。

（3）经济改革。援助的目的是促进市场机制改革；建立与西方接轨的自由贸易体制；维护宏观经济稳定，改善投资环境。常采用的方式有：支持区域一体化合作，发展中小企业，扶持私营部门，促进海关、金融领域的改革，支持入世等。

（4）安全和执法。援助的目的是配合美国的全球安全战略，支持阿富汗重建；保障受援国的边界安全，提高其独立自主的能力。常采用的方式有：联合打击恐怖主义；防止大规模杀伤性武器的扩散；维护边境安全；打击洗钱、走私和贩毒等有组织犯罪；提高执法装备水平；改革执法体系，提高执法水平等。

（5）人道主义援助。主要是食品、药品、医疗设备等实物援助，目的在于帮助受援国应对紧急突发事件。

从援助的金额和种类来看，几乎每年都是五大部分：①促进民主；②经济社会改革；③安全与执法；④人道主义援助；⑤跨部门援助。但各个部分的具体援助额根据美国政府对外政策需要而调整。在中亚地区，美国政府对外援助的总目标和总内容变化不大，始终是民主、经济和安全，但各个目标之间的排序却因时因地调整，时而经济援助最多，时而安全援助最多。

第一节　主要合作内容

据美国国际开发署数据，自 1991 年中亚国家独立至 2015 年年底，该机构共向中亚五国提供 88 亿美元援助。2015 年美国与中亚五国确定"5 + 1"外长合作机制后，美国决定调整援助重点。与之前相比，新一期的援助不再特别强调民主、人权、法制和国家管理（这方面的援助项目和金额明显减少），而是增加经济社会等方面的合作。[①]

（1）继续支持中亚各国私营经济发展。口号是"竞争力、培训、就业"。

（2）中亚贸易论坛（Central Asia Trade Forum）。组织中亚各国 500 多家企业，共同探讨中亚投资环境和贸易机会。中亚贸易论坛将增加视频会议设备，让更多人参与，同时，让青年企业家多参与。

（3）应对气候变化和咸海危机。支持世界银行倡导的"咸海地区的气候适应与缓解计划"，通过对话和信息交流等合作平台，加强中亚国家的气候变化协调，提高各利益相关者（农民、企业、机构、政府等）的环保意识，让各地的利益相关者享受技术革新的好处。

（4）水资源合作。重点是培训新一代水资源管理者、帮助中亚若干机构制订合理的水资源规划和开发计划、加强中亚与阿富汗的水资源合作等。

（5）美国中亚大学建设。包括提供教师和教材帮助。

（6）科研和学生交流。继续落实富布莱特交流项目，尤其是中亚国家的经济、教育、环境管理、管理、国际关系、记者、少数族群、法律、信息科学、公共管理、公共卫生、公共政策等方面的专家和学生交流。

（7）中亚地区英语倡议。支持中亚各国普及英语；派出英语培训师，帮助改善英语教学方法、教学大纲、教学设备等；2015～2018 年计划培训 150 名中亚国家的英语教师，组织 1500 名学生赴美国大学学习；组织网络

---

① Office of the Spokespers on Washington DC, "New U. S. Assistance Programs in Central Asia, Fact Sheet," November 1, 2015, http://www. state. gov/r/pa/prs/ps/2015/11/249051. htm.

等开放式英语教学。

（8）文化复兴。帮助中亚国家保护物质和非物质文化遗产，传承传统文化。

美国国际开发署对外环保援助项目主要涉及生物多样性保护、应对气候变化、保护森林（植树与防止乱砍滥伐）、土地管理等。与中亚国家的环保合作项目通常列入"社会领域项目"，目前主要表现在饮用水安全、保护山区和森林资源、生化武器处理、环保非政府组织合作四部分。

（1）饮用水安全。由于水污染以及缺乏自来水基础设施，中亚国家始终面临饮用水安全问题。目前正在执行的项目是"塔吉克斯坦饮用水安全"（Tajikistan Safe Drinking Water），执行期是 2009～2012 年，项目金额为 500 万美元，计划帮助 10 万名边远地区居民改善饮用水质量。

（2）保护山区和森林资源。2010 年，美国国家援助署和国家林业局帮助中亚五国开展保护生物多样性活动，传授经验和技术，如自然保护区管理、规范狩猎、减少人为森林火灾、防止过度放牧、应对气候变暖和雪山退化等。

（3）生化武器处理。乌兹别克斯坦的咸海复活岛（与哈萨克斯坦共有）是苏联重要的生化武器试验和储存地之一。苏联 1948 年在这里建了一座生化武器实验室，试验一些诸如天花、炭疽热、黑死病等最危险的致病源，这里存有这些病菌制成的生化武器。1988 年 5 月 24 日，因在开发试验过程中发生病毒泄漏，岛上工作人员全部撤离，该岛从此成为一座无人荒岛。美国科学家从 1997 年开始对该岛上的炭疽芽孢进行研究处理，至 2000 年已清理 10 个（全部）炭疽病菌储藏点，后发现其中 6 个有复活迹象。2001 年10 月 22 日，美国和乌兹别克斯坦两国国防部签署一项合作协议，约定美方出资 600 万美元用于消除咸海复活岛上的放射性污染和清理苏联于 1988 年掩埋在该岛上的数吨炭疽芽孢。

（4）环保非政府组织合作。美国鼓励公民组建社团，开展自治活动，这是美国对外援助的重要内容之一，主要形式是举行环保研讨会等。

第二节　具体合作项目

一　与哈萨克斯坦的环保合作

美国与哈萨克斯坦的环保合作主要体现在水资源和能源开发利用上。

美国企业在哈萨克斯坦能源领域投资巨大，涉及油气生产的排污、温室气体排放等。另外，鉴于哈萨克斯坦总体干旱缺水，美国希望帮助其改善种植结构，发展节水技术，减少水污染和浪费。

美国国际开发署与哈萨克斯坦的合作项目见表3-1。

表3-1　USAID 与哈萨克斯坦的合作项目

项目名称（主题）	主要内容
民主、人权和政府管理	司法程序公正和透明； 反腐败； 增加哈萨克语传媒； 促进非政府组织发展，加强政府与非政府组织的合作
经济贸易增长	促进哈萨克斯坦企业与美国企业联系与合作； 支持中小企业发展； 改善预算及其审计监督； 培训具有世界眼光的哈萨克斯坦企业家； 发展跨境贸易
卫生与健康	艾滋病防治； 传染病的防治与诊断； 增强非政府组织在卫生和健康领域的作用； 支持家庭医疗； 孤儿院卫生和营养
环境和气候变化	改善能源开发和利用条件，提高利用效率； 预防自然灾害，如洪灾、滑坡等； 改善农业种植环境； 改善灌溉条件，发展节水技术； 关注大气污染物排放

资料来源：https://www.usaid.gov/kazakhstan/history。

二　与吉尔吉斯斯坦的环保合作

美国国际开发署与吉尔吉斯斯坦的合作始于1992年。由于吉尔吉斯斯坦政策相对宽松，美国有意将吉尔吉斯斯坦打造成中亚地区的民主样板，为吉尔吉斯斯坦提供大量援助，尤其是在选举制度、宪法文本、非政府组织发展、金融体系和经济管理体系建设等方面。[1]

美国国际开发署与吉尔吉斯斯坦的合作项目见表3-2。

---

① History，https://www.usaid.gov/kyrgyz-republic/history.

表 3 - 2　USAID 与吉尔吉斯斯坦的合作项目

项目名称（主题）	主要内容
教育	①制定教学大纲； ②培训教师； ③资助学生赴美留学； ④资助在吉尔吉斯斯坦的美国中亚大学； ⑤建立国家考试制度和标准； ⑥学龄前儿童和学生的阅读能力培养 具体项目主要有： 质量阅读计划（2013～2017 年）； 国家准入考试（2002～2013 年）； 助学贷款计划（2009～2012 年）； 美国中亚大学"前进"计划（AUCA Moving Forward，2010～2015 年）； Sapattuu Bilim 计划（2007～2012 年）
经济和贸易增长	①改善法治环境； ②帮助经济领域立法； ③促进私营企业发展； ④促进能源、农业、旅游、纺织、建材、出口等经济领域发展； ⑤完善能源体制和供应体系 具体项目主要有： 营商增长倡议项目（2014～2018 年）； 能源链接项目（2014～2019 年）； 阿富汗贸易和税收项目（2013～2017 年）； 增加贷款项目（2014～2018 年）； 中小企业妇女领袖项目（2012～2015 年）； 区域经济合作项目（2011～2015 年）； 农业企业发展项目（2011～2014 年）； 经济发展基金项目（2011～2014 年）； 区域能源、安全和贸易项目（2010～2014 年）； 地区发展项目（2010～2013 年）
农业与粮食安全	①农民增收； ②农产品出口； ③农业技术培训和咨询 具体项目主要有： 农民一对一项目（2013～2018 年）； 加强合作、绩效、营养改革项目（2014～2016 年）； 农业地平线项目（2014～2018 年）； 国际农业减免伙伴项目； 农业企业发展项目； 经济增长基金项目（2011～2014 年）
民主、人权和政府管理	①提高政府工作效率和管理能力； ②加强政府和非政府组织的合作； ③维护选举公正；

项目名称（主题）	主要内容
	④改善司法； ⑤发展传媒 具体项目主要有： 启动改革项目（2014～2017年）； 增强环境能力项目（2014～2018年）； 加强议会建设项目（2010～2015年）； 良治政府和改善公共管理项目（2010～2015年）； IFES IRI NDI 政治进程项目（2012～2015年）； 加强司法项目（2012～2015年）； 区域合作发展项目（2012～2015年）； 支持吉尔吉斯斯坦法律维权社团项目（2012～2017年）； 打击非法交易项目（2011～2015年）； 公民社会法律支持项目（2009～2014年）； 法律透明与合作项目（2012～2015年）； 公共电视和在线媒体项目（2012～2015年）； 妇女和平库项目（2012～2014年）； 与政府合作项目（2013～2018年）； 维护人权项目（2013～2016年）； Jasa. kg 青年项目（2011～2015年）； 媒体支持倡议（2012～2015年）； 劳动改善项目（2013～2014年）； 减少冲突项目（2012～2014年）； 哈巴尔传媒与冲突转换项目（2012～2014年）； Ak Zhol 通过繁荣走向和平项目（2012～2014年）； 和平青年剧场项目（2010～2014年）； 预算透明项目（2012～2014年）
卫生医疗	①降低妇女儿童死亡率； ②完善农村医疗体系； ③应对耐药现象； ④艾滋病、结核病等传染病防治； ⑤改善家庭医疗卫生条件； ⑥基层医师培训 具体项目主要有： 艾滋病项目（2014～2016年）； 结核病防治项目（2014～2019年）； 艾滋病毒携带者精英项目（2012～2017年）； 营养创新项目（2014～2016年）； 健康财政和政府管理项目（2014～2017年）； 艾滋病和结核病对话项目（2009～2015年）； 资助世界卫生组织结核病防治项目（2014～2015年）； 健康统计项目（2011～2014年）； 母亲河儿童健康综合计划（2011～2014年）

续表

项目名称（主题）	主要内容
预防冲突	①法制建设； ②提高灾害预防能力； ③族际关系和解； ④灾后重建 具体项目主要有： 妇女和平库项目（Women Peace Banks，2012~2014年）； 转轨倡议项目（2010~2013年）； 国际食品援助伙伴项目（2006~2013年）； 通过目标分析和社区行动缓和冲突项目（2012~2014年）
环保	①保护生物多样性； ②分析气候变化影响 具体项目主要有： 保护高山风景和社区项目（2012~2016年）； 雪山保护项目（2016年）； 食肉动物保护项目（2015~2018年）

三　与塔吉克斯坦的环保合作

美国国际开发署与塔吉克斯坦的环保合作主要与清洁饮用水有关。为此需要改善灌溉条件、减少水污染；加强天气预报和降水预测，做好水资源利用规划和灌溉计划。

美国国际开发署与塔吉克斯坦的合作项目见表3-3。

表3-3　USAID与塔吉克斯坦的合作项目

项目名称（主题）	主要内容
农业和粮食安全	农业产值占塔吉克斯坦GDP的1/4，就业人口占塔吉克斯坦全国总人口的2/3，农业发展对塔吉克斯坦极其重要； 食品安全，健康饮食和充足营养； 避免采棉期雇佣童工； 土地使用权保护； 改善灌溉系统，提供节水； 提高农业产量和单产能力
民主、人权和政府管理	支持非政府组织； 支持媒体独立运作； 支持青年活动； 建设公务员收费制度，推广安全饮用水，加强法律培训，编制预算和工作规划，提高固体废弃物处理等能力

续表

项目名称（主题）	主要内容
经济增长和贸易	水资源管理，水能开发和电力出口； 加强与阿富汗的联系； 推动 CASA-1000 跨境输变电网项目； 维持宏观经济稳定，帮助企业项目对接
教育	培养学生的阅读能力； 注重学生的独立分析和思考能力； 改善教育设施和设备
卫生健康	防治艾滋病，尤其是毒品传播； 清洁饮用水； 支持母乳喂养； 普及急救常识
水和卫生	改善灌溉条件，减少水污染； 普及饮用水安全常识； 减少与水有关的疾病，如传染病、腹泻等； 加强天气预报能力，提前做好水资源利用规划

资料来源：History，https：//www. usaid. gov/tajikistan/history。

四　与乌兹别克斯坦的环保合作

美国国际开发署与乌兹别克斯坦的合作始于 1993 年。援助重点有农村地区的基础卫生医疗体系、基础教育、水资源管理、金融银行体系改革、中小企业发展等。近年的援助主要关注传染病扩散、建设负责任的政府、农业领域的私营企业发展、妇女权利和发展、环境等。美国政府对乌兹别克斯坦人口增长，尤其是青年人比重增加这一发展趋势给予特别关注，各领域援助项目都针对青年人做工作。

美国国际开发署与乌兹别克斯坦的环保合作主要体现在水资源管理方面。尤其是农村地区的水资源管理，主要包括人员培训、相关法律文本的制定、农业灌溉和种植领域的节水技术等。[1] 另外，美国还关注乌兹别克斯坦境内的生化武器处理。乌兹别克斯坦的咸海复活岛（与哈萨克斯坦共有）是苏联重要的生化武器试验和储存地之一。苏联 1948 年在这里建了一座生化武器实验室，试验一些诸如天花、炭疽热、黑死病等最危险的致病源，这里存有这些病菌制成的生化武器。1988 年 5 月 24 日，因在开发试验过程中发生病毒泄漏，岛上工作人员全部撤离，该岛从此成为一座无人荒岛。

---

[1]　History，https：//www. usaid. gov/uzbekistan/history.

美国科学家从 1997 年开始对该岛上的炭疽芽孢进行研究处理，至 2000 年已清理 10 个（全部）炭疽病菌储藏点，后发现其中 6 个有复活迹象。2001 年 10 月 22 日，美国和乌兹别克斯坦两国国防部签署一项合作协议，约定美方出资 600 万美元用于消除咸海复活岛上的放射性污染和清理苏联于 1988 年掩埋在该岛上的数吨炭疽芽孢。

美国国际开发署与乌兹别克斯坦的合作项目见表 3 - 4。

表 3 - 4　USAID 与乌兹别克斯坦的合作项目

项目名称（主题）	主要内容
医疗卫生	提高治疗和预防结核病、艾滋病等传染病的能力； 改善农村医疗系统和条件； 提高卫生监管和健康信息收集统计等能力； 改善医院的医疗条件
农业和粮食安全项目	农业技术培训，如果蔬种植、畜牧养殖、冷藏保鲜、农田管理、传染病防治、干果制作等； 建立和发展冷藏产业链； 培训农民增产增收的办法
民主、人权和政府管理	公务员培训，增强其法制意识和服务意识，提高其预算规划和管理、行业发展规划和项目管理、发展中小企业等能力； 打击贩卖人口、非法移民，改善救助体系； 提高非政府组织活力，促进政府和非政府组织的合作； 重视妇女权利和妇女发展； 扩大公众参与立法的权利； 发展电子政府； 加强司法改革
经济和贸易增长项目	增加出口，尤其是针对周边国家，如阿富汗和其他中亚国家； 加强与美商务部和国防部合作，为美驻阿富汗部队提供后勤保障； 增强与阿富汗和南亚国家的一体化合作

五　与土库曼斯坦的环保合作①

美国国际开发署与土库曼斯坦的合作主要集中在农业、能源和金融等领域，尤其是畜牧养殖、果蔬种植、能源利用、旅游、青年人才培养等。

美国国际开发署与土库曼斯坦的合作项目见表 3 - 5。

---

① ЮСАИД，http://russian. ashgabat. usembassy. gov/usaid_overview. html，https://www. usaid. gov/ sites/default/files/documents/1861/100214_Turkmenistan_final_cleared. pdf. история сотрудничества，https://www. usaid. gov/ru/turkmenistan/history.

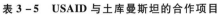

表 3 – 5　USAID 与土库曼斯坦的合作项目

项目名称（主题）	主要内容
宏观经济管理	①维护宏观经济稳定，促进经济发展； ②提高中小企业等私人经济活力； ③提高经济管理水平，发展多元经济等 具体项目主要有： 制定经济发展战略； 提高经济调控技术水平，为经济发展创造良好环境； 完善商业贸易政策； 提高能源安全
农业技术	①增加肉和奶等畜牧产量； ②提高兽医能力； ③提高果蔬温室种植和冷藏能力
提高与阿富汗的贸易收入	①提高中亚国家与阿富汗的商贸合作潜力； ②减少运输成本； ③简化海关等过境手续； ④支持加入世界贸易组织； ⑤提升出口潜力 具体项目主要有： 各类财务报表标准与世界接轨； 市场经济人才培养
青年成就	与雪弗龙公司合作，提高青年人在市场经济管理和私营企业发展中的作用
卫生	①艾滋病防治，在马累和阿什哈巴德各开设一所青年中心，培养卫生宣传员，项目由雪弗龙公司赞助； ②结核病防治（2012～2015 年）
政府管理	①培养政府公务员（留学、培训班、会议等）； ②帮助制定管理模式； ③帮助社会团体发展，提供法律、信息等援助
打击非法移民	打击人口贸易

第四章 联合国环境规划署与中亚国家的环保合作

联合国环境规划署（UNEP）是联合国系统内负责全球环境事务的牵头部门和权威机构，成立于1972年，总部设在肯尼亚首都内罗毕，是全球仅有的两个将总部设在发展中国家的联合国机构之一。

联合国环境规划署章程规定如下。①使命是激励、推动和促进各国及其人民在不损害子孙后代生活质量的前提下提高自身生活质量，领导并推动各国建立保护环境的伙伴关系。②任务是作为全球环境的权威代言人行事，帮助各国政府设定全球环境议程，以及促进各国在联合国系统内协调一致地实施可持续发展的环境政策。③宗旨是促进环境领域内的国际合作，并提出政策建议；在联合国系统内指导和协调环境规划总政策，并审查规划的定期报告；审查世界环境状况，确保可能出现的具有广泛国际影响的环境问题得到各国政府的适当考虑；经常审查国家和国际环境政策和措施给发展中国家带来的影响和造成的费用增加的问题；促进环境知识的取得和情报的交流。

联合国环境规划署是绿色经济倡议的主要发起者，旨在通过重塑和调整各个行业的经济政策和投资方向，如清洁科技、可再生能源、水资源服务、绿色交通、垃圾管理、绿色建筑、可持续农业和森林，协助各国政府绿化它们的经济。当前的主要任务是落实联合国千年发展目标和《2030年可持续发展议程》，整合可持续发展的经济、社会、环境三大支柱，优先任务包括如下几点。

（1）气候变化。加强各国，尤其是发展中国家，将对气候变化的应对办法纳入国家发展进程的能力。

（2）灾难与冲突。减少环境因素和冲突与灾害后果给人类福祉造成的环境威胁。

（3）生态系统管理。改善各国利用生态系统方式，综合土地管理方法，促进水资源和生物资源的保护和可持续利用，增进人类的福祉。

（4）环境治理。加强国家、区域和全球各级的环境治理，处理商定的环境优先事项。

（5）有害物质。减轻有害物质和危险废物对环境和人类的影响。

（6）资源效率。全球共同努力促进可持续消费和生产，确保以更加可持续的方式生产、加工和消费自然资源。

（7）环境审查。提供开放性网络平台和服务，为环境和新兴问题的决策提供及时和足够的知识。

第一节　联合国环境规划署开展的合作项目

当前，联合国环境规划署策划执行的全球环保合作项目主要有 6 项。

（1）编制《全球环境展望》。主要概述在过去 30 年中环境的发展，以及社会、经济和其他因素如何促进变化的发生。其涉及土地、森林、生物多样性、淡水、沿海和海洋地区、大气、城市地区、灾害等多方面内容。

（2）保护海洋环境免受陆地活动影响的全球行动纲领（GPA）。GPA 项目的设计理念和实际指导方式是由可借鉴的国家和地区当局持续制订计划并执行行动，以通过陆上活动预防、控制和消除海洋环境退化。GPA 项目旨在保证海洋环境免受陆地活动影响，并且促进国家在保护海洋环境中承担责任。GPA 项目是唯一一个在各国政府之间旨在保护淡水及海岸环境的协定。

（3）GRASP - 巨猿生存项目。该项目是联合国环境规划署和联合国教科文组织合作的一个创新项目，旨在解决一个紧迫的问题——大猩猩、黑猩猩、倭黑猩猩和猩猩面临的灭亡威胁。

（4）翅膀穿越湿地（WOW）环境署 - 全球环境基金会的非洲—欧亚候鸟迁徙地项目。该项目是非洲—欧亚地区有史以来最大的湿地与候鸟保护倡议，目的在于协助各国采取措施保护非洲—欧亚候鸟主要迁徙湿地，使候鸟能够完成在非洲大陆和欧亚大陆之间的年度迁徙。

（5）联合国环境规划署与全球环境基金项目——发展国家生物安全框架。该项目涉及生物多样性和《生物多样性公约》方面的项目资金总额约为 300 万美元，包括帮助 100 多个国家制定国家生物安全框架，执行《卡塔赫纳生物安全议定书》的相关规定。联合国环境规划署在全球环境基金会的分工协调中发挥主导作用，以确保资金流向，实现公约保证资金的战略性流动。

（6）建立联合国环境规划署世界保护监测中心（WCMC）。联合国环境规划署世界保护监测中心是联合国环境规划署生物多样性评估和政策支持的主要部门，从事科学研究工作和根据实际情况提供政策咨询，帮助企业决策者认识并运用生物多样性的价值。中心的主要工作包括：保护区（世界保护区数据库）、生态系统和生物多样性评估；生物多样性指标性物种的统计。该中心还为多边环境协定提供支持，如《生物多样性公约》、《濒危物种公约》、《移栖物种公约》和《拉姆萨尔湿地公约》。

联合国环境规划署向合作伙伴和成员提供不同专业领域的专门知识，其中包括：①评估和监测，如相关指标、研究以及知识；②风险管理；③管理工具，如保养保护、恢复、可持续管理、立法、认证；④生态系统经济学，如生态系统服务支付方法、激励机制和财务机制、估价、公平公正原则；⑤治理，如环境协定、立法、政策；⑥能力建设和技术支持。

联合国环境规划署在开展环保合作时，应用"生态系统管理"方案，将过去环境管理的区块办法过渡到综合办法，将影响生态系统服务的森林、土地、淡水和沿海生态系统纳入考虑范围。具体是协助各国和各地区：①将生态系统办法纳入开发和规划进程；②获得利用生态系统管理工具的能力；③重新调整其环境方案和资金，以应对一些首要的生态系统服务功能退化问题；④优先为生态系统服务融资。如果采用生态系统办法进行自然资源管理，则能够确定并分析生态系统的驱动因素，从而制定适当的应对方法。分析完成后，实施阶段开始。地方、国家和区域主管部门利用这一框架，在联合国环境规划署的协助下，对自身的生态系统进行评估。实施过程包括四个阶段：①提出理由；②生成知识；③化知识为行动；④监测、评价和反馈。[①]

联合国环境规划署的"生态系统管理"方案由五个互有关联的主要部分组成：①人类福祉；②变化的直接因素；③变化的间接因素；④生态系统运作；⑤生态系统服务。生态系统服务与其他部分相关联，不能孤立地看待，因此联合国环境规划署采取一种全面的办法解决互相关联的服务问题，通过推动生态系统运作、增加其复原力来扭转其退化的趋势。

生态系统服务主要处理15个退化生态系统服务中的11个。该系统分为调节、供给、支持和文化服务四个类别（见图4-1），其中：①调节服务包

----

① UNEP，http://www.unep.org/chinese/ecosystemmanagement/%E6%96%B9E6%B3%95/tabid/4004/Default.aspx.

括气候调节、水调节、自然灾害调节、疾病防治、水净化及污水处理，这些方面往往受到过度使用生态系统调节服务的影响；②供给服务包括淡水、能源（特别是最近生物燃料生产方面新出现的问题）和渔业；③文化服务包括娱乐和生态旅游服务；④支持服务包括养分循环和初级生产，是其他服务的基础，但人类不能从该服务中直接受益（见图4-1）。

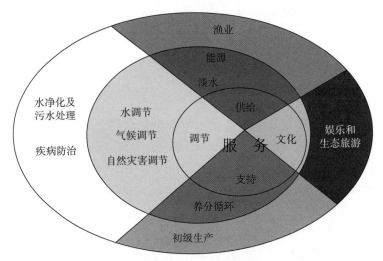

图4-1 UNEP生态系统服务

第二节 与中亚国家的环保合作

联合国环境规划署在中亚的活动始于2000年。主要方式是与其他国际组织一道，共同致力于中亚地区生态环境改善，如UNDP、拯救咸海基金（IFAS）、跨国可持续发展委员会（ICSD）、世界银行、欧盟、北约、欧安组织、全球环境基金等。同时，联合国环境规划署自己的若干全球项目在中亚地区也会相应贯彻落实。

联合国环境规划署与中亚国家的合作主要涉及五个议题。

（1）资源利用效率。发展绿色和可持续经济，实施可持续消费和生产。

（2）环境管理。增强政府、机构和社会组织的环保意识和行动能力，加强环保规划和项目设计。

（3）化学品和废弃物管理。减少环境污染，提高安全运行能力。

（4）生态系统和气候变化。减少气候变化可能带来的不利影响。

（5）减贫与环境保护。通过发展经济，减少贫困，降低经济社会生活对环境的需求和压力。

联合国环境规划署在中亚地区的具体合作项目主要有如下几个方面。

（1）建立环保信息发布系统（Environmental Metainformation Service）。National Focal Point UNEP-INFOTERRA 与中亚各国合作，建立信息中心和网站，让民众和机构能够获取有关生态环境的信息资料。

（2）与 UNDP 和中亚各国政府合作，开展"化学品安全管理"项目。旨在加强对化学品的生产、储存、运输和使用的监管，完善国家管理体制、体系，提升国家规划能力，使其符合国际标准（SAICM）。

（3）应对气候变化的中亚山地生态环境保护项目（Climate Change Action in Developing Countries with Fragile Mountainous Ecosystems From a Sub-regional Perspective）。该项目旨在分析判断气候变化影响、保护雪山和生物多样性等山地生态、应用绿色技术等。执行期为 2014～2017 年。

（4）环境风险评估与安全管理。旨在分析可能的环境风险，如自然灾害、危险化学品、铀矿开发、土地退化、工业污染等。已完成对东里海地区、阿姆河和锡尔河流域、费尔干纳盆地等地区的环境风险评估，并已公开发布评估结果。

（5）水资源管理。与拯救咸海基金共同努力，在中亚地区落实世界水资源大会的倡议和行动计划。旨在加强中亚地区的水资源管理和规划、开发和利用，发展节水技术，改善灌溉系统，协调跨界水资源利用，减少水质污染，发展清洁饮用水，确保水坝安全等。

（6）环境管理。与中亚各国环境主管部门、环保非政府组织、科研机构等合作并提供技术援助，帮助中亚国家制定可持续发展战略和环境行动规划等。

| 国别篇 |

上海合作组织国别环境保护状况

第五章　阿塞拜疆环境概况

第一节　国家概况

一　自然地理

（一）地理位置

阿塞拜疆的全称是"阿塞拜疆共和国"（阿塞拜疆语是 Azərbaycan Respublikası，英文是 The Republic of Azerbaijan，俄文是 АзербайджанскаяРеспублика），意思是"火的国度"。它位于亚欧大陆交界处外高加索地区东南部，位于北纬 38°25′~41°54′，东经 44°46′~50°49′，时区属东 4 区（与北京时差为 4 个小时），面积为 8.66 万平方公里（包括纳卡及其周边现被亚美尼亚实际控制的地区），相当于中国的重庆直辖市，比江苏省小 1 万平方公里，比宁夏大 2 万平方公里。境内南北相距约 400 公里，东西相距约 500公里。首都巴库距北极点的直线距离为 5550 公里，距赤道 4440 公里。

阿塞拜疆的东部是里海，海岸线长约 713 公里。陆地边境线总长 2657公里，其北部与俄罗斯相邻（陆地边境线长 390 公里），西北部与格鲁吉亚接壤（边境线长 480 公里），西部与亚美尼亚相邻（边境线长 1007 公里），南部与伊朗接壤（边境线长 765 公里）。另外，西南部的纳希切万自治共和国是阿塞拜疆位于亚美尼亚境内的一块飞地，被亚美尼亚、伊朗和土耳其环绕，由此使得阿塞拜疆同土耳其有 15 公里边界。

（二）地形地貌

阿塞拜疆属典型的山地国家，地形复杂，地势起伏较大，全国平均海拔为 657 米，最低点（海拔 -28 米）位于滨海低地，最高点（海拔 4480米）为大高加索山脉的巴扎尔迪祖峰。全境约 50% 的面积属高原和山地，盆地面积大约占 40%，平原由河流冲击而成，约占领土的 10%。境内山脉纵横交错。东北部为大高加索山脉，包括高加索主山脉和巴科维群山；西南部是褶皱和火山活动形成的小高加索山脉，东南部为山势平缓的塔雷什山脉（属厄尔布鲁士山脉一部分）。境内的盆地和平原主要有位于东南部的连科兰低地和位于中部的库拉－阿拉斯盆地。库拉－阿拉斯盆地被达拉拉普亚兹山脉和赞格祖尔山脉环抱，并向东部的里海延伸。

（三）气候

阿塞拜疆基本上处于亚热带，但气候呈多样性特征。一方面，由于大高加索山脉挡住了北方冷空气，而且距离海洋较远，全境气候温暖干燥；另一方面，由于地形复杂多样和受里海影响，各地区气候特点也是多种多样，既有湿润的亚热带气候，也有高原冻土带气候。全国年均气温高山地区为9～10℃，平原地区为14～15℃，年均降水分布极不平衡，东南部的连科兰地区为1600～1800毫米，东北部的阿布歇隆半岛为200～350毫米。

阿塞拜疆全国大致可以分为五种气候类型。第一，中部和东部是干燥的亚热带气候，冬温夏热，夏季最高温度达43℃，年降水量为200～300毫米。第二，东南部面积不大的连科兰低地属半湿润亚热带气候，雨量充沛，年降水量为1200～1400毫米。第三，低洼地区7月平均气温为25℃左右，1月平均气温为3℃左右。第四，高山地区，地势越高温度越低，7月平均气温为10℃，1月平均气温达－10℃。第五，里海沿岸地区相对湿润温暖，气候宜人。大高加索山南坡年降水量丰沛，可达1300毫米。冬季降雪在阿塞拜疆极为罕见。阿塞拜疆各地月均气温、月降水统计见表5－1、表5－2。

表 5－1　阿塞拜疆各地月均气温（2013 年）

单位：℃

月份＼地区	巴库	库巴	占贾	耶夫拉克	连科兰	明盖恰乌尔
1 月	5.5	1.2	5.2	5.0	5.9	6.2
2 月	6.9	3.1	8.0	7.0	8.2	9.6
3 月	9.0	6.2	9.6	10.4	10.0	10.3
4 月	13.0	11.1	13.9	15.1	13.3	15.0
5 月	20.1	17.5	19.5	21.1	19.0	21.2
6 月	24.6	21.1	23.6	25.7	23.6	25.8
7 月	26.6	22.5	25.7	27.6	25.7	27.6
8 月	25.7	21.4	24.6	26.4	24.4	26.9
9 月	21.9	16.6	21.3	23.1	22.3	23.3
10 月	15.9	11.3	14.0	15.5	15.1	15.8

地区\月份	巴库	库巴	占贾	耶夫拉克	连科兰	明盖恰乌尔
11 月	12.3	7.4	10.6	10.8	12.0	12.3
12 月	5.6	0.1	2.3	2.0	4.3	4.2

表 5 - 2　阿塞拜疆各地月降水统计（2013 年）

单位：毫米

地区\月份	巴库	库巴	占贾	耶夫拉克	连科兰	明盖恰乌尔
1 月	59.5	26.9	10.4	17.6	63.5	22.6
2 月	53.2	41.0	10.5	22.8	126.8	15.7
3 月	10.1	43.8	12.7	6.8	82.9	15.4
4 月	56.9	77.9	8.0	15.5	45.9	15.9
5 月	4.9	24.4	36.3	71.8	42.9	40.1
6 月	7.0	19.8	23.1	11.1	22.1	34.7
7 月	5.9	23.0	4.6	9.3	80.1	25.9
8 月	9.2	140.4	20.1	9.5	28.3	22.9
9 月	48.5	72.6	14.2	14.0	279.9	11.7
10 月	51.0	78.2	36.7	20.7	235.2	18.3
11 月	5.2	27.0	10.7	2.8	113.6	5.6
12 月	69.9	44.3	4.8	7.5	98.0	11.1

资料来源：State Statistical Committee of the Republic of Azerbaijan, *Statisticalyearbook of Azerbaijan 2014*, *Meteorological date*, p. 11。

二　自然资源

（一）矿产资源

阿塞拜疆境内蕴藏着丰富的矿产资源，其中最重要的是石油、天然气、铁矿、多金属矿和明矾石。据美国地质调查局《2012 年度世界矿产资源概况》数据，2012 年阿塞拜疆 GDP 共计 687.3 亿美元，其中工业产值占 63.8%。在工业产值中，采掘业产值占 79%，制造业占 15%，水电气生产和分配占 6%。同年，阿塞拜疆共出口 342 亿美元，其中石油出口占 86%（295 亿美元），天然气出口占 4.7%，柴油出口占 2.8%，煤油出口占 0.7%。① 阿塞拜疆主要矿产分布和储量情况见表 5-3。

表 5-3　阿塞拜疆主要矿产分布和储量情况

矿产	主要开采者	主要分布地	年产能
氧化铝	占贾精炼厂（Ganja Refinery）	占贾（Ganja）	450 万吨
铝	阿塞拜疆铝业（Azerbaijan Aluminum）	苏姆盖特（Sumqayit） 占贾（Ganja）	6 万吨 5 万吨
明矾矿	—	扎格利克（Zaylik） 达什卡桑（Dashcasan）	60 万吨
水泥	—	卡拉达格利（Karadagly） 塔乌兹萨（Tavuzcay）	200 万吨
斑脱土	—	达什-萨拉汗林斯科耶 （Dash-Salakhlinskoye Deposit）	10 万吨
铜矿	卡拉达吉斯基公司 （Karadagskiy Complex）	沙姆科尔 （Samkir Region）	3 万吨
金矿	安格洛亚州矿业	格达别克 （Gedabek）	2000 公斤
	阿塞拜疆国际矿产资源开发公司 （Azerbaijan International Mineral Resources Operating Co.）	乔夫达尔 （Chovdar Deposit） 占贾（Ganja）	—
碘和溴	—	巴库、卡拉达吉里、内弗查拉 （Plants in Baku，Karadagly，NeftcalaIron）	—
铁矿	达什卡桑矿山企业 （Dashkasan Mining）	达什卡桑地区 （Daskasan Region）	5 万吨
粗钢	巴库钢铁 （Baku Steel Works）	巴库	40 万吨
钢管	阿泽博鲁 （Azerboru JSC）	苏姆盖特 （Sumqayit）	40 万吨
钢锭	巴库钢铁 （Baku Steel Casting）	巴库	无
石灰	AAC Co.	巴库	6.5 万吨
岩盐	—	黑拉姆、普斯延地区 （Hehram and Pusyan Deposits）	250 万吨

① U. S. Geological Survey，U. S. Department of the Interior，2012 *Minerals Yearbook*，The Mineral Industry of Azerbaijan，August 2014，http://minerals. usgs. gov/minerals/pubs/country/2012/myb3-2012-aj. pdf.

续表

矿产	主要开采者	主要分布地	年产能
液化气	—	卡拉达吉里 （Plant in Karadagly）	—
石化	—	巴库炼厂	1200 万吨
	—	盖达尔·阿利耶夫炼厂	800 万吨
石油	—	里海"阿杰里－齐拉格－久涅什利" （Azeri-Chirag-Guneshli）油田	5500 万吨
天然气	—	里海沙赫杰尼兹 （Shah-Deniz）气田	100 亿立方米

资料来源：U. S. Geological Survey, U. S. Department of the Interior, *2012 Minerals Yearbook*, The Mineral Industry of Azerbaijan, August 2014. Table 1 Azerbaijian: Production of mineral commodities. http://minerals. usgs. gov/minerals/pubs/country/2012/myb3 – 2012-aj. pdf。

黄金　金矿主要由阿塞拜疆政府（生态和自然资源部）与一些国外投资服务公司于 1997 年合资组建，计划年开采金矿 400 吨、银矿 2500 吨、铜矿 1500 吨。公司下属的金矿主要位于阿塞拜疆西北部，属于金铜伴生矿，开发总面积为 1962 平方公里，共有 6 处作业区：格达别克（Gedabek）、戈沙布拉格（GoshaBulag）、奥尔杜巴德（Ordubad）、格兹尔布拉格（Gyzyl-Bulag）、索尤特鲁（Soyutlu）、文兹纳利（Vezhnali）。前三个作业区位于阿塞拜疆，后三个作业区位于纳戈尔诺－卡拉巴赫（现由亚美尼亚管理）。2012 年该公司共产金 1562.8 公斤、银 625.8 公斤、铜 502 吨。

格达别克金矿距占贾市 55 公里，属露天矿，采矿权自 2007 年 2 月 26 日起生效，期限为 15 年（2009 年开始产出），作业面积为 300 平方公里。作业区储量为 105.4382 万盎司金、8.1765 万吨铜和 860.8511 万盎司银。其中含量 1.139 克/吨的金矿可采金 74.4038 万盎司，含量 0.293% 的铜矿可采铜 5.9479 万吨，含量 9.456 克/吨的银矿可采银 617.5531 万盎司。2012 年金的生产成本为年均 767 美元/盎司，2013 年为 626 美元/盎司。2013 年该矿共产金 5.2068 万盎司、银 4.5627 万盎司、铜 327 吨。戈沙布拉格金矿距离格达别克金矿西北 50 公里，作业面积为 300 平方公里，属地下金矿，苏联时期勘测认为该矿金储量为 8 吨，其中含量 14.0 克/吨的金储量为 3.2 吨。2010 年以来该矿年产金 1.5 万 ~2 万盎司。奥尔杜巴德金矿位于纳希切万南部，作业面积为 462 平方公里，由若干小矿组成。

铝矿　铝矿主要是明矾石和铝土。明矾石主要产自达什卡桑（Dashcasan）、沙姆科尔（Shamkir）、奥尔杜巴德（Ordubad）等地区，著名的明矾矿有扎格利克矿（Zaylik），为占贾铝厂的原材料供应地，明矾含量为25%，矿层厚20米，明矾和石英占95%，其余5%为黏土。铝土矿主要位于纳希切万的伊利伊乔夫斯克地区，矿层厚2~13米，长1.5~2公里，铁铝和硅铝比例约为2:1。

铁矿 铁矿主要是矽卡岩型磁铁矿，主要位于阿塞拜疆西部索姆希多－阿格达姆地区（Somheti-Aghdam）的达什卡桑（Dashkesan）的扎格利克，距首都巴库约400公里，苏联1981年勘探评估储量（A＋B＋C1）为2.5亿吨，矿床长2公里，厚56米，铁含量超过45%（矽卡岩型磁铁矿中铁的含量为30%~45%，石榴石型磁铁矿中铁的含量为15%~25%）。赤铁矿主要位于阿拉巴什雷。铁含量低，且含硅。沉积岩型铁矿主要位于达什卡桑、沙姆科尔、汉拉尔（Khanlar）、里海沿岸。

锰矿 锰矿主要位于索姆希多－阿格达姆地区和阿拉斯地区，前者主要有莫拉贾林矿、达什卡拉赫林矿，后者主要有比切纳格矿（Bichanak）和阿利亚吉矿（Alahi）。矿层厚0.3~3米，长45~700米。锰含量为10%~25%。比切纳格矿位于沙赫布兹区格谬尔村东北约6公里，属上新世安山岩型，锰含量为22%。阿利亚吉矿位于吉良柴河上游的阿利亚吉村附近，矿床长3.5公里，厚2~8米，锰含量平均为17.8%（0.1%~46.8%）。

铬矿 铬矿床主要分布在小高加索山脉，矿床长260多公里，其中阿塞拜疆境内的约为160公里。著名铬矿位于格伊达林斯克。三氧化二铬含量为43.5%~52.6%，氧化铁含量为3.5%~4%。

铜矿 铜矿主要位于占贾（黄铜型）和奥尔杜巴德地区（斑岩铜矿型），伴生矿有黄铁矿、辉钼矿、闪锌矿、砷黄铁矿等。矿床上层铜含量为0.2%~1%，下层铜含量为0.3%~0.6%。纳希切万断层地带的阿拉斯低地地区发现的铜矿床厚0.5~9米，长约70公里。

钼矿 钼矿主要位于纳希切万的奥尔杜巴德区的巴拉加柴和季阿赫柴，通常与铜、铅伴生，钼含量为0.2%~1.1%，铜含量为0.002%~2.1%，铼含量为0.04%，硒含量为0.006%，铁含量为0.02%。

其他矿产 锡矿主要位于纳希切万的奥尔杜巴德区。汞主要分布在小高加索山脉中部的加里巴扎尔－拉钦区域（Kalbajar-Lachin）。钨矿主要位于纳希切万和克尔巴贾尔区，主要是白钨矿和锰铁钨矿。

阿塞拜疆的地热资源也十分丰富，主要分布在巴达姆雷、西拉普、达雷达克、阿尔吉万、斯塔万卡、什霍夫、哈尔丹、杰米等地区。这些地区的矿泉富含碳氢化合物、碱、盐等矿物质，有的水温为六七十摄氏度。

油气 阿塞拜疆的油气资源主要位于东部的里海及其沿岸地区。据史料记载，巴库地区早在公元 8 世纪便已通过人工挖坑采油，1723 年出现第一座炼油厂，1873 年诞生世界第一口具有工业开采意义的自喷油井。第二次世界大战之前，巴库地区的石油产量达到 2300 万吨的峰值。随着陆上石油产量减少，里海石油逐渐得到关注。1966 年，"阿普歇伦"号自升式钻井平台投入使用，1980 年，世界上第一台半潜式钻井装置"大陆架"号进驻 200 米以上的深水区。在苏联后期，阿塞拜疆仍是苏联最主要的石油产区之一，地位仅次于西伯利亚产油区和哈萨克产油区。

据《BP 世界能源统计年鉴 2013》，截至 2012 年年底，阿塞拜疆石油剩余已探明储量为 10 亿吨（合 70 亿桶），占全球石油剩余储量的 0.4%，储产比为 21.9∶1；天然气剩余已探明储量为 9000 亿立方米（合 31.8 万亿立方英尺），占全球天然气剩余储量的 0.5%，储产比为 57.1∶1。

阿塞拜疆曾经是独联体地区开采最早、产量最大的油气田区，因长期开采，其陆上勘探的产量已过峰值期。石油主要产自里海，约占总产量的 95% 以上，陆上油田则因设备老化而依靠注水维持生产。国内炼厂的设计年加工能力约为 2000 万吨，因设备老化目前年产量只能达到 1/4。

2007 年以来，阿塞拜疆石油年产量为 4000 万~5000 万吨（2013 年共开采石油 4348 万吨），国内消费量为每年 400 万~500 万吨，其余出口，主要输往欧洲，如俄罗斯、意大利、土耳其和德国等。阿塞拜疆的油气生产主要被西方公司控制，其中英国 BP 公司主导的阿塞拜疆国际联合作业公司是最大的原油开采商。

阿塞拜疆的陆上天然气在苏联时期已经基本开发殆尽，独立后又因经济危机而无力开发里海资源，致使其天然气产量长期低于消费量，并主要依赖从俄罗斯进口。后借助西方公司投资而产量逐年上升，2006 年成为净出口国。2007 年之前，阿塞拜疆的天然气产量均不足 100 亿立方米，2007 年之后产量逐年增长，从 2007 年的 170 亿立方米增长到 2013 年的 295 亿立方米。2007~2013 年，每年国内消费天然气 80 亿~90 亿立方米，其余出口。

（二）土地资源

阿塞拜疆的土地资源丰富，其中农业用地占国土面积 52.3%，森林面积占 12%，各种水系占 1.6%，其他占 34.1%。全国耕地面积为 1630.8 公顷，占农业用地 36%，灌溉面积为 1102 公顷，占耕地面积的 67.6%。境内土壤主要有栗色土、褐色土、灰钙土和高山草甸、泥炭土等。

总体上，阿塞拜疆具有发展农业的良好条件。在约8.66万平方公里的国土中，有4.7698万平方公里适合发展农业，人均为0.5公顷。2013年，全国有可耕地188.73万公顷（人均为0.2公顷）、永久作物区（Permanent Crops）23.03万公顷。耕地主要分布在库拉河和阿拉斯河谷地以及阿塞拜疆南部平原地带。森林面积为104.02万公顷，草场和牧场为261.42万公顷。陆上的蔬菜种植业、果业和畜牧业，以及里海渔业有较大优势。小麦、棉花、石榴、苹果、葡萄、橄榄等主要农产品的品质久负盛名。

阿塞拜疆的土壤呈现不同类型：高山草甸土、半沙漠灰钙土和湿润的亚热带黄土。此外，境内还有褐色森林土、棕色森林土、黑钙土、栗土等土壤。主要土壤类型的分布遵循纵向分区原则，随地面高度的增加而变化。不同高度区域最主要的差异表现在气候和植被上，从而形成不同类型的土壤。在每个区域内都有代表性的土壤和植被。主要土壤类型如下。

（1）山地草甸土，分布在大、小高加索山脉海拔1800~3000米的高寒地带，这些土壤形成于高山山地草甸和亚山地草甸之下，植物在较短的生长季节发育强大的根系，形成致密的深色草皮层，保证了高山草甸土地的稳定，防止地表径流冲蚀。不过，土壤覆盖层并不连续，经常显现岩石，掺杂沙砾和岩石碎片。由于温度相对较低（平均温度约为5℃）和大气降水充沛，发达的植物根系分解非常缓慢，在半分解状态积蓄。山地草甸土含有大量的腐殖质（超过10%），含量随深度、交换量（每100克干土中45~60毫当量）和酸反应（pH值为5.5~6.4）的增加急剧下降。属于山地草甸土的有：山地草甸泥炭（高山）土、山地草甸草皮土（亚高山土）和山地草甸黑钙土（森林草甸土）。从海拔最高和形成时间最短的山地草甸泥炭土开始，它们依次出现。

（2）小高加索山脉区域的褐色森林土分布在900~1200米高度的范围内。植被为落叶林，包括榉木、鹅耳枥木、橡木，其分布区与农作物种植区相邻。年降水量为500~1000毫米，年平均温度为8~10℃，各区域差别很大，从而导致土壤的显著差异。褐色森林土有以下特点：腐殖质含量高（5%~8%），并从土壤的上层开始随深度而降低；高交换量（每100克干土中28~40毫克当量）；酸性反应（pH值为6~6.7）。

（3）黄土。这种类型的土壤广泛分布在连科兰地区的山脚和丘陵地带，是在地中海型亚热带湿润气候下形成的，年均气温约为14.5℃，年降水量为700毫米（北部）或1300~1900毫米（南部）。降水一般在秋季和冬季。

黄土形成于栗橡木林内。大部分地区被茶园覆盖，形成湿润的亚热带土壤：山地黄土和黄黑土。

（三）生物资源

在阿塞拜疆境内大约有 4500 种植物，占高加索地区植物物种的 64%。在阿塞拜疆常见的 600 种地方特有植物中，有 168 种属于阿塞拜疆特有植物，432 种为高加索地区特有植物。阿塞拜疆境内有 1.8 万种动物。现在阿塞拜疆动物包括 97 种哺乳动物、357 种鸟、约 100 种鱼、67 种（和亚种）两栖类和爬行类动物、约 1.5 万种昆虫。140 种珍稀和濒危物种被列入《阿塞拜疆红皮书》，包括 14 种哺乳动物（鹅喉羚、豹、山羊等）、36 种鸟［雉（欧石鸡属）等］、5 种鱼（鳗鱼、七鳃鳗、三文鱼、鲟鱼等）、13 种两栖类和爬行类动物（北蝰、叙利亚蛙等）、40 种昆虫。[①]

20 世纪 80～90 年代阿塞拜疆的森林覆盖率为 35%，但进入 21 世纪后减少了约 200 万公顷，只剩下近 100 万公顷（约占领土面积的 11%，这个数字相比邻国格鲁吉亚的 39% 少很多），人均为 0.12 公顷。森林面积减少最多的是大高加索山区（占减少面积的 49%），其次是小高加索山区（占减少面积的 34%）、库拉－阿拉斯低地（占减少面积的 15%），另外还有纳希切万地区（占减少面积的 0.5%）。[②]

由于地形和气候复杂多样，阿塞拜疆的动植物分布和种类也呈现多样性的特征，物种十分丰富。境内大部分地区生长着干旱草原植物、半荒漠植物和高山草地植物；山地地区为山地森林土，生长着阔叶林、橡树、榉树、栎树等分布很广。林区主要集中在小高加索山脉与库拉河河谷地带。境内的动物种类已超过 1.2 万种，其中包括淡水鱼类 88 种、陆生动物 11 种、爬行动物 50 种、鸟类 380 种、哺乳动物 92 种等。由于海拔高度和地形的不同，动物群落分布区可以划分为 4 个：半沙漠和干旱草原区、洼地植物丛和山麓灌木区、高山森林带、高山草原和草甸区。

阿塞拜疆属里海水域有 171 种浮游植物（藻类）、40 种浮游动物、258 种底栖植物、91 种大型底栖动物、14 科的 80 种（亚种）鱼类。数量较多的鱼类是：鲤形目 42 种、龙骨鱼 17 种、鲑鱼 2 种、鲟鱼 5 种。

在里海及其沿海地区的各类栖息地有 320 种鸟类，包括 37 种水禽、109 种湿地禽、156 种陆地禽等。

---

① 阿塞拜疆生态和自然保护部，http://files. preslib. az/projects/azereco/ru/eco_m1_3. pdf。

② The Ministry of Ecology and Natural Resources of Azerbaijan Republic，"Forests of the Republic of Azerbaijan，" http://www. eco. gov. az/en/m-meshe. php。

（四）水资源

阿塞拜疆河网分布不均，全国平均为 0.36 公里/平方公里，连科兰地区分布较密（0.84 公里/平方公里），阿布歇隆－戈布斯坦地区只有 0.2 公里/平方公里。境内共有 8350 条大小河流，其中干流长度超过 500 公里的河流有 2 条，干流长度 101～500 公里的河流有 22 条，干流长度 11～100 公里的河流有 324 条。境内所有河流都向东注入里海。

河流主要有库拉河、阿拉斯河、萨穆尔河、阿拉赞河、基尔德曼河等。根据性质，境内河流又可分为跨界河流、界河和纯境内河流三类，纯境内河流规模都比较小，发源于山区，年均流速通常为 3～6 米/秒（波动幅度为 1.5%～15%），基本注入库拉河或阿拉斯河，部分直接注入里海（见表 5－4）。据观测，阿塞拜疆年径流量总计 281 亿～303 亿立方米，其中 67%～70% 从境外流入（188 亿～212 亿立方米），本土产生 69 亿～115 亿立方米。

表 5－4 阿塞拜疆的主要河流

序号	河流	注入地	长度（公里）	流域面积（平方公里）	海拔高度（米）	
					源头	河口
1	库拉河（Kura）	里海	1515	188000	2740	-27
2	加尼赫河（Ganikh）	明盖恰乌尔水库	413	16920	2560	75
3	加比里河（Gabirri）	明盖恰乌尔水库	389	4840	2560	51
4	汗拉米河（Khramy）	库拉河	220	8340	2422	255
5	阿克斯塔恰河（Aqstafachay）	库拉河	133	2586	3000	210
6	图里安恰伊河（Kurekchay）	库拉河	126	2080	3100	18
7	阿拉斯河（Araz）	库拉河	1072	102000	2990	-11
8	阿帕恰河（Arpachay）	阿拉斯河	126	2630	2985	780
9	海克里恰河（Hekeriychay）	阿拉斯河	128	5540	3080	268
10	苏姆盖特河（Samur）	里海	216	4430	3600	-27

续表

序号	河流	注入地	长度（公里）	流域面积（平方公里）	海拔高度（米）	
					源头	河口
11	皮尔萨加特河（Pirsaat）	里海	199	2280	2400	-11
12	波尔加恰河（Bolgarchay）	马赫穆尔恰拉湖	168	2170	1710	-17

资料来源：The Ministry of Ecology and Natural Resources of Azerbaijan Republic，"Rivers，Lakes and Reservoirs of Azerbaijian Republic，" http://www. eco. gov. az/en/hid-chay-gol-suanbar. php。

按流域，阿塞拜疆境内河流分为三大流域：一是库拉河流域；二是阿拉斯河流域；三是里海流域，河流直接注入里海。其中，库拉河流域（包括阿拉斯河）年径流量为 259 亿～269 亿立方米，其中 76%～77% 来自境外（197 亿～207 亿立方米），本土产生 52 亿～72 亿立方米。库拉河（不包括阿拉斯河）年径流量为 160 亿～178 亿立方米，其中本土产生 45 亿～60.2 亿立方米。阿拉斯河年径流量为 91 亿～93 亿立方米，其中本土产生 10.4 亿～14 亿立方米。直接注入里海的河流年径流量为 21.7 亿～34.1 亿立方米，其中来自境外的有 1.4 亿立方米，本土产生 20.3 亿～32.7 亿立方米。

库拉河是外高加索地区水量最大和最长的河流，经格鲁吉亚和阿塞拜疆，注入里海，全长 1515 公里，流域面积为 18.8 万平方公里（其中 31% 在阿塞拜疆境内），河口处年均径流量为 445 立方米/秒。下游泥沙含量大（2100 万吨/年），河口三角洲面积约为 100 平方公里。该河干流上有水电站 4 座，明盖恰乌尔（Mingacevir）水库为阿塞拜疆电力的主要来源之一。

阿拉斯河是库拉河的最大支流，北岸是亚美尼亚，南岸是土耳其和伊朗，在伊朗的焦勒法流入宽阔的河谷，经过穆甘草原，汇入阿塞拜疆的库拉河，流域面积为 10.2 万平方公里（其中 18% 在阿塞拜疆境内），全长 1072 公里，河口处年均流速为 121 米/秒。河流水流湍急，不利于航运，因主要流经山地地区，落差较大而形成比较丰富的水力资源。

阿塞拜疆境内共有 450 座湖泊，总面积为 395 平方公里（其中 10 座面积超过 10 平方公里），其中淡水资源只有 9 亿立方米。湖泊主要有冰川湖、河滩湖、潟湖、喀斯特湖、堰塞湖、凹陷湖、水库水坝 7 种类型。面积最大的湖泊是位于库拉 - 阿拉斯低地的萨利苏湖（见表 5 - 5）。

表 5－5　阿塞拜疆的主要湖泊

单位：平方公里，亿立方米

序号	湖泊	所在地	面积	水量
1	萨利苏湖 （Sarisu）	库拉－阿拉斯低地 （Kur-Araz Low-land）	65.7	0.591
2	阿克济伯恰拉湖 （Aqzibirchala）	沙布兰地区 （Shabran Region）	13.8	0.100
3	盖伊戈尔湖 （Geygol）	库雷克恰盆地 （Kurekchay's Basin）	0.79	0.240
4	哈吉加布尔湖 （Hajigabul）	库尔－阿拉斯低地 （Kur-Araz Low-land）	8.4	0.121
5	博尤克绍尔湖 （Boyuk Shor）	阿布歇隆半岛 （Absheron Peninsula）	16.2	0.275
6	阿克戈尔湖 （Aqgol）	库尔－阿拉斯低地 （Kur-Araz Low-land）	56.2	0.447
7	詹达戈尔湖 （Jandargol）	格鲁吉亚边境 （Georgian Boundary）	10.6	0.510
8	博尤克阿拉戈尔湖 （Boyuk Alagol）	加拉巴汗火山平原 （Garabakh Volcanic Plain）	5.1	0.243
9	阿希格加拉湖 （Ashig Gara）	海克里恰盆地 （Hekerychay's Basin）	1.76	0.102
10	加拉恰克湖 （Garachuq）	纳克奇万恰盆地 （Nakhchivanchay's Basin）	0.45	0.253

资料来源：The Ministry of Ecology and Natural Resources of Azerbaijan Republic，"Rivers，Lakes and Reservoirs of Azerbaijian Republic，" http://www. eco. gov. az/en/hid-chay-gol-suanbar. php。

截至 2015 年年初，阿塞拜疆库容超过 100 万立方米的水库共有 61 座，总蓄水量为 215 亿立方米，有效库容为 124 亿立方米。境内最大水库是明盖恰乌尔水库，库容为 170 亿立方米（大约相当于北京十三陵水库容积的 1/3）。阿塞拜疆的主要水库见表 5－6。

表 5－6　阿塞拜疆的主要水库

单位：平方公里，亿立方米

序号	水库	面积	水量
1	明盖恰乌尔水库（Mingechevir）	605	15.73
2	沙姆基尔水库（Shemkir）	116	2.68
3	叶尼肯德水库（Yenikend）	23.2	1.58

续表

序号	水库	面积	水量
4	瓦尔瓦拉水库（Varvara）	22.5	0.06
5	阿拉斯水库（Araz）	145	1.254
6	塞尔森水库（Serseng）	14.2	0.565
7	杰兰巴坦水库（Jeyranbatan）	13.9	0.186
8	汗布兰恰水库（Khanbulanchay）	24.6	0.052
9	锡拉布水库（Sirab）	1.54	0.013
10	阿克斯塔法恰水库（Aqstafachay）	6.30	0.12
11	哈钦恰水库（Khacinchay）	1.76	0.023

资料来源：The Ministry of Ecology and Natural Resources of Azerbaijan Republic，"Rivers, Lakes and Reservoirs of Azerbaijian Republic," http://www. eco. gov. az/en/hid-chay-gol-suanbar. php。

据阿塞拜疆环保部门统计，2010 年以来，阿塞拜疆年水资源总量为 120 亿～130 亿立方米，年水资源消费量为 80 亿～100 亿立方米，其中农业用水约占 70%，工业用水约占 25%，居民用水约占 5%（见表 5 - 7）。[①]

表 5 - 7　阿塞拜疆水资源消费统计

单位：亿立方米

年份	1990	1995	2000	2005	2010	2011	2012	2013
水资源总量	161.83	139.71	111.10	120.69	115.67	117.79	124.85	125.09
人均水资源拥有量	22.93	18.47	13.97	14.38	12.95	13.01	13.61	13.46
水资源消费量	124.77	102.23	65.88	86.07	77.15	80.12	82.49	82.29
农业用水	86.27	77.20	38.19	57.10	54.97	57.46	57.72	57.46
工业用水	34.18	21.73	23.16	23.6	17	17.60	20.98	20.56
居民用水	4.02	3.27	4.49	5.21	4	3.97	2.79	3.11
循环再利用水资源量	16.28	16.96	18.75	22.24	17.87	17.88	22.04	21.84
运输途中损失	42.06	37.47	30.53	34.62	38.52	37.67	42.36	42.8
废水	50.26	42.47	41.06	48.78	60.05	50.68	54.19	51.73
未处理的废水	3.03	1.34	1.71	1.61	1.64	2.23	2.20	2.48

资料来源：The State Statistical Committee of the Republic of Azerbaijan，Environment Protection，9. 1. Main Indicators Characterizing Protection of Water Resources and Their Rational Use，http://www. stat. gov. az/source/environment/indexen. php。

---

① The Ministry of Ecology and Natural Resources of Azerbaijan Republic，"Rivers, Lakes and Reservoirs of Azerbaijian Republic," http://www. eco. gov. az/en/hid-chay-gol-suanbar. php.

三 社会与经济

（一）人口概况

据阿塞拜疆国家统计委员会数据，截至 2014 年年初，阿塞拜疆全国人口共计 947.71 万，人口密度为每平方公里 109 人。其中城市人口占居民总数的 53.2%（504.54 万人），农村人口占 46.8%（443.17 万人），男女比例为 49.7∶50.3（见表 5-8）。

表 5-8　阿塞拜疆人口统计（当年年初）

年份	人口 （万人）	增加 （万人）	增长率 （%）	城市 （万人）	农村 （万人）	城市 （%）	农村 （%）	男性 （%）	女性 （%）
1990	713.19	—	—	384.73	328.46	53.9	46.1	48.8	51.2
1991	721.85	8.7	1.2	385.83	336.02	53.5	46.5	48.8	51.2
1992	732.41	10.6	1.5	388.44	343.97	53.0	47.0	48.9	51.1
1993	744.00	11.6	1.6	392.85	351.15	52.8	47.2	48.9	51.1
1994	754.96	11.0	1.5	397.09	357.87	52.6	47.4	49.0	51.0
1995	764.35	9.4	1.2	400.56	363.79	52.4	47.6	49.1	50.9
1996	772.62	8.3	1.1	403.45	369.17	52.2	47.8	49.2	50.8
1997	779.98	7.4	1.0	405.78	374.20	52.0	48.0	49.3	50.7
1998	787.67	7.7	1.0	408.25	379.42	51.8	48.2	49.3	50.7
1999	795.34	7.7	1.0	406.43	388.91	51.1	48.9	48.8	51.2
2000	803.28	7.9	1.0	410.73	392.55	51.1	48.9	48.9	51.1
2001	811.43	8.2	1.0	414.91	396.52	51.1	48.9	49.0	51.0
2002	819.14	7.7	1.0	419.26	399.88	51.2	48.8	49.0	51.0
2003	826.92	7.8	0.9	423.76	403.16	51.2	48.8	49.1	50.9
2004	834.91	8.0	1.0	435.84	399.07	52.2	47.8	49.1	50.9
2005	844.74	9.4	1.2	442.34	402.40	52.4	47.6	49.2	50.8
2006	855.31	10.6	1.3	450.24	405.07	52.6	47.4	49.3	50.7
2007	866.61	11.3	1.3	456.42	410.19	52.7	47.3	49.3	50.7
2008	877.99	11.4	1.3	465.22	412.77	53.0	47.0	49.4	50.6
2009	892.24	14.3	1.6	473.91	418.33	53.1	46.9	49.5	50.5
2010	899.76	7.5	0.8	477.49	422.27	53.1	46.9	49.5	50.5
2011	911.11	11.3	1.3	482.95	428.16	53.0	47.0	49.6	50.4
2012	923.51	12.4	1.4	488.87	434.64	52.9	47.1	49.6	50.4

续表

年份	人口（万人）	增加（万人）	增长率（%）	城市（万人）	农村（万人）	城市（%）	农村（%）	男性（%）	女性（%）
2013	935.65	12.1	1.3	496.62	439.03	53.1	46.9	49.7	50.3
2014	947.71	12.1	0.1	504.54	443.17	53.2	46.8	49.7	50.3

资料来源：The State Statistical Committee of the Republic of Azerbaijan, Population/Statistical year-book/Population of Azerbaijan, http://www.stat.gov.az/source/demoqraphy/ap/indexen.php。

阿塞拜疆民族众多，其中（2009 年数据）最大的是阿塞拜疆族，占总人口的 91.6%（约 900 万人），列兹金族占 2%，俄罗斯族、亚美尼亚族和塔里什族分别约占 1.3%，阿瓦尔族占 0.6%，土耳其族占 0.4%。阿塞拜疆族是高加索地区的古老民族之一，在语言上属阿尔泰语系突厥语族。列兹金族主要居住在阿塞拜疆东北部和俄罗斯达吉斯坦共和国，操本民族语言（属高加索语族），主要信仰伊斯兰教逊尼派。阿瓦尔族是欧亚大陆北部的游牧民族之一，有人认为其是古代柔然人向欧洲西迁后留在高加索地区的一部分，主要分布在阿塞拜疆北部和俄罗斯南部，操阿瓦尔语，信仰伊斯兰教逊尼派。塔里什族主要分布在阿塞拜疆东南部和伊朗北部。

据美国《2013 年度宗教自由报告》数据，阿塞拜疆全国 96% 居民信仰伊斯兰教（其中约 65% 属什叶派，主要是十二伊玛目派，约 35% 属逊尼派，主要是哈乃斐派，另有少部分信仰苏菲派），其余 4% 信仰东正教、基督教、犹太教、莫洛坎教、佛教，或无宗教信仰。虽然从统计数据看，信仰伊斯兰教的人口占多数，但实际上，真正的伊斯兰信徒（能够每天坚持做礼拜的穆斯林）占全国总人口的比例不足 10%，其余大部分民众只是分享伊斯兰的风俗习惯，如过伊斯兰节日、不吃猪肉等。这意味着，大部分民众生活在世俗世界，分享世俗价值观，行为做事并不遵循宗教标准。因此，阿塞拜疆是一个世俗国家。尽管其境内有大量穆斯林，并且已加入伊斯兰合作组织，但不能说阿塞拜疆是伊斯兰国家。

（二）行政区划

阿塞拜疆中央直属的地方行政单位有：1 个自治共和国（Autonomous Republic）、59 个区（Region，农业为主）、13 个市（District，含首都，工业为主）。自治共和国、区和市的行政长官由总统任命和解职。城市地区共有 78 个城镇（Town）和 261 个居民点（Settlement），农村地区共有 4250 个居民点。

纳希切万（Nakhchivan）是阿塞拜疆下辖的唯一一个自治共和国，被亚美尼亚隔开，形成飞地，下辖 7 个区和 1 个市，即首府纳希切万市，面积为

5363 平方公里。阿塞拜疆全境多山，东部为小高加索山脉；阿拉斯河流经南部边境。大陆性气候显著，1 月平均气温为 –14 ～ –3℃（山区），7 月平均气温为 5 ～ 28℃。年降水量为 200 ～ 600 毫米。纳希切万是《圣经》中记载的大洪水后诺亚建造的第一个城市，在历史上是重要的商业中心，曾被波斯帝国、亚历山大帝国、拜占庭帝国、阿拉伯帝国、塞尔柱帝国、蒙古汗国、波斯阿巴斯王朝、沙皇俄国、奥斯曼帝国等占领。

（三）政治局势

阿塞拜疆的政体是总统制，宪法第 99 条规定："阿塞拜疆的行政权归属总统。"总统是国家元首和武装力量的最高统帅，对内和对外代表国家，是人民团结的具体表现，能够保证国家的连续性。政府在总统领导下工作，向总统负责。如果总统因故在任期未满前离职，则需在 3 个月内举行新总统选举。选举期间，总统权力由政府总理代行。如果总理代行总统权力期间因健康原因丧失工作能力，则由议长代行总统权力。

阿塞拜疆的国民议会（Milli Majlis）实行一院制，由 125 名议员组成，议员任期为 5 年。出席人数超过 83 人的议会会议方为有效。议会下设法律政策和国家建设问题，安全与军事问题，经济政策，自然资源、生态与能源问题，农业政策，社会政策，地区问题，科学和教育问题，文化问题，人权，国际关系和议会间联系 11 个常设委员会。阿塞拜疆的国家机构设置见表 5 – 9。

表 5 – 9 阿塞拜疆的国家机构设置（截至 2015 年 1 月）

机构名称	英文名称	网站
总统 （President）		
总统办公厅	The Office of President 或 The Administration of President	www. president. az
国家安全委员会	The Security Council	
政府 （Goverment）		
内阁	Council of Ministries	www. cabmin. gov. az
议会 （National Assembly 或 Milli Mejlis）		
审计署	Chamber of Auditors	www. audit. gov. az
法院 （Court）		
宪法法院	The Constitutional Court	www. constcourt. gov. az
最高法院	The Supreme Court	www. supremecourt. gov. az

续表

机构名称	英文名称	网站
向总统汇报工作的中央机关		
中央银行	Central Bank	www. cbar. az
检察院	Procurator's Office	www. genprosecutor. gov. az www. prosecutor. gov. az
政府内阁成员：部（Ministry of the Republic of Azerbaijan）		
外交部	Ministry of Foreign Affairs	www. mfa. gov. az
教育部	The Ministry of Education	www. edu. gov. az
卫生部	Ministry of Health	www. health. gov. az
文化与旅游部	The Ministry of Culture and Tourism	www. mct. gov. az
青年与体育部	Ministry of Youth and Sports	www. mys. gov. az
劳动与社会保障部	Ministry of Labor and Social Defense	www. mlspp. gov. az
生态和自然资源部	The Ministry Of Ecology And Natural Resources	www. eco. gov. az
能源部	Ministry of Industry and Energy	www. mie. gov. az
通信与信息技术部	The Ministry of Communication and Information Technology	www. mincom. gov. az
交通部	The Ministry Of Transport	
国防工业部	The Ministry Of Defence Industry	www. mot. gov. az
农业部	Ministry of Agriculture	www. agro. gov. az
经济和工业部	The Ministry of Economy and Industry	www. economy. gov. az
财政部	The Ministry of Finance	www. finance. gov. az www. maliyye. gov. az
税务部	Ministry of Taxes	www. taxes. gov. az
紧急情况部	The Ministry of Emergency Situations	www. fhn. gov. az
国防部	Ministry of Defense	
国家安全部	The Ministry of National Security	www. mns. gov. az
司法部	Ministry of Justice	www. justice. gov. az
内务部	The Ministry of Internal Affairs	www. mia. gov. az
政府内阁成员：国家委员会（State Committee of the Republic of Azerbaijan）		
国家城镇建设规划委员会	State Committee on Town Planning and Architecture	www. arxkom. gov. az
国家家庭、妇女和儿童委员会	State Committee on Issues of Family, Women and Children	www. scfwca. gov. az

续表

机构名称	英文名称	网站
国家有价证券委员会	State Committee on Securities	www. scs. gov. az
国家宗教组织工作委员会	State Committee for Work with Religious Organizations	www. scwra. gov. az
国家侨务工作委员会	The State Committee for Work with the Diaspora	www. diaspora. gov. az
国家产权事务委员会	State Committee on Property Issues	www. stateproperty. gov. az
国家统计委员会	State Statistics Committee	www. azstat. org
国家海关委员会	State Customs Committee	www. customs. gov. az
国家资产事务委员会	State Committee for Property Affairs	www. stateproperty. gov. az
国家标准化、计量和专利委员会	State Committee on Standardization, Metrology and Patents	www. azstand. gov. az
国家难民和被迫迁徙工作委员会（委员会主席由副总理兼任，主要解决纳卡问题）	State Committee on Refugees and IDPs issues	www. refugees-idps-committee. gov. az
政府内阁成员：国家局（State Service、State Administration、National Department）		
国家移民局	State Migration Service	www. migration. gov. az
国家边防局	State Border Service	www. dsx. gov. az
国家动员和征兵局	State Service on mobilization and conscription	seferberlik. gov. az
国家海洋局	State Maritime Administration	www. ardda. gov. az
国家民航局	State Administration of Civil Aviation	www. caa. gov. az
国家档案局	National Archive Department	www. milliarxiv. gov. az
国有企业		
国家基金	Fund	
国家石油基金	State Oil Fund	www. oilfund. az
国家社会保障基金	Social Defense Fund	www. sspf. gov. az
大型国有企业		
国家石油集团	SOCAR (State Oil Company of Azerbaijan Republic)	www. socar. az
国家可替代和可再生能源公司	State Company for Alternative and Renewable Energy Sources	www. abemda. az
国家电力公司	AzerEnergy CJSC	www. azerenerji. com
国家自来水公司	Azersu JSC	www. azersu. az
国家天然气公司	Azerigaz CJSC	www. socar. gov. az

机构名称	英文名称	网站
国家移民服务公司	The State Migration Service	www. migration. gov. az
国家土壤改良和水务公司	Azerbaijan Amelioration and Water Management	www. mst. gov. az
国家电视和广播公司	Television and Radio Broadcasting Company	www. aztv. az
阿塞拜疆航空公司	Azerbaijan Airlines CJSC	www. www. azal. az
阿塞拜疆通讯社	Azerbaijan State Telegraph Agency	www. azertag. az

资料来源：President of the Republic of Azerbaijan Ilham Aliyev, Order of the President of the Republic of Azerbaijan on the new composition of the Cabinet of Ministers of the Republic of Azerbaijan, Baku, 22 October 2013, http://en. president. az/articles/9726。

截至 2015 年 1 月 1 日，阿塞拜疆共有 54 个合法注册的政党，其中规模最大的是执政的新阿塞拜疆党（The New Azerbaijan Party），规模较大的有穆萨瓦特党、人民阵线党、民族独立党、民主党、自由党、公正党、自由民主党、共产党、祖国党等。

2008 年小阿利耶夫赢得第二届任期后，阿塞拜疆国内存在质疑，即小阿利耶夫是否还有资格再参加总统选举。大部分议员认为，在阿塞拜疆还与亚美尼亚处于战争状态以及领土仍被占领的情况下，不排除通过军事途径解放被占领土的可能；为避免国家内部产生各种冲突，在解放被占领土期间（或者说军事行动尚未结束期间），必须保证国家元首和议会正常活动，因此，有必要修改国家宪法，允许总统和议会在结束军事行动之前，继续履行职责。为此，阿塞拜疆于 2009 年 3 月 18 日举行全民公决，该提案以约 90% 的赞成票获得通过。这次宪法修改为小阿利耶夫参加 2013 年总统选举提供了充足的法律依据。

2013 年小阿利耶夫当选新一届总统后（其本人的第三届），因其个人威望无人能敌，阿塞拜疆国内局势总体稳定。但同时面临较大国际压力，尤其是西方的民主和人权压力，加上国际油价下跌，阿塞拜疆经济下滑，西方对阿塞拜疆的能源需求减弱，阿塞拜疆在西方的地位和影响下降。

（四）经济概况

自小阿利耶夫 2003 年执政以来，阿塞拜疆陆续出台了一系列有关国家、行业、地区的发展纲要和发展战略规划，指导国家有序发展，如《2014～2018 年地区经济社会发展国家纲要》《2011～2013 年巴库市及其周边地区经济社会发展国家纲要》《阿塞拜疆 2020 年：对未来的看法》《2015～2020年工业发展纲要》《2008～2015 年减贫和可持续发展国家纲要》《2008～

2015 年居民食物供应国家纲要》《2007～2012 年国家通信和信息技术发展纲要》《2009～2015 年发展退休保险国家纲要》《2007～2015 在国外培养阿塞拜疆青年的国家纲要》等。阿塞拜疆 2020 年前的发展目标是：调整经济结构，减少对石油的依赖，发展非石油经济；经济稳定高增长；民众享受高福利；国家管理高效率；人的权利高保障。具体指标是：①人均 GDP 达到 1.3 万美元；②进入世界"最高人类发展指数国家"行列；③进入世界"高人均收入国家"行列；④成为地区经济贸易中心；⑤非石油领域产值年均增长率达到 7%，非石油类商品出口达到人均 1000 美元。

阿塞拜疆经济以工业为主，尤其是油气工业。2005～2014 年，每年农业产值占 GDP 的比重均不超过 10%，2010 年以来约为 5%，同期，工业产值比重为 46%～60%，该比重与国际油价和油气工业产值呈正向关系。这样的三产结构，说明政府需努力调整产业结构，提高经济的抗风险能力。

在阿塞拜疆的工业中油气可谓一枝独秀。2013 年工业总产值为 267 亿马纳特（约合 340 亿美元）。2010～2013 年，阿塞拜疆年均工业产值为 259 亿马纳特（合 330 亿美元），其中采掘业年均产值占工业总产值的 78.85%（其中油气开采占工业总产值的 76.17%），加工业平均占比为 15.5%，水电气生产与分配占 5.65%。在加工业中，油气加工占工业总产值的 7.6%，食品工业占工业总产值的 1.5%，建材业占工业总产值的 1.2%，冶金业占工业总产值的 0.8%，机械设备制造、饮料、金属制品和电力设备等行业分别占工业总产值的 0.4%～0.6%。由此，发展非资源领域成为阿塞拜疆政府工业政策的首要任务。

阿塞拜疆的主要商品进口来源地是周边国家和欧洲。从商品大类看，进口商品主要有机械设备、交通工具、贱金属及其制品、贵金属、食品和烟酒等。这样的进口结构，与阿塞拜疆大力发展基础设施建设，为配套服务油气工业而大量进口油气和采掘设备，以及生活水平提高后，大量进口日用消费品等有很大关系。

阿塞拜疆的出口商品主要有石油、天然气、农产品、矿产等。原油及其制品是最大宗的出口商品，2000 年以来，每年都占出口总额的 80% 以上，2008 年后更是占 90% 以上。2013 年，阿塞拜疆出口总额为 240 亿美元，其中原油及其制品出口额占 93%（222 亿美元）。原油主要出口到意大利、希腊等东南欧国家，以及印尼、泰国、印度、以色列等亚洲国家。柴油、煤油、汽油等成品油主要出口到土耳其、格鲁吉亚、伊朗等周边国家和独联体国家。

四 军事和外交

(一) 军事

为保障本国国防和军事力量在高加索地区的优势，除从国外（主要是俄罗斯、以色列、塞尔维亚、南非、韩国和土耳其等）采购外，阿塞拜疆还努力发展本国国防工业，制造轻武器、轻型车载炮、火炮、装甲车辆、弹药、无人机等。据阿塞拜疆国防工业部数据，2005～2013 年，阿塞拜疆国防工业产值增长超过 8 倍（2013 年约为 3 亿美元）。[①]

为保持对亚美尼亚的军事优势，维护地区安全和稳定，据瑞典斯德哥尔摩国际和平研究所统计，阿塞拜疆 2004～2014 年的实际军费开支约占当年 GDP 的 2.4%～4.7%。这个比重在世界都属高位。军事耗费必然会影响其他领域支出。这也是阿塞拜疆希望尽快解决纳卡问题的主要原因所在。

(二) 外交

总体上，阿塞拜疆独立以来的外交历程可以分成三个阶段。第一个阶段是从 1991 年到 1993 年上半年，国内政局混乱，对外政策也经常变化，人民阵线党在执政期间，奉行亲土耳其、疏远俄罗斯的政策，拒不加入独联体，和亚美尼亚处于战争状态。第二个阶段是从 1993 年下半年到 1998 年上半年，是阿利耶夫重返政坛的第一个总统任期，阿塞拜疆调整对俄政策，加入独联体，与亚美尼亚实现停火，该阶段奠定了阿塞拜疆的基本外交格局和原则。第三个阶段是从 1998 年下半年至今，阿塞拜疆对外交往范围不断扩大，在继续加强大国外交的同时，努力改善与周边国家的关系，在地区事务中发挥积极作用，充分利用地缘优势，扩大对外政经联系。

总体上，阿塞拜疆对外政策的宗旨是维护国家利益，维护国家主权、独立与领土完整；保证国家和人民安全；维护地区稳定，为国内发展创造良好的外部环境；扩大国际影响，提高国际地位。在总结历史经验教训的基础上，阿塞拜疆的对外政策强调实用主义、全方位、国际法、领土完整、相互依赖、负责任、清晰透明等基本原则。其中，实用主义就是重视国家和人民利益；全方位就是与世界各地、各领域开展友好合作；国际法就是尊重和遵守国际通行规则和基本原则，以及联合国决议，支持领土完整和不干涉内政；领土完整就是要解决纳卡问题，收复国土；相互依赖就是努

[①] 《阿塞拜疆称自 2005 年以来国防工业产量增长超 8 倍》，中新网，2013 年 9 月 26 日，http://news.163.com/13/0926/15/99N5U4LV00014JB6.html?f=jsearch。

力夯实合作基础，巩固合作关系，通过利益捆绑，发展互利共赢；负责任就是积极履约，做诚实可靠的合作伙伴；清晰透明就是对外政策表达清楚明白、不含糊，坦率直接地表明本国立场，避免产生误解或歧义。

在全方位外交原则指导下，近年来，阿塞拜疆外交工作呈现出以下三个特点。一是重视"多边外交"。即加强同国际组织和地区合作机制的合作，如伊斯兰合作组织、欧盟伙伴关系、北约和平伙伴关系、独联体、不结盟运动、上海合作组织等。二是重视"睦邻外交"。即与邻国和睦相处和友好合作，努力缓解周边现实困境。三是重视"东西方外交"。即在保持与西方密切关系的同时，加大与亚非国家交往，在欧亚大陆的东西方交往中发挥独特作用。阿塞拜疆认同欧洲文化，愿意分享欧洲价值观，并努力按照欧洲标准改造自己，与欧洲一体化和加入欧洲大家庭是阿塞拜疆的战略选择，但这并不意味着阿塞拜疆会毫无原则地全盘西化，将一切希望寄托在西方身上。尤其是当阿塞拜疆与欧洲关系已经非常紧密，以及阿塞拜疆大力发展非资源领域经济的时候，阿塞拜疆的外交工作不再主攻西方，而是与世界各地区广泛交往。

阿塞拜疆始终认为纳卡是"最沉痛的问题"。纳戈尔诺－卡拉巴赫地区简称"纳卡"（阿塞拜疆语的意思是"黑色花园"），在苏联时期是阿塞拜疆加盟共和国下属的一个自治州，同亚美尼亚不接壤，面积为4400平方公里，人口为18万人，该州80%居民为亚美尼亚族。苏联解体后，纳卡问题变成阿塞拜疆和亚美尼亚两个新独立国家之间的矛盾，1994年，两国就全面停火达成协议，但两国至今仍因纳卡问题而处于敌对状态。纳卡问题对阿塞拜疆的影响主要有两点。一是难民问题。纳卡冲突造成至少100万原住民因逃避战乱而离开家园，来到阿塞拜疆其他地区。对于一个全国人口只有约1000万人的国家来说，其中1/10是难民，必然会给经济社会发展造成沉重负担。二是领土丧失。阿塞拜疆认为，亚美尼亚强占纳卡及其周边地区，使得阿塞拜疆的国土面积相比于苏联加盟共和国时期减少1/5，其中纳卡本身占阿塞拜疆领土总面积的4.3%，被占领的纳卡周边地区共占阿塞拜疆全国总面积的15.7%。针对纳卡问题，阿塞拜疆的基本立场包括如下几点。第一，以联合国安理会四项决议和欧洲安全与合作组织明斯克小组的决议为基础，归还被占领土，让难民得以返乡。第二，尽可能以和平方式解决。希望尽可能通过谈判解决争端，不会轻易使用武力，避免冲突扩大，防止纳卡问题继续影响阿塞拜疆国内发展。第三，在纳卡回归之前，不与亚美尼亚发展双边关系。只要不结束占领，这个政策将一直继续下去。第四，纳卡回归后，可给予纳卡高度自治地位。自治的程度和方式等具体问题可通过谈判协商解决。阿塞拜疆政府强调纳卡的自治地位仅限于纳卡本地，不涉及其他被占领土。

五　小结

阿塞拜疆位于里海西岸、高加索东部，油气资源丰富。阿塞拜疆民族宗教关系复杂，它是发展中国家，是具有伊斯兰传统的国家，是与土耳其一奶同胞的突厥语国家，也是受欧洲文化影响较大的世俗国家，还曾是苏联的加盟共和国。任何一种特征都不能概括整个阿塞拜疆，必须同时整合上述所有特征，才能准确表达"阿塞拜疆人"的身份认同和国民意识。

阿塞拜疆基本上处于亚热带，由于大高加索山脉挡住了北方冷空气，而且距离海洋较远，全境气候温暖干燥，高山地区年均气温为 9 ~ 10℃，平原地区为 14 ~ 15℃。阿塞拜疆水资源较丰富，但年均降水分布极不平衡，东南部的连科兰地区为 1600 ~ 1800 毫米，东北部的阿布歇隆半岛为 200 ~ 350 毫米。

独立初期，阿塞拜疆与邻国亚美尼亚曾因纳卡地区领土争端而爆发战争，后在国际社会调解下两国实现停火，但双方至今仍处于交战状态，未建立外交关系。2003 年小阿利耶夫总统执政后至今，阿塞拜疆国内政局总体保持稳定，经济亦保持增长态势，民众生活水平得到较大改善。近年，国家的中心任务是发展非石油领域经济，旨在调整经济结构，减少对石油的依赖。

第二节　环境概况

阿塞拜疆重视环境保护和合理利用自然资源的问题，为改善生态环境，阿塞拜疆政府通过一系列符合欧洲立法要求的重要法律法规，以可持续发展为原则，在有关政府计划框架内解决国内的迫切环境问题。不过，阿塞拜疆仍处于转型经济阶段，仅凭一国之力难以解决长期积累的环境问题，需借助国际合作。

阿塞拜疆的主要环境问题如下。

（1）水资源的污染，包括跨界污染。

（2）居民点优质水供应不足，饮用水在向用户供水途中损耗大，缺乏污水排放管线。

（3）工业企业和车辆的空气污染。

（4）肥沃土地的退化（水土流失、盐碱化）。

（5）工业固体废弃物（包括危险废弃物）的利用缺乏应有的监管。

（6）生物多样性的退化以及森林资源、动物（包括鱼类）数量减少。

阿塞拜疆生态和自然资源部对环境因素的分析显示，阿塞拜疆国内环境问题的治理措施总体有效。2012年1月美国耶鲁大学和哥伦比亚大学公布的全球环境绩效指数（Environmental Performance Index，EPI）对全球132个国家2002~2011年的环境现状和环境保护绩效进行了评价。在132个国家中，阿塞拜疆目前的环境状况占第111位，过去10年的环保活动排名第2位。

国际生态活动结果指数排名对阿塞拜疆的生态状况及变化的评估以下列10个领域的22项指标为基础：森林覆盖率及其变化；人均温室气体排放量和每千瓦时电的温室气体排放量及其与GDP关系；儿童死亡率；主要居住场所及海洋保护；饮用水和卫生设施；农业补贴和农药净化；人均二氧化碳及与GDP关系；密闭空间空气质量；水利用；大陆架区域内捕鱼。根据国际生态活动结果指数对2002~2011年主要居住地保护、生物群落保护、水域保护、保持生物多样性工作等指标的评估，阿塞拜疆在上述领域的发展指数排名中居第45位，在实际状况排名中居第100位。所谓发展是指采取措施达到以下结果：建立7个自然保护区（自然保护区的面积由2003年的47.8万公顷增加到2011年的88.2万公顷，占全国总面积的10.2%，其中自2003年开始创建的8家国家公园，总面积达全国总面积的3.6%），珍稀物种繁育及放归栖息地，稀有濒危物种的自然生长。

一　水环境概况

阿塞拜疆的水环境问题主要包括河流污染（主要是上游河段排污造成的）、里海污染（主要是油气开发造成的）、饮用水安全（主要是工农业排污和缺乏水净化设施造成的）三个方面，主要应对措施是严格监管向河流排污、新设饮水设施和水质监控设备。

（一）水环境问题

阿塞拜疆的水环境问题主要表现为河流污染、里海污染、饮用水安全三个方面。

（1）河流污染。库拉河的污染主要在上游和下游。库拉河在穿过格鲁吉亚和亚美尼亚境内时受到跨界污染。库拉河的支流，格鲁吉亚的杰别达河和赫拉米河以及亚美尼亚的阿克斯塔法河和塔乌兹河，都受到废弃物（建筑垃圾（水泥）、化肥和冶金企业废弃物）的污染。[①] 库拉河在下游萨比拉巴德地区再次受到污染，阿拉斯河在该地区注入库拉河。该河段水中的悬浮物、营养物、金属、硫酸盐和铵的成分增加，并且有来自希尔凡、明盖恰乌尔以及其他定居点的污水排入。[②]

库拉河在阿塞拜疆境内的地表水基本不受污染。河流在到达明盖恰乌尔市瀑布系统之前能够完成50%～60%的自净。由于在库拉河和阿拉斯河上游不能得到干净的水，阿塞拜疆很注重清洁河水。生态和自然资源部在库拉河上修建了17个监测站，在阿拉斯河上安装了能够准确监测库拉河和阿拉斯河水质的设备。[③]

近年来，河水的生态状况逐渐恶化，主要由于工程建设，工业、农业、生活废弃物排放。据阿塞拜疆生态和自然资源部的环境污染监测中心公布的关于库拉河和阿拉斯河污染水平的监测结果数据，在流入阿塞拜疆境内之前，格鲁吉亚、亚美尼亚、土耳其和伊朗就向这两条河流排放工业和生活废弃物。仅第比利斯一个城市，每天就向库拉河排放100万立方米的污水，平均每年向库拉河排放70万吨有机物、3万吨氮磷盐、1.2万吨各种盐和碱、1.6万吨表面活性剂。[④] 阿拉斯河的河水污染程度更严重：pH值为2.4；由于氧含量急剧减少，几乎没有菌群，苯酚含量超标220～1160倍，重金属盐含量超标33～44倍，氮磷盐含量超标34倍，氯盐超标28倍。阿拉斯河的自净能力降低。[⑤]

库拉河的整体污染程度非常高，各个河段的污染程度不尽相同。主要污染物是石油和石油产品、苯酚、化学合成物质、重金属、各种有机物质和杀虫剂。同时，河水成分发生明显变化：原来主要是碳酸氢盐和钙，现在则主要是硫酸钠。近年来，有机氯农药在河水污染物中的占比显著减少。

阿拉斯河的污染程度更高，主要是来自亚美尼亚的跨界污染。亚美尼

---

① Кура загрязняется отравляющими веществами на территории Грузии, а Аракс—на территории Армении. http://www. ecoindustry. ru/news/view/6262. html.

② Кура и Араз в контексте межгосударственных противоречий. http://anl. az/down/meqale/exo/2013/yanvar/291480. htm.

③ Проблемы речного бассейна Кура-Араз: вчера и сегодня. http://www. contact. az/docs/2013/Want% 20to% 20Say/032700032411ru. htm#. U4OBqK0zvMw.

④ Экологические проблемы рек. http://files. preslib. az/projects/azereco/ru/eco_m2_5. pdf.

⑤ Проблемы речного бассейна Кура-Араз: вчера и сегодня. http://www. contact. az/docs/2013/Want% 20to% 20Say/032700032411ru. htm#. U4OBqK0zvMw.

亚境内的奥赫丘恰河、哈卡利恰河和巴尔顾沙德河把冶金企业的废弃物带入阿拉斯河，污染物包括铜（超标 8～11 倍）、酚（超标 5～7 倍）、石油产品（超标 0.4～1.4 倍）、硫酸（超标 1.4～1.8 倍）。

（2）里海污染。里海是世界上最大的内陆湖泊，阿塞拜疆境内海岸线长 955 公里，对于阿塞拜疆的居民生活具有重要意义。里海的主要污染物有如下几种。第一，石油。石油污染抑制了里海的底栖植物和浮游植物（以蓝藻和硅藻为代表）的生长，减少了氧的产生。污染加剧对地表水和大气之间的热—气体—水分交换产生不利影响。由于浮油面积明显增加，水蒸发速度大大降低。里海污染导致珍稀鱼类和其他生物大量死亡。最明显的是石油污染对水禽的影响。鲟鱼数量持续下降。湖水由于富营养化而形成无氧区也是污染问题之一。有机物的合成和分解显著失调可导致水质严重变化。第二，酚污染。芳烃衍生物羟基（挥发物或非挥发物）的污染通常来自炼油厂等企业的污水。挥发物毒性大，并有强烈气味。在饮用水和渔业用水池中酚的最大容许浓度为 1 微克/升。第三，重金属污染。河流携带的重金属和过渡金属等工业废弃物，在里海中自然产生（沉淀和溶解方式）重金属污染。第四，水生物疾病。即水体污染导致的湖水内生物体疾病和外来生物体的渗透。主要是从其他海洋和湖泊引进的外来生物，如栉水母的大量出现。栉水母主要以浮游动物为食物，每天消耗的食品是其自身重量的 40% 左右，其大量出现会减少里海鱼类的食物供应。

（3）饮用水安全。库拉河和阿拉斯河是阿塞拜疆许多城市和地区饮用水的主要来源。按照供水量，阿塞拜疆属于世界上水资源较少地区，每平方公里的水量只有 10 万立方米，居民的年用水量为 950～1000 立方米/人。由于自然区域的多样性，水资源分配不均。舍基、扎卡塔雷、哈奇马斯、凯达贝克等地区为不缺水地区，戈布斯坦－阿布歇隆半岛、库拉－阿拉扎地区为缺水地区。

（二）治理措施

阿塞拜疆涉及水资源管理的国家机关有以下几个。第一，生态和自然资源部，负责实施国家在水资源领域的政策，管理地下水，监测河流和水体的水质。第二，紧急情况部，负责对水利设施的使用和维护实施国家监督。第三，国家土壤改良和水务公司，负责分配地表水和土壤改良用水，以及管理国家设施的使用。第四，阿塞拜疆国家水务运营商（"Azersu"开放式股份公司）负责供应国内居民的饮用水，为其他用户提供工业用水，管理排水系统和废水。第五，卫生部，负责对饮用水的水质进行国家监督。

　　阿塞拜疆涉及水资源管理的法律主要有《改良和灌溉法》（1996 年）、《水法典》（1997 年）、《水文气象活动法》（1998 年）、《供水和废水法》（1999 年）、《生态安全法》（1999 年）、《环境保护法》（1999 年）。另外，阿塞拜疆 2000 年加入《跨界水道和国际湖泊保护和利用公约》，2002 年加入该公约的《水与健康问题备忘录》。

　　主要措施如下。

　　（1）实施"供应公民清洁饮用水的国家计划"，在靠近大型居民定居点的库拉河和阿拉斯河上建设固定和移动的净水设备，向国内居民提供清洁饮用水。

　　（2）实施污水集中处理系统大型项目，改造和新建污水处理设施。阿塞拜疆成为里海沿岸国家中首个建立"里海大气保护系统"的国家，配备了模块化水处理设施，防止哪怕是来自小河流的水域污染。根据阿塞拜疆总统命令，2007～2012 年，沿库拉河和阿拉斯河区域的 20 个区的 222 个自然村建立了模块化水处理设施，用于向居民提供净化水。这些设备为大约 50 万阿塞拜疆居民提供饮用水。在多年使用不经任何处理的库拉河和阿拉斯河河水的农村地区，为了满足居民对饮用水水质的要求，对水资源的质量和数量进行了详细的检测。

　　（3）为满足居民对清洁饮用水的需求，地表水源的净化设施布局在距离居民点大约 1000 米的地方。农村的水净化设施设计能力为人均每天饮用水 20～30 升，村内建有公共供水管网，供水点距离为 150～200 米。在建立净水设施和净水站的同时，建设 1381 千米供水管网和超过 3198 个供水点。

二　大气环境

　　阿塞拜疆油气资源丰富，国内油价也相对便宜，因此大气环境问题主要是汽车尾气排放和温室气体增多，主要治理措施也是严格限制车辆的尾气排放。

（一）大气污染状况

　　在阿塞拜疆，固定设施排放的大气污染物，2005 年为 55.8 万吨，2010 年为 21.5 万吨，2012 年为 22.7 万吨，2013 年为 19.7 万吨，2014 年为 18.9 万吨。

　　固定设施排放的大气污染物，2005 年为 6442 千克/平方公里，2013 年为 2278 千克/平方公里，2014 年为 2186 千克/平方公里。

　　按人均计算的固定设施排放的大气污染物，2005 年为 67 千克/人，

2013 年为 21 千克/人，2014 年为 20 千克/人。固定设施排放的大气污染物见表 5 - 10。

表 5 - 10　固定设施排放的大气污染物

单位：万吨

大气污染物	2006 年	2007 年	2008 年	2009 年	2010 年	2011 年	2012 年
二氧化碳（CO_2）	17.66	14.83	16.01	15.30	14.40	13.80	12.47
一氧化二氮（N_2O）	0.08	0.17	0.64	1.04	1.18	2.59	1.58
甲烷（CH_4）	1.66	2.43	4.95	2.42	1.83	2.98	3.85
碳氢化合物	0.06	0.05	0.02	0.70	0.68	0.20	0.64
六氟化硫（SF_6）	0.01	0.01	0.02	0.06	0.03	0.07	0.06
全氟化碳	0.09	0.06	0.03	0.64	0.56	0.10	0.56

2014 年，按照经济活动类型计算的固定设施排放的大气污染物共有 19.7 万吨，分别为：开采工业排放 7.6 万吨，在固定设施排放的大气污染物的占比为 38.4%；加工工业排放 2.9 万吨，占比为 14.7%；电力、天然气和水的生产和输送排放 4 万吨，占比为 20%。

汽车运输排放的大气污染物，2005 年为 49.6 万吨，2010 年为 74.2 万吨，2013 年为 92.2 万吨，2014 年为 96.6 万吨。

阿塞拜疆的大城市空气污染比较严重。除化学物质的释放外，蒸汽、噪声、电磁辐射、加热气体排放也造成较严重大气污染。空气污染的主要来源是车辆、工业设施和发电厂。[1] 它们的排放物中包括烟灰、尘土、甲醛、二氧化硫、氮氧化物、碳氧化物和金属。非工业区排放量的 60% 来自巴库苏姆盖特、占贾、阿里拜 - 拉姆雷等城市。这些城市空气污染的主要原因是设备陈旧和技术落后，天然气使用量较少，而用高硫重油作为替代燃料，大气保护措施长期不能得到落实。

（二）治理措施

阿塞拜疆的空气污染主要来源是交通运输工具。排放到空气中的车辆废气含有碳氧化物、氮、硫、未燃烧的烃、铅和其他有毒物质。因此阿塞拜疆政府的应对措施主要是减少尾气排放，具体包括如下几点。

（1）让车辆更多使用液化石油气，同时使用各种设备收集和中和有害

①　Mr. Marker. ru，Экологические проблемы Азербайджана，http://mrmarker.ru/p/page.php?id = 18330.

废气。

（2）自 2010 年 7 月 1 日开始，对所有车辆采用欧 2 排放标准。自 2014 年 4 月 1 日起，阿塞拜疆进口和生产的汽车采用欧 4 排放标准。

三 土地资源

阿塞拜疆的土壤问题主要是土壤因油气开采而污染，主要措施是通过使用微生物和植树造林恢复土壤活力。

（一）土地环境

由于石油工业发展，阿塞拜疆被污染的土地（一部分是苏联时期遗留下来的）约为 3.5 万公顷，其中 1.5 万公顷被严重污染。被污染土地中仅有 5% 得到清理。阿布歇隆半岛、巴库、涅夫捷恰拉及其他油田地区的土地基本需要净化。仅阿布歇隆半岛就有 1.1 万公顷严重污染的土地、7000 公顷中度污染土地、1.2 万公顷轻度污染土地。彻底净化这些土地需要时间和数十亿美元投资，以阿塞拜疆一国之力难以完成。

（二）治理措施

1998 年，挪威投资绘制了阿布歇隆半岛的石油污染区划图。根据该区划图可以确定哪些区域需要净化。2006 ~ 2013 年在阿塞拜疆政府支持下，阿塞拜疆国家科学院化学添加剂研究所使用微生物和植物来净化被油和重金属污染的土地，约 1430 公顷被净化的土地被改造成农业用地，以及用于城市美化和区域景观建设。监测结果显示，经过净化土地的土质已得到改善。2013 年，阿塞拜疆共进行 462 次环境监测，其中 309 次用于陆上设施的检测，153 次用于海上设施的检测，在清理的 400 公顷土地上铺设了绿地，种植了 57 万株树木和灌木。在"生态园"项目框架内，绿化工作将持续进行，将在 1.5562 万平方公里土地上进行育苗。

为迎接 2015 年在巴库召开的欧洲运动会，阿塞拜疆国家石油公司拨款超过 6000 万马纳特，国家预算拨款 1900 万马纳特用于巴库及其周边地区的土地净化和修复。土地净化在欧洲运动会开始之前完成。

四 核环境概况

阿塞拜疆本身没有核污染问题。但阿塞拜疆政府认为，邻国亚美尼亚的核电站存在风险，威胁处于下风向的阿塞拜疆的安全。

五 生物多样性

阿塞拜疆的生态环境主要有三大类：一是山区，主要是大小高加索山脉等地；二是平原，尤其是库拉河和阿拉斯河下游平原；三是里海海洋生态。当前生物多样性保护问题主要是植被破坏和鱼类减少，主要治理措施是植树造林、建设养殖场、增加鱼苗。

（一）生物多样性现状及问题

生物多样性保护面临的问题主要有两个。

（1）鱼类减少。主要原因有两个。一是偷猎。这是里海鲟鱼数量急剧减少的一个主要原因。非官方数据表明，偷猎占鲟鱼捕捞量的80%左右。二是城市开发。比如库拉河等河流流域内大规模开发导致河床淤积，破坏了鱼类的自然栖息地。

（2）植被破坏。主要原因：一是矿山开发和油气开发等造成的土壤破坏和污染；二是砍伐木材作燃料，每年约需4.5万立方米木材。

（二）治理措施

为保护和恢复生态系统，减少对生态系统的直接和间接压力，保护生物多样性，阿塞拜疆的主要措施是落实国家发展战略，如《2012～2020年可再生能源开发利用国家战略》《2008～2015年减贫和可持续发展国家纲要》《2014～2018年地区经济社会发展国家纲要》等。目的是通过调整经济结构、发展可再生资源、保障粮食安全等途径，减少对自然资源的利用强度。

2006年，小阿利耶夫总统签署法令批准《保护生物多样性及其可持续利用国家战略和行动计划》，根据该文件，阿塞拜疆生态和自然资源部采取一系列措施。

（1）建立和扩大保护区。阿塞拜疆建立了8个国家公园、13个国家自然保护区和24个禁猎区，总占地面积为77.1907万公顷，占全国国土面积的8.91%。由于保护区数量和面积增加，动物栖息地得到保护，动物数量也逐步增加。此外，阿塞拜疆Zagatala自然保护区（约4万公顷）在联合国教科文组织和德国发展银行的资金援助下，在南高加索建立了第一个生物圈保护区（目前在全世界105个国家建立了529个）。该区域内禁止任何人类活动，区域外可以发展旅游业和工业，开展具有生态保护性质的生产、建设等。生物圈保护区在联合国教科文组织"人与生物圈计划"框架内被认为是生产活动不触及的或轻微改变的自然环境，当地社会积极参与环境的管理、研究、教育、职业培训和监督，其目的是发展经济和保护生物多样性。Zagatala自然保护区也是跨境自然保护区，其创建的目的是保护生物和景观的多样性，作为独特的露天实验室，这里可进行实地研究以及生态环境监测。

（2）与非政府组织合作保护生物多样性。在阿塞拜疆，保护野生动物的工作不仅由政府机构来完成，而且有公众和非政府组织参与。例如，世界自然基金会（WWF）在阿塞拜疆工作了10多年。世界自然基金会每年实施超过1000个环保项目，解决环境保护和生物多样性问题。该基金会在高加索地区（包括阿塞拜疆）最成功的项目之一就是研究和保护被列入《阿塞拜疆红皮书》的豹群，在试点地区（通常在豹群的栖息地）加强保护。阿塞拜疆政府于2009年通过《阿塞拜疆豹群保护国家行动计划》。此外，阿塞拜疆生态和自然资源部还与世界自然基金会共同完成希尔凡国家公园的鹅喉羚栖息地搬迁联合项目。该国家公园也为鸟类学家和爬虫学家提供了良好的研究条件，这里有列入《阿塞拜疆红皮书》的几种稀有鸟类，如黑秃鹫、鹰皇、鹰、鹫、黑鹳、隼等。

六　固体废弃物概况

阿塞拜疆的固体废弃物污染主要是伴随人口增加和经济增长，工业和居民垃圾数量增长而产生的，主要应对措施是增加垃圾处理厂数量。

（一）固体废弃物污染

据统计，阿塞拜疆全国共有200多个垃圾填埋场，占地900公顷。其中首都巴库有4个正式的垃圾处理场，占地20公顷，每年可接收150万立方米固体废弃物；阿布歇隆地区有80多个填埋场，占地140公顷；苏姆盖特有19个填埋场，占地120公顷。

阿塞拜疆每年的固体废弃物产量随季节变动，通常夏季多一些。据统计，全国人均年产固体废弃物约350公斤。其中首都巴库每年可产固体废弃物80万~100万吨，预计到2030年可增长到160万吨。根据联合国欧洲经济委员会的统计数据，由于工业企业较少，阿塞拜疆固体废弃物中大部分为城市垃圾，自2000年以后，阿塞拜疆城市垃圾中家庭生活垃圾的占比一直保持在80%以上，2010年，全国城市人均固体废弃物产量为177公斤（见表5-11）。[①] 而大城市的固体废弃物数量相对较大，根据2014年数据，首都巴库居民的人均固体废弃物产量为350公斤。阿塞拜疆危险废弃物数量统计见表5-12。

---

① Оценка потенциала стран Восточной Европы, Кавказа и Центральной Азии в обладсти разработки статистических данных для измерения устойчивого развития и экологической устойчивости. СРООН. 2011.

表 5 – 11   阿塞拜疆城市人均固体废弃物产量

单位：公斤

时间	2004 年	2005 年	2006 年	2007 年	2008 年	2009 年	2010 年
人均固体废弃物产量	212	204	181	185	166	178	177

资料来源：ОценкапотенциаластранВосточнойЕвропы，КавказаиЦентральнойАзиивобластиразработкистатистическихданныхдляизмеренияустойчивогоразвитияиэкологическойустойчивости. СРООН. 2011。

表 5 – 12   阿塞拜疆危险废弃物数量统计

单位：立方米

时间	2007 年	2008 年	2009 年	2010 年	2011 年	2012 年
总量	1689.6	1644.7	1594.5	1613.3	1717.5	1764.5
有害废弃物产量	10.4	24.3	131.8	140.0	185.4	297.0
利用的数量	5.0	4.8	18.7	5.5	3.6	6.3
处置的数量	1.2	8.6	10.4	58.4	37.1	113.9

资料来源：The Ministry of Ecology and Natural Resources of The Republic of Azerbaijan, Fifth National Report to the Convention on Biological Diversity, Table 9：Annual volume （m3）, by Use and Disposal, of Hazardous Wastes in Azerbaijan。

（二）治理措施

阿塞拜疆固体废弃物管理的法律法规包括《环境保护法》《大气保护法》《工业和生活垃圾法》《城市建设基础法》《阿塞拜疆共和国环境可持续的社会经济发展国家纲要》《改善生态环境综合措施计划》等文件。根据相关文件，阿塞拜疆固体废弃物管理战略分三个阶段实施。

第一阶段为 2007 ~ 2008 年：取消非正式垃圾填埋场和处在燃烧过程中的垃圾填埋场，组织遵守卫生规则和规范的固体废弃物收集与运输工作，鼓励公民在垃圾形成地从事选择性垃圾收集工作，在公共场所（机场、火车站、医院、学校等）设置专门容器。

第二阶段为 2008 ~ 2010 年：对固体废弃物进行清查，建立数据库，制定符合欧盟指令的固体废弃物管理战略，修改有关固体废弃物管理的服务费用，加强地方政府的作用，制定促进公众参与的方法。

第三阶段为 2010 ~ 2015 年：建立暂时贮存固体废弃物的临时站点，完成固体废弃物管理系统的商业化工作，组织收集垃圾填埋场的沼气，在全国各大城市建立垃圾加工厂。

固体废弃物管理主要措施有以下几点。

（1）与非政府组织合作开展科研。2002 年，阿塞拜疆首都巴库启动了"城市清洁——我们的关注点"项目，主要目标是：巴库市垃圾场的固体废弃物收集、回收和数量现状研究；确定在废弃物形成时进行分类的前景；预防危险有毒物质，尤其是废塑料燃烧过程中对空气和土壤的污染。该项目是阿塞拜疆非政府组织生态行业论坛和促进可持续发展协会共同努力的结果。项目技术由生态问题研究中心在英国和挪威大使馆的资金支持下开发。生态创新中心、Heyadzhan 自然保护和恢复组织、公民倡议中心参与该项目的实施。

（2）新建垃圾焚烧和处理厂。自 2009 年开始，国家开始集中整治固体废弃物，在巴库关闭了 41 所不合法的垃圾填埋场，引进了必要的固体废弃物收集和回收技术；建立了"清洁城市"开放式股份公司，1 家垃圾焚烧厂和 1 家固体废弃物分类厂投入使用。目前，巴库附近的巴拉汗固体废弃物处理厂每年可处理 50 万吨生活废弃物和 1 万吨医用废弃物。由于该工厂的运转，生活废弃物减少了 90%，而且被用于生产电力。

（3）由经济和工业部负责制定《固体生活废弃物管理国家战略》。为制定国家战略和区域投资方案，阿塞拜疆邀请咨询机构从 11 个方面进行研究，以便确定废弃物管理领域的现状。经过对数据的分析，咨询专家从法律、行政、体制、资金和技术改革等方面制定了文件，收到来自政府机构的意见和建议后，在这个文件的基础上制定全国固体废弃物管理战略的最终版本并提交给政府。

七　小结

据 2012 年全球环境绩效指数，在全球 132 个国家的 2002～2011 年环境现状和环境保护绩效评比中，阿塞拜疆排名第 111 位。阿塞拜疆的主要环境问题包括：①水资源的污染，包括跨界污染，主要应对措施是参与国际合作和监督水质；②居民点优质水供应不足，在向用户供水途中饮用水损耗大，缺乏污水排放管线，主要应对措施是增加水净化设施和采水点；③工业企业和车辆的空气污染，主要应对措施是实行欧盟标准，严格限制尾气排放；④肥沃土地的退化（水土流失、盐碱化），主要应对措施是通过使用微生物和植树造林恢复土壤活力；⑤工业固体废弃物（包括危险废弃物）的利用缺乏应有的监管，主要应对措施是增加垃圾处理场所和设备设施；⑥生物多样性的退化以及森林资源、动物（包括鱼类）数量减少，主要应对措施是增加渔场和鱼苗。

第三节　环境管理

一　环保管理部门

（一）环保主管部门

阿塞拜疆的环境事务主管部门是生态和自然资源部（Ministry of Ecology and Natural Resources），负责对境内的生态活动进行监督和管理，包括对空气质量、降水、土壤、地表水和地下水、生物多样性、森林、环境放射性污染的监测，以及对气候变化、废弃物管理、人类活动影响下的环境变化过程的评估和预测，创建环境状况数据库，传播运行和状态数据（包括通过互联网，官方网站为 http://eco.gov.az）。

除行政和后勤部门外，生态和自然资源部下设的业务司局主要有生态与自然保护政策司、生产政策司、投资创新与环境项目司、科技与资质司、环境保护司、生物多样性保护与自然保护区发展司、森林发展司、水库生物资源繁殖和保护司、国家环境保护监测司、国家地质调查局、里海复杂环境监测管理局、国家环境和自然资源信息存档基金、国家水文气象司等（见图 5 – 1）。

（二）与环保有关的其他部门

除生态和自然资源部外，其他一些部委和机构也从事与环保有关的活动，并与生态和自然资源部协调工作。

（1）卫生部负责监测工业区和居民区的空气质量，检测饮用水和普通水的质量，对医疗废物进行控制管理。

（2）农业部与生态和自然资源部一同负责对土地和土壤的状况进行检测，包括农药的使用状况。

（3）国家土地和地图绘制委员会负责编制土地地籍。

（4）来自非固定污染源的有害物排放主要是汽车排放，由交通部负责监管。

（5）紧急情况部、生态和自然资源部负责有害废弃物的管理，而经济发展部、生态和自然资源部以及市政当局负责日常废弃物的管理。

（三）环保组织

阿塞拜疆的环保组织主要有如下这些。

（1）环境标准监督中心（Центр Мониторинга Экологических Стандартов Азербайджана）。

图 5 – 1 阿塞拜疆生态和自然资源部组织结构

资料来源：Ministry of Ecology and Natural Resources，"Structure," http://eco.gov.az/en/7-structure。

（2）能源环保国际研究院（Международная Академия Эко-энергетика）。

（3）"波涛"环保联合会（Общественное Объединение Охраны Природы и Экологии Волна）。

（4）可持续发展联合会（Общественное Объединение Общества Посто-янного Развития）。

（5）EL发展计划中心（Центр Программ Развития ЕЛ）。

（6）关心生态联合会（Общественное Объединение Экологическая Забота）。

（7）生态法律中心（Центр Экологического Права Эколекс）。

（8）有效倡议中心（Центр Эффективных Инициатив）。

（9）生态世界联合会（Общественное Объединение Эко-Мир）。

（10）能源和生态教育联合会（Просветительское Общественное Объединение Энергетика и Экология）。

（11）生态旅游联合会（Общественное Объединение Экотур）。

（12）生态问题研究中心（Центр Исследований Экологических Проблем）。

（13）生态教育和监督联合会（Общественное Объединение Экологического Просветительства и Мониторинга）。

（14）生态平衡联合会（Общественное Объединение Экологического Баланса）。

（15）生态稳定联合会（Общественное Объединение Экологическая Стабильность）。

（16）生态平衡保护联合会（Общественное Объединение Охрана Экол-огического Баланса）。

二 环保管理法律法规及政策

（一）环保管理法律法规

阿塞拜疆已建立起较完整的环保法律法规体系，主要有以下这些。

1997年《水法典》、《土地法典》和《森林法典》。

1998年《日常和工业废弃物法》。该法在2007年修改很大，修订法案中加入了有关工业废弃物的清理、危险废弃物的认证制度、废弃物越境运输的规定，单独就日常废弃物的收集（包括收集的费用）、分类、加工和处理做了规定，增加了日常废弃物的管理规定。

1999 年《保护环境法》。该法是阿塞拜疆环境保护领域的主要法律，规定了大气、水体、土壤保护规则，废弃物收集和处理规则，动物保护规则，特别保护自然区的功能等。该法自 1999 年以来一直没有修改过。

1999 年《居民生态信息传播法》《供水和排水法》《生态安全法》。《生态安全法》在 2007 年进行了补充，增加了住宅及生产性建筑的噪音和振动的允许水平标准。

2001 年《大气保护法》。

2002 年《生态信息获得法》。该法在 2010 年进行了修订，重新解释了公众获得这些信息的条件，以及生态信息属于公开或保密的标准。

2000 年通过新版《自然保护区法》。该法大大增加了特殊自然保护区的面积。

除法律法规外，阿塞拜疆政府还出台若干环保领域落实行动计划，主要有以下这些。

（1）1998 年《国家环境保护行动计划》。这是阿塞拜疆制订的第一个环保行动计划。但 2003 年到期后便没有后续计划。

（2）2003 年《2003～2010 年环境和可持续社会经济发展国家计划》。该项计划关于生态的部分旨在保护环境和合理利用自然资源，以及解决全球性的环境问题。这一部分成为阿塞拜疆环境保护政策的关键要素。

（3）2004 年《水文气象发展计划》。该计划旨在完善环保设施监控系统。

（4）2004 年《危险废弃物管理国家战略》和《有效利用草场和防治沙漠化国家计划》。

（5）2004 年《环境和自然资源监测规则的条例》。该条例规定监测工作的目的和基本规定（采样频率、观测点数量、观测数据等）。

（6）2004 年《发展替代能源国家计划》。但该计划 2008 年才开始实际实施。主要针对能源行业是环境污染和温室气体排放的主要来源等问题，希望通过发展可再生能源，减少使用传统能源造成的污染物排放。

（7）2006 年《2006～2009 年生物多样性的保护及其可持续利用国家战略和行动计划》。

（8）2006 年《2006～2010 年阿塞拜疆共和国生态环境改善措施综合实施计划》。该计划规定设置五个自动化空气状况监测站，以推进巴库的空气质量监测工作。另外还规定在阿布歇隆半岛的 10 座湖泊上设置废水排放和水质自动化监测站。在为居民提供清洁饮用水方面，该计划规定将经过净化的库拉河和阿拉斯河的河水供居民点的居民饮用。

（9）2007 年《保护里海不受地上污染源污染》。对阿塞拜疆属里海水域污水排放加强控制。

（10）2010 年《阿塞拜疆流通领域（阿进口和生产）内车辆的废气排放与欧洲标准保持一致的措施》和《以欧洲标准要求汽车运输的有害气体排放计划》。这两个文件规定，自 2010 年 7 月 1 日开始，对所有车辆采用欧 2 排放标准。

（11）2014 年 1 月 14 日阿塞拜疆内阁通过决议，决定自 2014 年 4 月 1 日起，对阿塞拜疆进口和生产的汽车采用欧 4 排放标准。

（二）环境保护战略及政策

从 2004 年起，阿塞拜疆开始规划 5 年期《地区经济社会发展国家纲要》，旨在促进各地区经济社会发展，尤其是改善公共服务、基础设施、公共设施，发展非资源领域，提高中小企业活力，扩大投资，增加就业，减少贫困等。第三期规划《2014～2018 年地区经济社会发展国家纲要》于 2014 年 2 月 27 日发布。

2012 年 12 月，阿塞拜疆发布《2020 年：对未来的看法》，作为统领国家发展的战略文件，其目标是人均 GDP 达到 1.3 万美元，成为发达国家，进入世界"最高人类发展指数国家"和"高人均收入国家"行列。该文件专门提到环境保护和生态问题，目标是实现环境和经济社会的可持续发展。该文件要求继续保护生物多样性，抵消燃料能源企业对环境的负面影响，保护并消除海洋及其水域的污染，恢复绿地，有效保护现有资源。具体内容如下。[①]

（1）重视林木种植和绿地恢复，增加绿地面积，保护路侧区域和空气，在道路两边建起绿化带用于减少交通噪音。

（2）制定并采用大气排放的相关欧洲标准。

（3）在废弃物再利用、无害化处理、回收、引进低废和无废技术方面进行必要工作，节约原材料，合理使用自然资源，管理和保护环境。

（4）在废弃物管理领域采用渐进式方法，建立工业和生活垃圾加工

---

① Концепция развития, Азербайджан 2020: взгляд в будущее, http://www.mincom.gov.az/media-ru/novosti/details/353.

企业。

（5）为有效管理土地资源，采取措施防止土地荒漠化，复垦被大型工业和采矿业破坏的土地，完善农业用地的使用系统，保护土地不受人类活动的破坏。

（6）满足城市新增人口和城镇化需求，在基础设施建设方面提出新要求。

（7）在住房和公共服务领域进行大刀阔斧的改革，包括改善供水系统和污水处理系统、为城市和城镇配备污水处理设施、改善水质监测系统。要建立新的供热系统，增加供热区，建设新的供热源，清除无经济价值的锅炉。

（三）小结

阿塞拜疆的环保主管部门是生态和自然资源部。除此之外，卫生部、教育部、能源部、农业部、交通部等其他部门，也在交叉领域执行部分环保职能。当前，阿塞拜疆已建立较完整的环保法律法规体系，针对具体环保事项，也制定出若干国家行动计划或纲要。当前，阿塞拜疆的最高国家发展战略是《2020 年：对未来的看法》和《2014～2018 年地区经济社会发展国家纲要》，其中对环保工作亦提出较高要求，以适应和满足国家发展和民众需求。

第四节　环保国际合作

阿塞拜疆非常重视环保国际合作。一来环保国际合作可以利用国际资金发展建设本国生态环保事业；二来很多环境问题具有跨国特点，只有国际合作才能更好解决问题，如跨界河流和里海水质污染、里海生态环境变化等。

阿塞拜疆环保国际合作的方式主要有：①发展双边合作，尤其是与周边国家和环里海国家，这是解决跨境环境问题的关键；②发展多边合作，尤其是与独联体、欧盟、联合国系统、其他国际组织等的合作；③加入环保国际公约，以国际标准提高本国环保工作水平。

近年，阿塞拜疆环保国际合作的优先领域有以下几个。①里海污染治理；②清洁饮用水；③垃圾处理；④落实执行联合国《跨境环境影响评估公约》（*Espoo：Convention on Environmental Impact Assessment in a Transboundary Context*），阿塞拜疆希望利用该公约约束邻国亚美尼亚的核电站建设与运营，确保阿塞拜疆安全；⑤完善环境影响评价机制和标准。在能源等工农业项目和建筑施工过程中实行严格的环保测评标准，将环境影响降到最低。

一 双边国际环保合作

当前，阿塞拜疆签署的双边政府间环保合作协定主要有以下这些。

（1）与格鲁吉亚签署的《环保合作协定》（1997 年 2 月 18 日）。

（2）与加拿大签署的《2002～2005 年减少天然气污染培训计划谅解备忘录》（2003 年 4 月 4 日）。

（3）与欧安组织签署的《环保合作协议》（2003 年 9 月 4 日）。

（4）与丹麦签署的《落实京都议定书谅解备忘录》（2004 年 12 月 8 日）。

（5）与土耳其签署的《环保合作协议》（2004 年 7 月 9 日）。

（6）与乌兹别克斯坦签署的《科技合作协议》（2004 年 7 月 19 日）。

（7）与伊朗签署的《环保合作协议》（2004 年 8 月 5 日）。

（8）与国际自然联合会签署的《环保合作谅解备忘录》（2004 年 12 月 13 日）。

（9）与德国开发银行签署的《南高加索地区环保合作谅解备忘录》（2004 年 10 月 25 日）。

（10）与国际自然基金签署的《环保合作谅解备忘录》（2004 年 12 月 13 日）。

（11）与摩尔多瓦签署的《环保合作协议》（2007 年 2 月 22 日）。

（12）与韩国储备公司和矿产资源研究所签署的《矿产开发合作协议》（2007 年 4 月 24 日）。

（13）与埃及签署的《技术合作协议》（2007 年 5 月 27 日）。

（14）与乌克兰签署的《环保合作协议》（2007 年 12 月 5 日）。

（15）与德国签署的《落实清洁机制项目合作协议》（2007 年 10 月 4 日）。

（16）与乌兹别克斯坦签署的《环保合作协议》（2008 年 9 月 11 日）。

（17）与 UNDP 签署的《千年发展目标碳基金合作协议》（2009 年 4 月 7 日）。

（18）与拉脱维亚签署的《环保合作协议》（2007 年 6 月 25 日）。

（19）与德国技术合作公司签署的《可持续利用自然资源协议》（2009 年 7 月 17 日）。

（20）与韩国环境工业技术研究所签署的《制定自然资源管理总计划合作谅解备忘录》（2009 年 9 月 16 日）。

（21）与罗马尼亚签署的《环保合作协议》（2009 年 9 月 28 日）。

据阿塞拜疆生态和自然资源部网站上"国际合作"栏目资料，2015 年阿塞拜疆双边环保国际合作内容主要有如下几点。

（1）与哈萨克斯坦的环保合作。1997 年，阿塞拜疆与哈萨克斯坦签署关于里海环境保护的双边合作协议，包括以下内容：保护和合理利用生物资源，包括迁徙鱼类；阿塞拜疆和哈萨克斯坦的里海管理部门对里海生态环境实施保护；防止固体废弃物和其他材料填埋对里海的污染；对危险废弃物的跨境运输实施国家监控；保护和合理利用不同时期位于两国境内的水禽和候鸟。

在哈萨克斯坦－阿塞拜疆政府间经济合作委员会框架内，两国共同参加里海水文气象和污染监测工作，积极开展关于里海水文气象和海洋观测综合系统合作的讨论。2006 年两国签署《2007～2009 年水文地质信息共享合作计划》，在此规划框架内进行合作。合作计划规定两国之间共享气象、水文和大气信息，共享里海中部海洋预报和风暴预警信息。

（2）与俄罗斯的环保合作。包括在《保护里海海洋环境框架公约》（《德黑兰公约》）内的合作以及双边政府间委员会框架内的合作。

（3）与保加利亚的环保合作。2015 年，保加利亚与阿塞拜疆达成为期两年的环保合作计划，根据该计划制定了双边备忘录，规定 2016 年和 2017 年两国在环保领域的合作内容。合作内容包括：保护生物多样性的经验交流，自然保护区可持续发展的管理工作，对环境、气候变化和臭氧层影响的评估。

（4）与欧盟的环保合作。阿塞拜疆自 2007 年以来在欧盟的"塔西斯计划"框架内参与库拉河的跨界管理。在该项目中，阿塞拜疆与格鲁吉亚就跨界河道水质监测和评估进行合作。自 2005 年开始，国家环境监测司每周三次在与格鲁吉亚交界的库拉河和阿拉斯河中取样，分析水中的石油和石油产品、酚、农药和其他污染物的含量；每月一次分析水样中的重金属含量。2004～2006 年，欧盟在"塔西斯计划"框架内，向阿塞拜疆提供 3000 万欧元，帮助解决包括环保领域在内的一系列问题。欧盟的《东部伙伴关系计划》计划在 2013～2016 年实施"绿色经济"项目，支持参与国在避免环境恶化和资源消耗的条件下过渡到绿色经济。该项目的预算为 1000 万欧元。《欧盟东部伙伴关系国家经济生态化计划》致力于支持包括阿塞拜疆在内的 6 个国家从以环境退化和资源枯竭为代价发展经济过渡到绿色经济。

（5）与联合国的环保合作。2010 年，阿塞拜疆与联合国开始在牧场和土地资源的可持续管理项目框架内的合作，该项目旨在优化牧场和土地资源管理制度。阿塞拜疆 11% ~ 12% 的土地属于森林基金，56% 属于国有土地基金。阿塞拜疆国内牧场分为夏季和冬季牧场。阿塞拜疆希望改变牧场使用制度，增加果树种植和牛饲料用草品种。

二　多边环保合作

当前，阿塞拜疆已经签署了许多国际环保公约和协定，如表 5 - 13 所示。

表 5 - 13　阿塞拜疆签署的国际环保公约和协定

公约和协定	日期，包括批准（Rt）、加入（Ac）、审批（Ap）、验收（At）、生效（EIF）日期
《联合国气候变化框架公约》	1995 年 5 月 6 日（Rt）
《京都议定书》（京都，1997 年）	2000 年 9 月 28 日（Rt）
《保护臭氧层维也纳公约》（维也纳，1985 年）	1996 年 6 月 12 日（Ac）
《关于耗损臭氧层物质的蒙特利尔议定书》（蒙特利尔，1987 年）	1996 年 6 月 12 日（Ac）
《伦敦修正案》	1996 年 6 月 12 日（Ac）
《哥本哈根修正案》	1996 年 6 月 12 日（Ac）
《蒙特利尔修正案》	2000 年 9 月 28 日（At）
《北京修正案》	
《生物多样性公约》（里约热内卢，1992 年）	2000 年 3 月 8 日（Ac）
《卡塔赫纳生物安全议定书》（蒙特利尔，2000 年）	2005 年 4 月 1 日（Ac）
《防治荒漠化公约》（巴黎，1994 年）	1998 年 8 月 10 日（Rt）
《关于持久性有机污染物的斯德哥尔摩公约》（斯德哥尔摩，2001 年）	2004 年 1 月 13 日（Ac）
《控制危险废料越境转移及其处置巴塞尔公约》（巴塞尔，1989 年）	2001 年 6 月 1 日（Rt）
《国际重要湿地特别是水禽栖息地公约》（《拉姆萨尔公约》）	2001 年 5 月 21 日（EIF）
《保护世界文化和自然遗产公约》（巴黎，1972 年）	1993 年 12 月 16 日（Rt）

续表

公约和协定	日期，包括 批准（Rt）、加入（Ac）、 审批（Ap）、验收（At）、 生效（EIF）日期
《国际捕鲸管制公约》（华盛顿，1946 年）	
《国际濒危物种贸易公约》（CITES）（华盛顿，1973 年）	1998 年 11 月 23 日（Ac）
《养护野生动物移栖物种公约》（波恩，1979 年）	
《欧洲蝙蝠种群保护协定》	
《养护波罗的海、东北大西洋、爱尔兰和北海小鲸类协定》	
《非洲—欧亚大陆迁徙水鸟保护协定》（AEWA）	
《1973 年国际防止船舶造成污染公约》（1978 年修订议定书）	1997 年 1 月 10 日（EIF）
《南极海洋生物资源养护公约》（堪培拉，1980 年）	
《南极条约环境保护议定书》（马德里，1991 年）	
《全球森林资源评估》（联合国粮农组织）	
《远距离越境空气污染公约》（日内瓦，1979 年）	2002 年 3 月 7 日（Ac）
《欧洲空气污染物长程飘移监测和评价公约》（EMEP）（1984 年）	
《削减硫排放议定书》（1985 年）	
《控制氮氧化物排放议定书》（1988 年）	
《关于削减挥发性有机化合物排放的议定书》（1991 年）	
《进一步削减硫排放议定书》（1994 年）	
《重金属议定书》（1998 年）	
《持久性有机污染物议定书》（1998 年）	
《减少酸化、富营养化和近地面臭氧的协议》（《哥德堡协议》）（1999 年）	
《跨界水道和国际湖泊保护和利用公约》	2000 年 8 月 3 日（Rt）
《水与健康议定书》	2003 年 9 月 1 日（Ac）
《工业事故越境影响公约》（赫尔辛基，1992 年）	2004 年 6 月 16 日（Rt）
《公众获得信息、参与决策和诉诸法律的公约》（奥尔胡斯，1998 年）	
《污染物排放与转移登记议定书》（基辅，2003 年）	
《越界情况的环境影响评价公约》（埃斯波，1991 年）	1999 年 3 月 25 日（Ac）
《修订案》1	
《修订案》2	

续表

公约和协定	日期，包括 批准（Rt）、加入（Ac）、 审批（Ap）、验收（At）、 生效（EIF）日期
《战略环境评价议定书》	
《欧洲野生动物和自然生境保护公约》（伯尔尼，1979 年）	2000 年 7 月 1 日（EIF）
《保护里海海洋环境框架公约》（德黑兰，2003 年）	2006 年 5 月 18 日（Rt）
《独立国家对联合体国家间统计委员会的报告》	

据阿塞拜疆生态和自然资源部网站上"国际合作"栏目资料，当前阿塞拜疆已完结和正在执行的环保国际合作项目主要有以下几个。

（1）组织"里海环保国际展览：技术服务环境"。

（2）与加拿大合作"里海天然气减排项目"。

（3）与联合国环境规划署合作"国家生物安全"项目。

（4）与联合国教科文组织世界自然和文化遗产名录联合管理 Hirkan 森林。

（5）南高加索地区水资源管理。

（6）南高加索地区的河流监测。

（7）发展和应用库拉河流域灾难情况的预警和报警系统。

（8）建立可减排的温室气体清单。

（9）对南高加索地区和摩尔多瓦履行全球气候变化义务的技术支持。

（10）公共磋商和对话项目。

（11）建立废物管理系统的技术援助。

（12）农村社区环境项目。

（13）石油扩散事故援助。

（14）持久性有机污染物的技术援助。

（15）土地可持续管理能力建设项目。

（16）多学科分析里海生态系统项目。

（17）库拉河流域开发风险预防的跨界合作项目。

（18）与联合国环境规划署合作实施国家环境保护行动计划和环境政策。

（19）里海地区环境的跨界环境影响评价。

（20）鲟鱼建设项目。

（21）禽流感防治项目。

三 小结

高加索地区的很多环境问题具有跨国性，需要地区成员共同面对和解决。因此，阿塞拜疆非常重视环保国际合作。为提高本国环保工作水平，除参加多边和双边的具体项目合作外，阿塞拜疆不断加入环保国际公约，在环保国际组织帮助下，完善国内立法和环保管理机制体制。近年环保国际合作的优先领域有里海污染治理、清洁饮用水、垃圾处理和履行国际环保条约义务等。

第六章 亚美尼亚环境概况

第一节 国家概况

一 自然地理

（一）地理位置

亚美尼亚位于外高加索南部，属内陆国，西接土耳其，南接伊朗，北临格鲁吉亚，东临阿塞拜疆。亚美尼亚全国面积为 2.9743 万平方公里（大体相当于北京和天津两市的面积总和），总人口不足 310 万人，平均每平方公里有 102 人。

亚美尼亚全国边境线长 1448 公里，其中与西部和西南部的土耳其的边境线长 280 公里，与东南部的伊朗的边境线长 42 公里，与东部的阿塞拜疆的边境线长 930 公里，与北部的格鲁吉亚的边境线长 196 公里。作为一个内陆国，亚美尼亚距离黑海 163 公里、地中海 750 公里、波斯湾 1000 公里。

（二）地形地貌

亚美尼亚全境 90% 多的地区海拔在 1000 米以上，基本位于亚美尼亚高原上。亚美尼亚高原（Armenian Highland）由一系列熔岩覆盖的高原组成，平均海拔为 1500～2000 米，面积约为 40 万平方公里，横跨土耳其、伊朗和亚美尼亚等国。高原南部被称为亚美尼亚山结，海拔为 4000～5000 米，主要由厄尔布鲁士山脉、扎格罗斯山脉、托罗斯山脉和庞廷山脉汇聚而成，岩浆活动剧烈，多火山、地震、温泉和间歇泉。在高原北部，平行的大、小高加索山脉构成一个山地和低地相间排列的地形，山脉一般高 2500 米左右。高原中间为黑海至里海的自然通道，河谷为国际交通必经之地。许多河流和湖泊由高山融雪形成，较大的河有卡拉苏河、木拉特河等。亚美尼亚高原还是底格里斯河、幼发拉底河、库拉河、阿拉斯河的发源地。由于盛行西风气流，黑海对气候的影响大于里海，降水量自西向东逐渐减少。

（三）气候和水资源

亚美尼亚高原气候处于温带和亚热带之间，1 月平均气温为 - 2 ~ 12℃；7 月平均气温为 24 ~ 26℃。由于山脉阻挡来自北方的冷空气和来自南方的暖空气，亚美尼亚境内各地气候差异较大。低地夏季干热，高地夏季温和，冬季漫长严寒，降水丰富。低地灌溉农业发达，主要种植果木、烟草、棉花、谷物、壳果等，山区主要放牧。

据统计，1961 ~ 1990 年亚美尼亚全国年均气温为 5.5℃，降水总量为 592 毫米，其中 1 月平均气温为 - 6.8℃，降水量为 35 毫米，7 月平均气温为 17.1℃，降水量为 44 毫米（见表 6 - 1）。

表 6 - 1　亚美尼亚 1961 ~ 1990 年月平均气温和降水统计

单位：℃，毫米

月份	1 月	2 月	3 月	4 月	5 月	6 月	7 月	8 月	9 月	10 月	11 月	12 月	年均
亚美尼亚全境													
平均气温	- 6.8	- 5.8	- 1.4	4.9	9.6	13.4	17.1	16.7	13.2	7.0	1.5	- 3.9	5.5
降水量	35	41	52	71	88	71	44	33	28	50	41	38	592
首都埃里温													
平均气温	- 3.2	- 1.0	5.1	11.6	16.3	20.6	24.6	23.9	19.8	12.8	6.6	0.5	11.5
降水量	29	38	41	51	60	29	14	9	9	32	30	26	368

资料来源：National Statistical Service of the Republic of Armenia, *Environment and Natural Resources in the Republic Armenia for 2012 and Time Series of Indexes 2007 - 2012*, Geographic Location, 2013 - Yerevan, P. 1. Brief Characteristics of Hydrometeorological Conditions of RA Territory, Norm of Monthly and Annual Average Temperature and Amount of Precipitations 1961 - 1990。

伴随全球变暖，与 1961 ~ 1990 年均值相比，亚美尼亚的气温也呈总体升高趋势，降水则呈减少趋势。2012 年，亚美尼亚全国全年平均气温为 6.4℃，降水量为 534.7 毫米，分别比均值高 0.9℃ 和少 57.3 毫米（见表 6 - 2）。

表 6 - 2　亚美尼亚 2012 年月平均气温和降水统计

单位：℃，毫米

月份	平均气温	偏离 1961 ~ 1990 年正常气温程度	降水量	偏离 1961 ~ 1990 年正常降水量程度
1 月	- 5.0	1.8	32.0	- 3.0
2 月	- 7.9	- 2.1	54.4	13.4

续表

月份	平均气温	偏离 1961 ~ 1990 年正常气温程度	降水量	偏离 1961 ~ 1990 年正常降水量程度
3 月	- 4.5	- 3.1	36.8	- 15.2
4 月	7.1	2.2	36.6	- 34.4
5 月	11.3	1.7	81.7	- 6.3
6 月	15.4	2.0	55.3	- 15.7
7 月	16.7	- 0.4	77.7	33.7
8 月	19.0	2.3	14.2	- 18.8
9 月	14.3	1.1	27.3	- 0.7
10 月	9.9	2.9	36.1	- 13.9
11 月	3.7	2.2	22.9	- 18.1
12 月	- 3.1	0.8	59.7	21.7
全年平均	6.4	0.9	534.7	- 57.3

资料来源：National Statistical Service of the Republic of Armenia, *Environment and Natural Resources in the Republic Armenia for 2012 and Time Series of Indexes 2007 – 2012*, Geographic Location, 2013 – Yerevan, P. 1. Brief Characteristics of Hydrometeorological Conditions of RA Territory, Value of Monthly and Annual Average Temperature and Amount of Precipitations in 2012 and Their Deviations from Norm of 1961 – 1990 in RA。

亚美尼亚 1961 ~ 1990 年和 2012 年平均气温见图 6 - 1。

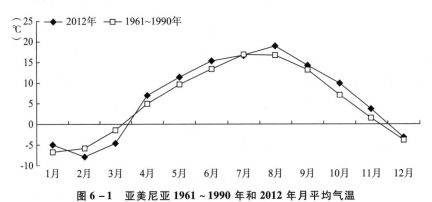

图 6 - 1 亚美尼亚 1961 ~ 1990 年和 2012 年月平均气温

资料来源：National Statistical Service of the Republic of Armenia, *Environment and Natural Resources in the Republic Armenia for 2012 and Time Series of Indexes 2007 – 2012*, Geographic Location, 2013 – Yerevan, P. 1. Brief Characteristics of Hydrometeorological Conditions of RA Territory, Monthly Average Air Temperature in RA, 2012。

亚美尼亚的地表水资源总量约为 40 亿立方米。每年入境水量约为 12 亿立方米（主要来自阿拉斯河上游流域），出境水量约为 9 亿立方米，主要流入格鲁吉亚、阿塞拜疆和伊朗。

河流 亚美尼亚约有大小河流 9480 条，总长度为 2.3 万公里，其中长度超过 10 公里的有 379 条。河流分布不均，分布密度为每平方公里 0~2.5 公里。河流根据径流和补给分为三种类型：①东部和北部河流的主要特征是混合（雨雪）补给，包括春季径流和夏季洪水；②中部河流主要是地下水补给，包括春季径流和夏季洪水；③还有一小部分国土属于无径流区。因境内较多山地，深度 300~400 米的狭窄峡谷较多，亚美尼亚的河流湍急汹涌，特别是中游。亚美尼亚境内河流的年径流量总体不大，除阿拉斯河和杰德河年径流量约为 9 亿立方米以外，其他河流都少于 3 亿立方米。

亚美尼亚境内最长的河流是阿拉斯河（在阿塞拜疆境内与库拉河交汇），是亚美尼亚与伊朗和土耳其的界河，流域面积为 2.26 万平方公里（约占国土总面积的 76%），年径流量超过 9 亿立方米。阿拉斯河在亚美尼亚境内的主要支流有阿胡良河、卡萨赫河、拉兹丹河、阿尔帕河、沃和奇河和沃罗坦河。

亚美尼亚境内第二大河是库拉河，流域面积为 7200 平方公里（约占国土总面积的 24%），主要位于国土东北部，库拉河支流流域中三条较大的支流是杰别德河、尔格茨夫河、尔胡木河。这三条河流过亚美尼亚北部地区，最后注入库拉河。杰别德河的年径流量为 9 亿立方米。

湖泊 亚美尼亚的湖泊数量不多，大约有 100 个小湖泊，其中最著名的是塞凡湖。除塞凡湖外，其他湖泊的总蓄水量约为 3 亿立方米，大多数湖泊依靠雪水融化补给。塞凡湖是世界上最大的高海拔淡水湖之一，坐落在海拔 2070 米以上的山谷，约有 30 条高山河流流入，流出的只有一条拉兹丹河。塞凡湖原面积为 1416 平方公里，拉兹丹河建成水电站后，面积减少至1240 平方公里，水位也下降了 20 米。该湖最宽处为 72.5 公里，长 376 公里，是亚美尼亚乃至整个外高加索地区最大的淡水源。

水库 亚美尼亚境内共建有 75 座水库，总蓄水量为 986 亿立方米。大型水库包括阿尔皮里奇水库、阿胡良水库、阿帕朗水库、卓瓦申水库、沙木普水库、托洛尔水库、斯潘达良水库、芒达石水库和卡尔努特水库。所有水库均用于灌溉，芒达石水库还用于饮用和日常供水。最大的阿胡良水库位于亚美尼亚与土耳其的边界，由于政治分歧，两国无法对该水库实现共同利用。

亚美尼亚的主要运河有阿尔兹尼 - 沙米拉姆运河、阿尔塔沙特运河、下拉兹丹运河、科泰克运河、奥科杰木别良运河、施拉克运河、埃奇米阿津运河。由于塞凡湖水位下降，为调水入湖，提升水位，亚美尼亚专门修建"沃罗坦河—阿尔帕河"和"阿尔帕河—塞凡湖"两条输水隧道。

地下水 地下水主要为泉水、泥塘水和地下径流。年均产生量约为 30 亿立方米，年内水位上下波动幅度在 1 米之内。在自流井水的压力下，阿拉拉特山谷内形成面积为 1500 平方公里的泥塘和沼泽区。泥塘在 1953～1955 年干枯。地下水水质很好，主要用于灌溉和供水。饮用水的 96% 来自地下水，大多数地下水水源可不经任何处理直接饮用。

水资源利用 亚美尼亚的水资源用于农业灌溉、工业用水、市政用水和发电。水源分地表水源和地下水源，地下水源占约 27%。大部分水被用于农业灌溉，家庭和工业用水分别占 8% 和 7%。据亚美尼亚国家统计委员会数据，2011 年，亚美尼亚全国共取水 24.383 亿立方米，途中损失 7.002 亿立方米，耗水量为 17.381 亿立方米（其中 83% 用于农业、渔业和林业，工业用水占 12.6%，居民用水占 4.3%），排水 7.505 亿立方米。2014 年，亚美尼亚全国共取水 28.598 亿立方米，途中损失 7.47 亿立方米，耗水 21.128 亿立方米（其中 85% 用于农业、渔业和林业，工业用水占 8.5%，居民用水占 5.8%），排水 8.46 亿立方米。[①] 总体上，亚美尼亚全国用水量呈上升趋势，其中居民用水 2005 年后下降的主要原因是国内安装水表，居民形成节水意识。但从长期看，居民用水仍呈增长趋势（见图 6-2）。

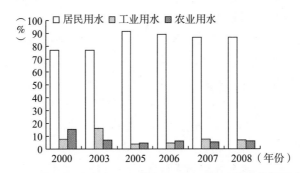

图 6-2 亚美尼亚 2000 年、2003 年、2005～2008 年水资源用途统计

资料来源：Ministry of Nature Protection of Armenia, "Water Balance, Water Use Permits," http://www.mnp.am/?p=164；ГНКО, "Центрмониторингавоздействиянаокружающуюсреду," загрязненияводногобассейна, http://www.mnp.am/?p=164#sthash.O5BXvtnA.dpuf。

亚美尼亚全国水电资源约为 170 万千瓦，约 40% 被利用。大部分水电站位于拉兹丹河和沃罗坦河上。当前，亚美尼亚的水资源能够满足国内需求。

---

① Ministry of Nature Protection of Armenia, "Water Balance," http://www.mnp.am/?p=164.

但据专家预测，2030～2040 年，随着气候变暖和降水量减少，亚美尼亚国内的水资源储备将减少 20%～25%。与此同时，国内取水量却总体呈逐年递增趋势（见图 6-3）。2000 年，亚美尼亚取水量为 18.71 亿立方米，2011 年已增至 30 亿立方米。

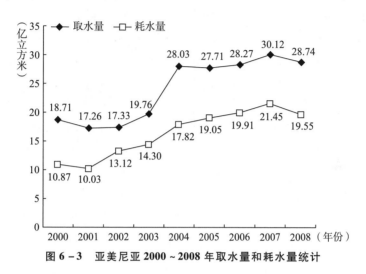

图 6-3　亚美尼亚 2000～2008 年取水量和耗水量统计

二　自然资源

（一）矿产资源

亚美尼亚金属矿藏相对丰富，分布在中部、北部和东南部地区，多数为复合矿和多金属矿，如铜钼矿、铜铁矿、金-多金属矿、金-硫化物矿等。储量较多的金属有铁、铜、钼、铅、锌、金、银，其他还有铂、钯、镉、铋、硒、碲、铼、镓、锗、铊、铟、镝、砷、钡、铝等。铜钼矿占世界总储量的 5.1%，已探明钼储量占世界的 7.6%。亚美尼亚矿产产量统计见表 6-3。

表 6-3　亚美尼亚矿产产量统计

矿产	2004 年	2005 年	2006 年	2007 年	2008 年
铝（Aluminum, foil）（吨）	193	—	945	12256	11694
铜（Copper）（吨）					
铜含量（Concentrate, Cu content^e）（吨）	17700	16256	18000	17600	18800
粗铜（Blister, Smelter, Primary）（吨）	9470	9881	8791	6954	6480

续表

矿产	2004 年	2005 年	2006 年	2007 年	2008 年
铁合金（Ferroalloys）（吨）					
钼钢（Ferromolybdenum）（吨）	—	2260	4865	5977	5323
铁钨合金（Ferrotungsten）（吨）	—	8	42	45	45
黄金（Gold，Mine Output，Au content）（公斤）	2100	1400	1400	1400	1400
钼（Molybdenum）（吨）					
钼（Concentrate，Mo content）（吨）	2950	3000	3900	4080	4250
金属	—	270	487	500	520
铼（Rhenium^e）（吨）	1000	1200	1200	1200	1.2
银（Silver^e）（吨）	4000	4000	4000	4000	4000
锌（Zinc，Concentrate，Zn content）（吨）	1927	3196	4454	4924	4200
重晶石（Barite）（吨）	561	590	600	600	600
苛性钠（Caustic soda）（吨）	2800	6200	4166	5484	4476
水泥（Cement）（万吨）	50.1	60.5	62.5	72.2	77
黏土（Clays）（吨）					
斑脱土（Bentonite）（吨）	40000	38000	37000	40000	40000
膨土岩（Bentonite），粉末（Powder）（吨）	561	732	720	1129	1100
钻石（Diamond cut）（万克拉）	26.3	22.2	18.4	12.3	12
硅藻土（Diatomite）（吨）	200	190	180	200	200
石膏（Gypsum）（吨）	51400	44200	43700	54600	45900
石灰石（Limestone）（万吨）	1600	1700	1700	1800	1800
珍珠岩（Perlite）（吨）	29996	49963	35000	35000	35000
盐（Salt）（吨）	31625	34682	37000	34800	37300
天然气（Natural gas，Dry）（亿立方米）	—	—	15.96	22.85	30

（二）土地资源

根据亚美尼亚国家不动产地籍委员会数据，亚美尼亚的土壤呈多样化特征，大部分属于不肥沃土壤，不适合耕作。按照土壤特性可分成五个带状部分。[1]

---

[1]　Вардеванян Ашот，Национальная программа действий по борьбе с опустыниванием в Армении，Ереван，2002，ISBN 99930 – 935 – 6 – 4.

（1）半荒漠土壤主要分布在海拔 850～1250 米的阿拉拉特山谷，面积为 23.6 万公顷，腐殖质含量低，包括大量的沙质荒漠。半荒漠土壤的品种有棕色半沙漠土、棕色灌溉草甸土、盐碱土。

（2）草原土壤主要分布在海拔 1300～2450 米的地区，面积约为 79.7 万公顷，主要为黑钙土、草甸黑钙土、河滩土和土地。黑钙土和草甸黑钙土的腐殖质含量相对较高，河滩土和土地的腐殖质含量较低或很低。

（3）呈现栗钙土的干草原土壤分布在海拔 1250～1950 米的地区，面积约为 24.2 万公顷，以中等含量的腐殖质和石头为特征，具有不良水物理特性。

（4）森林土分布在海拔 500～2400 米的地区，面积约为 71.2 万公顷，腐殖质含量高，主要为褐色、棕色森林土和草皮碳酸盐土。

（5）山地草甸土，分布在海拔 2200～4000 米的地方，面积约为 62.9 万公顷，几乎遍布亚美尼亚的山地，分为高山草甸土和草甸草原土，腐殖质含量高（见图 6 - 4）。

图 6 - 4 亚美尼亚土壤分布

资料来源：Армения，http：//география-земли. рф/% D0% B0% D1% 80% D0% BC% D0% B5% D0% BD% D0% B8% D1% 8F. html；Вардеванян Ашот，Национальная програ-мма действий по борьбе с опустыниванием в Армении，Ереван，2002，ISBN 99930 - 935 - 6 - 4。

亚美尼亚土地类型统计见表 6 - 4。

表 6 - 4　亚美尼亚土地类型统计（2011 年）

单位：万公顷

土地类型	总面积	其中水浇地面积
农业用地	207.69	15.46
耕地	44.92	12.09
多年生植物	3.29	3.22
草场	12.83	0.15
牧场	106.72	——
其他	39.93	——
居住用地	15.22	5.29
工业、地下资源开发用地	3.3	——
能源、交通运输、通信用地	1.28	——
特别保护用地	29.8	——
自然保护区	28.03	——
狩猎区	3.48	——
国家公园	20.05	——
疗养区	0.01	——
休闲区	0.27	——
历史遗迹	1.49	——
专门用地	3.17	——
森林	34.31	0.04
水	2.6	——
储备用地	0.06	——
总计	297.43	20.79

资料来源：Государственныйкомитеткадастранедвижимости, Балансземельногофонда（Поданным ГосударственногокомитетакадастранедвижимостиприПравительствеРА, посостояниюна 1-оеию-ля 2011），http://www.mnp.am/?p = 163#sthash.nCrBpAVh.dpuf。

（三）生物资源

目前，亚美尼亚在保护生物多样性领域的纲领性文件是 2015 年 12 月 10 日亚美尼亚政府批准的《2016～2020 年生物多样性保护、繁殖和利用国家行动方案》。该文件的通过与联合国《生物多样性公约》提出的 2011～2020 年 10 年战略计划和 20 条爱知目标有关。亚美尼亚政府将在 2016～2020 年实施 25 条行动计划，其中包括清查退化的森林和牧场生态系统并绘制地图，制定红皮书保护物种行动方案，评估小型水电站和采矿业对生物多样性和生态系统的影响等。亚美尼亚的自然保护区分为 3 个禁猎区、4 个国家公园、27 个禁伐区，总面积约为 37.4 万公顷，约占国土面积的 12%。

亚美尼亚高原植被呈典型的垂直分布。落叶林主要生长在海拔 1000 ~ 2000 米的山麓小丘上，比如软毛橡树、无梗花栎、梨树、欧洲栗树、角树和山毛榉树、紫杉、黄杨等；位于海拔 1000 ~ 2000 米的是冷杉和各种松树，其中 70% 的土地上生长着冷杉；海拔 2000 米之上则主要是白桦林和枫树林；在 2500 米的森林线之上，高加索杜鹃和其他各种灌木丛占据主要地位；海拔 2900 米之上的地区终年被冰雪覆盖。

亚美尼亚动物品种也较丰富。有 17500 种脊椎动物和无脊椎动物，其中大约 300 种为珍稀动物或数量稀少。哺乳动物也有几十种，包括狼、棕熊、山猫、高加索鹿、狍、欧洲野牛、岩羚羊、水獭、豹等。鸟类也已达到 126 种，其中黑鹳、鱼鹰、茶色鹰、王鹰、金鹰、短趾鹰等都是国家级保护动物。另外还有 17 种爬行动物，其中海龟和蜂蛇较为珍贵。

《亚美尼亚红皮书》中目前一共有 99 种脊椎动物（见表 6 – 5），其中 39 种被列入《苏联红皮书》，有些物种被列为世界级濒危动物（根据《世界自然保护联盟红皮书》名录）。目前，《亚美尼亚红皮书》的修订工作尚未最终完成，无脊椎动物的数量还不能确定，据初步估计，将增加 100 多种无脊椎动物（《苏联红皮书》中记载亚美尼亚的无脊椎动物有 48 种）。

表 6 – 5 列入亚美尼亚及地区和世界红皮书的维管植物和脊椎动物种类

单位：种

种群	《亚美尼亚红皮书》中的数量	数量					在《苏联红皮书》中的数量	在《世界自然保护联盟红皮书》中的数量
		灭绝	濒临灭绝	珍稀	数量减少	无数据		
鱼类	2	—	2	—	—	—	1	—
两栖动物	1	—	—	—	1	—	1	—
爬行动物	11	—	6	4	1	—	7	2
鸟类	67	—	20	34	13	—	19	3
哺乳动物	18	—	3	6	6	3	11	1
维管植物	386	35	129	155	59	8	61	—
总计	485	35	160	199	80	11	100	6

资料来源：http://enrin.grida.no/biodiv/ru/national/armenia/general/dvthr.htm#threat。

根据《亚美尼亚红皮书》记载，脊椎动物包括 12 种两栖动物和爬行动物以及 18 种哺乳动物（见表 6 – 5），由于自然灾害和经济危机以及缺乏有效的环境立法，许多动物濒临灭绝，其中最具灭绝危险的哺乳动物有6种：亚美尼亚欧洲盘羊（Ovis Orientalis Gmelinii）、大胡子山羊（Capra Aegagrus）、虎鼬（Vormela Peregusna）、水獭（Lutra Lutra）、棕熊（Ursusarctos）和兔狲（Felis Manul）。此外，亚美尼亚已灭绝的物种有条纹鬣狗（Hyaena Hyaena）和高加索蹶鼠（Sicista Caucasica）。

三 社会与经济

（一）人口概况

据亚美尼亚国家统计局数据，2001年独立后首次全国人口普查时，亚美尼亚共有人口321.3011万人，2011年10月普查时有常住人口301.8854万人。截至2016年1月1日，亚美尼亚全国常住人口共计299.86万人，其中亚美尼亚族占98.11%，亚美尼亚是独联体国家中民族单一性最强的国家，其中男性占48%，女性占52%，其中城市人口为190.74万人，农村人口为109.16万人。① 常住人口减少的主要原因是移民增多，主要迁往俄罗斯。2015年人口出生率为14‰。

根据2011年的全国人口普查，亚美尼亚全国人口为302.79万人，其中亚美尼亚族为286.18万人，雅兹迪族为3.5308万人，俄罗斯族为1.1911万人，其余民族均不足3000人，如亚述族、库尔德族、乌克兰族、希腊族、格鲁吉亚族、波斯族等。②

亚美尼亚是世界上第一个将基督教确定为国教的国家。传说亚美尼亚是《圣经》中所记载的大洪水后，诺亚方舟的停靠地。全国信仰宗教的人数高达290万人，其中280万居民信仰亚美尼亚基督教。这是与天主教和新教等主流基督教不同的独立的基督教体系。基督教在451年的卡尔西顿第四次会议上，强调神的"三位一体"和"两种属性"，即神性与人性相和而不相混，基督既是神，又是人。亚美尼亚教会则坚持"一性说"，认为基督只有神性，人性融于神性。

（二）行政区划

亚美尼亚全国行政区划包括首都埃里温和10个州（Marz），如图6-5和表6-6所示。

---

① HCC PA, Численность постоянного населения РА на 1-е января 2016 г., http://www.armstat.am/ru/?nid=80&id=1768.

② HCCPA, ДемографическийсборникАрмении 2015, Part 8：RAPopulationCensus 2011, http://www.armstat.am/ru/?nid=82&id=1729.

序号	地区名称（英文）	首府
1	阿拉加措特恩州（Aragatsotn）	阿什塔拉克
2	阿拉拉特州（Ararat）	阿塔沙特
3	阿尔马维尔州（Armavir）	阿尔马维尔
4	格加尔库尼克州（Gegharkunik）	卡莫
5	科泰克州（Kotayk）	拉兹丹
6	洛里州（Lori）	瓦纳佐尔
7	希拉克州（Shirak）	久姆里
8	休尼克州（Syunik）	卡凡
9	塔武什州（Tavush）	伊杰万
10	瓦约茨佐尔州（Vayots Dzor）	叶海格纳佐尔
11	埃里温（Yerevan）	埃里温

图6-5 亚美尼亚行政区划

表6-6 亚美尼亚行政区划和人口统计

	行政区划数量 （个）	城市 （个）	镇 （个）	居民点 （个）	常住人口 （万人）	其中城市人口 （万人）	面积 （平方公里）
全国	915	49	866	1002	299.86	190.74	29743
埃里温	1	1	—	1	107	107	223
阿拉加措特恩州	114	3	111	120	13	3	2756
阿拉拉特州	97	4	93	99	26	7	2090
阿尔马维尔州	97	3	94	98	27	8	1242
格加尔库尼克州	92	5	87	98	23	7	5349
科泰克州	113	8	105	130	25	14	2680
希拉克州	67	7	60	69	24	14	2680
洛里州	119	3	116	131	22	13	3799
休尼克州	109	7	102	134	14	9	4506
瓦约茨佐尔州	44	3	41	55	5	18	2308
塔武什州	62	5	57	67	13	5	2704

资料来源：Социально-экономическоеположениеРеспубликиАрмениявянваре-декабре 2015，5. Социально-экономическийсектор，Административно-территориальноеделение РАпомарзамиг. Ереванна 1 января 2016 г。

（三）政治局势

亚美尼亚1995年7月5日通过独立后首部宪法，并于2005年11月27

日和 2015 年 12 月 6 日对宪法进行修改补充，宪法规定亚美尼亚是总统制政体，实行三权分立。总统任期为 5 年，既是国家象征，又是政府有关外事、国防和安全事务的直接负责人。政府由总理领导，总理由总统任命并经议会过半数同意批准。内阁成员由总统根据总理提议任命和解职。州级地方负责人由政府任命和解职，任命书需经总统确认。

2013 年 2 月共和党领导人谢尔日·萨尔基相赢得独立后第六届总统选举后（连任），原政府继续留任。季格兰·萨尔基相总理 2014 年 4 月 3 日辞职后，时任议长奥维克·阿布拉米扬于 2014 年 4 月 13 日被任命为新政府总理。截至 2016 年 1 月 1 日，亚美尼亚政府内阁有总理、1 名副总理（兼任国际经济一体化和改革部部长）和 19 个部。各部分别是外交部、国防部、紧急情况部、司法部、财政部、经济部、交通和通信部、卫生部、城市建设部、农业部、能源和自然资源部、地区管理和发展部、国际经济一体化和改革部、自然保护部、教育和科学部、劳动和社会保障部、体育和青年事务部、文化部、侨民部。另外，直属政府的国家委员会（局）有 7 个，分别是民航总局、国家安全总局、国家不动产登记委员会、国家核安全调节局、国家收入委员会、警察局、国有资产管理局。

国民议会是国家最高立法机关，共设 131 个席位，议会议员任期为 4 年，按混合制进行选举，其中 94 席按政党比例代表制确定，得票率超过 5% 的政党即可进入议会，其余 37 席按选区制产生。2012 年 5 月 6 日选举产生独立后第五届国民议会。亚美尼亚共和党、繁荣亚美尼亚党、亚美尼亚国民大会、法律国家党、亚美尼亚革命联合会（亦称"达什纳克楚琼"）和遗产党 6 个政党进入议会。

自 1998 年 4 月科恰良担任总统后，亚美尼亚进入国家建设平稳期。除 1997 年 10 月 27 日总理和议长在议会听证时遇刺身亡事件外，政局总体保持稳定。2008 年 2 月谢尔日·萨尔基相就任总统至今，亚美尼亚政局继续保持总体稳定态势。

（四）经济概况

亚美尼亚地处内陆，本国资源和市场规模有限，因被阿塞拜疆和土耳封锁，亚美尼亚对外交流渠道狭窄，只能经过格鲁吉亚和伊朗出口商品，经济发展障碍较多。对外贸易伙伴主要有俄罗斯、中国、伊朗、格鲁吉亚、德国等（见表 6-7）。美国传统基金会公布的 2016 年经济自由指数报告显示，在 178 个国家当中，亚美尼亚排第 54 位，属于"相对自由"国家。

亚美尼亚经济总量不大，受货币贬值影响，2010~2014 年 GDP 总值约为 110 亿美元,人均不足 4000 美元。主要工业有化工、有色冶金和金属加工、食品等。农业主要是经济作物种植。主要出口商品有矿物原料、化工产品、农产品等。截至 2014 年年底,亚美尼亚外债总额为 87 亿美元,外汇储备余额为 14.89 亿美元,其中外汇资产为 14.83 亿美元,在国际货币基金组织的特别提款权为 620 万美元。2014 年,亚美尼亚侨汇收入(非商业性质自然人通过银行汇入)为 17.3 亿美元,比 2013 年下降 7.5%,全国平均约 573 美元/人,其中来自俄罗斯的占 82.9%。亚美尼亚部分经济数据和亚美尼亚 2009～2013 年吸引的外资统计如表 6-8 和表 6-9 所示。

表 6-7 亚美尼亚主要贸易伙伴

	2010 年	2011 年	2012 年	2013 年	2014 年
货物出口总值(亿美元)	11.97	14.32	15.16	16.36	16.65
货物进口总值(亿美元)	32.63	35.41	36.28	37.28	37.34
服务出口总值(亿美元)	7.78	10.36	10.39	10.98	16.30
服务进口总值(亿美元)	10.96	11.67	11.86	12.10	17.33
出口占 GDP 比重(%)	12.93	14.12	15.22	15.67	15.29
进口占 GDP 比重(%)	35.24	34.92	36.43	35.71	34.29
出口伙伴	2010 年	2011 年	2012 年	2013 年	2014 年
俄罗斯(万美元)	16051	22227	28004	33450	30841
保加利亚(万美元)	13262	15799	15311	8557	15854
德国(万美元)	15656	15223	12930	15221	8561
比利时(万美元)	8483	10625	9780	9553	8463
美国(万美元)	7250	7051	12718	13114	6241
荷兰(万美元)	8290	10073	8747	8903	8755
伊朗(万美元)	9861	11721	7972	6644	7425
格鲁吉亚(万美元)	2956	7043	8507	8739	9330
加拿大(万美元)	4904	6185	8159	8611	8401
瑞士(万美元)	3087	1626	3127	6884	17095
进口伙伴	2010 年	2011 年	2012 年	2013 年	2014 年
俄罗斯(万美元)	83527	88642	105915	111090	109433
中国(万美元)	40402	40512	40046	38652	41750
德国(万美元)	21071	24561	26525	28061	28346
乌克兰(万美元)	21038	24055	21361	21086	23236
土耳其(万美元)	22992	23265	21602	22658	20194

续表

进口伙伴	2010 年	2011 年	2012 年	2013 年	2014 年
伊朗（万美元）	19989	21697	21986	19850	20654
意大利（万美元）	12216	17007	16896	16458	17997
美国（万美元）	11125	14761	14403	13790	13366
瑞士（万美元）	6954	7844	8712	17237	14606
罗马尼亚（万美元）	8330	7238	9884	9635	11388

表 6-8　亚美尼亚部分经济数据

	2010 年	2011 年	2012 年	2013 年	2014 年
总人口（万人）	325.22	302.79	302.41	302.20	301.38
失业率（％）	19.01	18.44	17.31	16.17	17.61
GDP 总产出（亿德拉姆）	34602.03	37779.46	40007.22	42762.01	45288.73
GDP 增长率（％）	2.22	4.65	7.17	3.47	3.44
农业（％）	18.76	22.18	20.92	21.57	21.74
工业（％）	36.27	32.90	32.25	31.06	29.66
服务业（％）	44.97	44.92	46.83	47.37	48.60
消费品物价指数（％）	8.2	7.7	2.6	5.8	3.0
职工月均工资（德拉姆）	—	—	140739	146524	158580
货币量 M1（亿德拉姆）	4326.89	5137.92	5457.93	5833.69	5312.45
货币量 M2（亿德拉姆）	9113.86	11269.78	13463.65	15453.72	16741.96
财政总收入（亿德拉姆）	7810.04	8843.71	9488.73	10729.33	11476.94
财政总支出（亿德拉姆）	9548.81	9900.29	10087.82	11444.53	12379.86
财政收入占 GDP 比重（％）	21.69	21.84	23.25	24.78	24.96
税收占 GDP 比重（％）	20.21	20.58	21.96	23.41	23.50
财政支出占 GDP 比重（％）	27.60	26.21	25.21	26.76	27.34

续表

	2010 年	2011 年	2012 年	2013 年	2014 年
盈余率（%）	− 5.03	− 2.80	− 1.50	− 1.67	− 1.99
1 美元汇率（当年年底）	363.44	385.77	403.58	405.64	474.97
1 美元汇率（年均）	373.66	372.50	401.76	409.63	415.92
外债总额（亿美元）	62.80	73.83	76.08	86.77	—
长期外债（亿美元）	47.83	55.51	58.89	68.07	—
国家担保	25.57	27.36	29.56	33.12	—
无国家担保	22.26	28.15	29.33	34.95	—
短期外债（亿美元）	6.21	8.69	8.08	11.50	—
IMF 借款（亿美元）	8.76	9.63	9.11	7.20	—
外债占 GNI 比重（%）	65.42	69.00	71.87	79.42	—
外债占出口比重（%）	32.01	26.01	31.34	50.77	—

资料来源：ADB，"Key Indicators for Asia and the Pacific 2015，" Armenia. Structure of Output, http://www. adb. org/publications/key-indicators-asia-and-pacific-2015。

表 6 – 9　亚美尼亚 2009 ~ 2013 年吸引的外资统计

单位：万美元

投资者	2009 年		2010 年		2011 年		2012 年		2013 年	
	总投资	直接投资	总投资	直接投资	总投资	直接投资	总投资	直接投资	总投资	直接投资
总投资	93547	73212	70266	48302	81629	63142	75180	56741	59738	27116
世界银行	—	—	300	—	280	150	220	—	380	—
阿根廷	5066	4826	3264	2975	1941	878	5453	5132	11787	1261
澳大利亚	—	—	—	—	—	—	—	—	—	—
奥地利	39	39	6	5	2	2	—	—	—	—
比利时	132	121	173	157	92	65	46	36	43	43
英属维尔京群岛	16	—	8	8	2038	1338	41	30	2900	20
白俄罗斯	—	—	18	18	—	—	—	—	—	—
加拿大	—	—	2597	13	3172	2	10665	—	5356	—
开曼群岛	—	—	462	462	—	—	—	—	—	—
中国	0	0	—	—	—	—	—	—	—	—

续表

投资者	2009 年		2010 年		2011 年		2012 年		2013 年	
	总投资	直接投资	总投资	直接投资	总投资	直接投资	总投资	直接投资	总投资	直接投资
克罗地亚	—	—	—	—	—	—	88	88	—	—
塞浦路斯	694	694	1435	1198	1764	1638	666	527	7650	60
丹麦	—	—	339	45	37	37	8	—	—	—
芬兰	—	—	478	478	386	—	571	—	1994	—
法国	19742	19742	14679	14679	10045	10045	23043	23043	9912	9912
格鲁吉亚	0	0	—	—	—	—	—	—	—	—
德国	1936	1936	4734	2195	2460	2407	4814	4814	2213	2213
匈牙利	—	—	41	1	—	—	—	—	—	—
伊朗	—	—	—	—	—	—	0	0	—	—
爱尔兰	29	29	33	33	35	35	23	23	15	15
意大利	3348	3348	491	491	385	385	—	—	—	—
哈萨克斯坦	—	—	2	2	1	1	—	—	—	—
黎巴嫩	2219	1355	1750	1129	1374	1340	1298	1298	635	635
拉脱维亚	—	—	—	—	1251	1	—	—	—	—
列支敦士登	2	2	—	—	—	—	—	—	—	—
卢森堡	334	249	682	517	905	495	1322	354	512	149
荷兰	7110	457	6431	350	213	151	19	0	8	—
巴拿马	—	—	139	—	—	—	—	—	—	—
俄罗斯	50285	38483	27034	19454	39385	33816	12272	8828	8626	5861
塞舌尔	—	—	—	—	—	—	2364	2364	63	—
斯洛文尼亚	25	25	21	21	10	10	—	—	24	24
西班牙	—	—	—	—	—	—	—	—	—	—
瑞士	—	—	1140	1091	1864	793	4469	4371	1027	1027
叙利亚	—	—	—	—	264	264	—	—	—	—
乌克兰	—	—	14	0	6	—	—	—	—	—
英国	84	8	381	374	3368	996	892	14	1053	1053
美国	1886	1298	1614	606	4381	2323	1462	375	942	245
纳戈尔诺—卡拉巴赫	0	—	—	—	—	—	—	—	—	—
其他国家	600	600	2000	2000	5970	5970	5444	5444	4598	4598

资料来源：NSS RA，"Armenia in figures 2015，" http://www.armstat.am/en/?nid=82&id=1719。

四 军事和外交

（一）军事

亚美尼亚国民军是独立后由苏联红军改组而来的，1月28日为建军节，1997年6月亚美尼亚通过《国防法》，尚未制定明确的军事战略和军事学说。总统为武装力量最高统帅，国防部是领导武装力量的国家机关，国防部长对武装力量有直接指挥权。军队实行全民义务和合同制相结合的兵役制度。士兵服役期为两年，每年春秋两季征兵。军官按合同制服役，入伍时签订三年合同，期满可续签，也可自由退役。凡服役满20年者可享有领取退休金等福利待遇。[①]

亚美尼亚军队约有4.8万人，分为陆军、空军、防空军和边防军4个军种。边防军主要守卫与格鲁吉亚和阿塞拜疆的边界，与土耳其和伊朗的边界则由俄罗斯军队守卫（沿用苏联体制）。2016年国防预算约为4.3亿美元。

克里米亚回归俄罗斯后，原位于乌克兰塞瓦斯托波尔的海军基地已不属于海外基地。俄罗斯现存境外军事基地共有6处，分别是设在叙利亚塔尔图斯的1个海军基地、位于吉尔吉斯斯坦的坎特空军基地、驻格鲁吉亚巴统陆军基地、阿哈尔卡拉基陆军基地、驻亚美尼亚久姆里第102陆军基地、驻塔吉克斯坦陆军基地（201摩步师）。

久姆里位于亚美尼亚北部，亚美尼亚与俄罗斯1995年签订军事合作协议，在此设立军事基地，军事基地拥有5000名军人，配备S－300反弹道导弹系统和米格－29歼击机，负责在独联体统一防空体系框架内执行值勤任务，俄在确保自身利益的同时，还承担保障亚美尼亚军事安全的义务。2010年8月20日时任俄罗斯总统梅德韦杰夫访问亚美尼亚期间，两国军方签署议定书，将俄使用久姆里军事基地的期限由25年延长至49年（即延长至2044年），在期限届满前6个月，如果任何一方没有以书面形式提出终止条约，条约有效期将自动顺延5年。因亚美尼亚为集体安全条约组织成员国，俄可以免费使用此基地。

（二）外交

亚美尼亚奉行全方位外交政策，截至2016年1月，亚美尼亚已与161个国家建交（见图6－6）。其中，与俄罗斯的传统战略盟友关系是重中之重。与此同时，亚美尼亚积极发展与美国和欧洲国家的关系，参加北约

---

① 《亚美尼亚军事力量详表》，http://www.chinaiiss.com/military/view/189。

"和平伙伴关系计划"框架内活动，努力争取加入欧盟，寻求安全多元化。

图6-6　与亚美尼亚建立外交关系的国家分布

注：图中深色区域为与亚美尼亚建立外交关系的国家。

因美国有很多亚美尼亚裔人口，两国关系始终良好。2001年，亚美尼亚成为欧洲委员会正式成员，并当选联合国人权委员会成员。"9·11"事件后，亚美尼亚支持美国打击国际恐怖主义，不仅开放领空，还派维和部队赴阿富汗和伊拉克参加国际援助。

因纳卡冲突和领土纠纷，亚美尼亚与阿塞拜疆至今仍处于敌对、交战状态。阿塞拜疆和土耳其两国对亚美尼亚进行政治和经济封锁。因奥斯曼土耳其曾在1915~1917年对境内亚美尼亚族进行大屠杀，受害者数量达到150万人。国际社会普遍认为这是种族灭绝行为，但土耳其政府始终拒绝承认这是一起官方发起的有预谋的屠杀行为，两国因此至今未能建立正式外交关系。土耳其在1993年提议关闭两国国界。2008年秋，亚美尼亚总统萨尔基相倡议恢复两国关系。2009年10月，亚美尼亚外长纳尔班迪安和土耳其外长达武特奥卢在苏黎世签署《建立外交关系议定书》和《发展双边关系议定书》。议定书需由双方议会通过。但因土耳其议会反对，议定书至今未能生效。2015年2月16日，亚美尼亚总统萨尔基相决定撤回议定书。萨尔基相在致土耳其领导人的信函中表示，签署协定书已有6年时间，但并没有带来应有结果。

五　小结

亚美尼亚位于高加索中部，是介于里海和黑海之间的内陆国，四周被格鲁吉亚、阿塞拜疆、伊朗和土耳其包围。因与阿塞拜疆存在纳卡领土争端，亚美尼亚至今未与阿塞拜疆和土耳其建立外交关系，并受二者经济封锁，因此亚美尼亚经济形势虽总体稳定，但很多资源优势未能得到充分发挥。

亚美尼亚大部分领土位于海拔 1000 米以上的高原，气候处于温带和亚热带之间，降水较丰富，果蔬产业发达，矿产以铜钼矿居多。居民大部分信仰古老的基督教，使用亚美尼亚语和文字，其文化特征与周边国家均不同。

第二节 环境概况

亚美尼亚的自然条件比较复杂，属于多山地形，各地区具有垂直分带的特点。只有大约 60% 的国土适合人类定居和进行经济活动。占国土面积大约 25% 的海拔 1500 米以下的地区属于集中开发地区，居住着 88% 的人口，是主要经济活动所在地区。

美国耶鲁大学和哥伦比亚大学公布的全球环境绩效指数（EPI）以反映环境健康和生态系统活力等 10 个领域的 22 项指标为基础，对 132 个国家进行排名，这些指标用于衡量某个国家是否接近自己的环保政策目标环境。不同年份的全球环境绩效指数报告显示，2002～2011 年亚美尼亚一直处于进步之中。例如，按照环境可持续指数（ESI，EPI 的前身）报告中的排名，2002 年亚美尼亚居第 38 位，甚至高于美国（第 45 位）和德国（第 50 位），但是不如格鲁吉亚、阿塞拜疆、伊朗和土耳其。在随后的 ESI 报告中，亚美尼亚 2005 年排名第 44 位，2006 年排名第 66 位，2008 年排名第 62 位，2010 年排名第 76 位，2012 年排名第 93 位。根据《2012 年全球环境绩效指数报告》，亚美尼亚获得 47.48 分，在全球 132 个国家中排名第 93 位，属于"弱活动"国家。

值得一提的是，阿塞拜疆排名第 111 位；而格鲁吉亚排名第 47 位，进入"中等活动"国家。而亚美尼亚的另外两个邻国土耳其和伊朗分别排名第 109 位和第 114 位。与邻国相比，只有格鲁吉亚赶上亚美尼亚，而阿塞拜疆、土耳其和伊朗均没有实质上的进步，各年份的排名情况也各不相同，因而最终排名不如亚美尼亚。

在该指数排名中，高收入且民主化水平较高的经济发达国家排名比较靠前（"最强活动"和"较强活动"的国家），低收入和民主化水平低的经济欠发达国家属于"弱活动"或"最弱活动"国家。这再次表明，国家生态环境与经济的发展繁荣和民主之间具有一定的联系。

根据 EPI 考虑的指标和类别，亚美尼亚 2002～2011 年生态状况已经恶化。在"生态健康"指标方面，亚美尼亚的得分显示其进步甚微，这表现在环境对疾病的影响、空气和水对人体健康的影响上。根据这一指标的比较结果，亚美尼亚的生态状况可定性为"中等"和"缓慢改善"。

在"生态系统活力"指标的排名中，亚美尼亚属于"弱活动"和"退步"国家。在农业领域亚美尼亚没有进步，处于中间位置。在空气及其对生态环境的影响指标上，亚美尼亚有所退步。尽管亚美尼亚近年来在生物多样性和环境方面有所进步，但仍属于有进步的"弱活动"国家。亚美尼亚的进步表现在气候变化方面，在这方面它属于"中等"和"缓慢改善"国家。

在森林指标的排名中，亚美尼亚退步最快，属于"弱活动"国家。其退步还表现在水资源及其对生态系统的影响指标上，在这项排名中，亚美尼亚属于"最弱"国家。

因此，近年来亚美尼亚主要在水、空气和森林对生态系统的影响的几项指标上显示退步。而在空气和水对人类健康影响的指标上略有改善，这在一定程度上让人联想到阿拉韦尔迪、卡贾兰、拉兹丹、阿拉拉特、卡凡，特别是埃里温的工业排放量的增长。

亚美尼亚政府面临的主要生态问题有以下几个。第一，水体污染。污染源主要来自生活废弃物和工业排放。国内水资源污染，尤其是亚美尼亚最大和最具有经济意义的塞凡湖的污染问题越来越引起政府的重视。第二，土地荒漠化。亚美尼亚所在地区属于地震活动带，由于当地的自然条件，容易出现滑坡、泥石流、干旱、河流干涸和季节性径流，对经济发展造成影响。独立后，由于国家经济发展较为缓慢，缺乏财政拨款，水土流失、土壤盐渍化、工业污染造成的耕地侵蚀以及森林砍伐等问题加速了土地荒漠化进程。

亚美尼亚自然灾害和地质灾害数量统计见表6-10。

表6-10 亚美尼亚自然灾害和地质灾害数量统计

单位：起

年份	2007	2008	2009	2010	2011
高温	1	1	—	—	1
大风	17	11	31	34	17
大雾	9	10	33	14	40
暴雨	18	2	22	9	6
暴雪	7	1	1	—	4

年份	2007	2008	2009	2010	2011
冰雹	7	16	9	9	8
总计	59	41	96	66	76

资料来源: The American University of Armenia (AUA) Acopian Center for the Environment, Environment and Natural Resources in RA (2000 – 2012), 1.1 General Information, 1.1.8 Number of Hazardous Meteorological Events, http://ace.aua.am/environment-and-natural-resources-in-ra-2000-2012/.

一　水环境概况

亚美尼亚的水问题主要是水质污染，而不是缺水。污染物主要来自矿山开采和工业及居民生活排污。主要应对措施是增加水处理设施。

（一）水环境问题

由于工业废料、矿井水排放以及缺乏市政排水管道清洁系统，亚美尼亚河流受到污染。杰别德河、沃赫奇河、帕姆巴克河、拉兹丹河、沃罗坦河、塞凡湖流域河流及湖泊本身污染严重。由于农药对湖水的污染，居民的胃肠道疾病、皮肤病发病率呈上升趋势，得肝炎和慢性中毒的人口比例上升。

污染较严重的河流是阿赫塔拉河和沃赫奇河，原因是附近几家矿石加工和金属冶炼企业的工业废料及污水排放。河水中亚硝酸盐、锰、铜、锌、硫酸根离子、铝、钒、铬、铵和硒的含量均超过最大允许值。沃赫奇河在卡凡附近的河段污染更为严重（此处建有卡凡矿石加工厂），河水中铜的含量超标203倍。另外，由于企业排污，拉兹丹河也受到严重污染，河水中铜超标4~6倍，钒超标5~6倍，锰超标5~7倍，铵离子超标约30倍；河水中有大量的有机物和化学物质。

在湖泊流域内，只有四座城市（塞凡、嘎瓦尔、马图尼和瓦尔杰尼斯）建有污水管网，而村庄和海滨度假别墅的污水则直接排入湖中。塞凡湖流域内的四座城市建有垃圾填埋场，累计填埋超过1320立方米的垃圾。降水透过这些垃圾渗入土壤，携带的有害物质对地下水、河流和湖泊造成污染。

塞凡湖流域及其邻近区域也受到污染。塞凡湖流域的河流每年向湖中排放1295吨氯化物、867吨硫酸、90吨氮、84吨石油产品、29吨磷酸盐、367吨钙、490吨镁、4.25吨铁、0.8万吨铜和其他物质。每年排入湖中的动物粪便产生1700吨氮和21吨磷，而每年排入湖中的化肥产生2000~4000吨氮和100~200吨磷。每年有5~10吨各种农药和约100吨重金属被排入塞凡湖中。

塞凡湖曾经是鱼类资源丰富的地区，拥有当地特有的鱼类，如塞凡鳟鱼和白鲑鱼。由于水体受到重金属（如钒、铝）的污染，鱼类数量大大减少。20 世纪 90 年代初，塞凡湖的鱼类总量超过 5 万吨，2011 年只剩下 150 ~ 250 吨。[①]

（二）治理措施

为改善国内生态环境，亚美尼亚政府采取了若干措施，包括如下几点。

（1）对污染环境的企业和个人采取惩罚措施（高额罚款、吊销执照、追究刑事责任等）。

（2）要求企业购进工业废水处理设施，水泥厂安装高质量除尘器，矿山冶金企业安装过滤二氧化硫的过滤器。

（3）在牧场设置饮水区，以免污染高山湖泊的水质。

（4）在塞凡湖周围设立湖水净化装置，要求未经处理的污水不得流入湖内。

二 大气环境

亚美尼亚的大气问题主要是汽车尾气排放和冶金企业的废气污染，主要应对措施是落实《大气保护法》，加强大气环境监测。

（一）大气污染状况

与世界其他国家一样，亚美尼亚的有害物大气排放量也呈逐年递增趋势。2010 ~ 2014 年大气排放物数量增加了 7000 吨，与 2000 年相比，2014年增加了 43%（115.3 吨）。城市空气污染相对严重。污染较严重的城市有阿拉韦尔迪市、卡扎拉市、阿拉拉特市、拉兹丹市、埃里温市的努巴拉申区（市垃圾场）。排放大量有害物的固定设施大部分位于洛里州，2009 ~ 2014 年年均排放量约为 3.9 万吨，然后依次是科泰克州（2 万吨）、塔武什州（1.7 吨）和埃里温市（1.4 万吨），2014 年固定设施有害物大气排放最少的地区是阿拉加措特恩州和瓦约茨佐尔州（见表 6 - 11）。

表 6 - 11　亚美尼亚 2014 年各州固定设施有害物大气排放量

地区	固定设施有害物大气排放（吨）	得到处理的有害物数量（吨）	大气排放物数量（吨）	单位大气排放	
				居民人均（千克）	每平方公里（千克）
埃里温市	21290.7	3968.0	17322.7	16.2	77680.4
阿拉加措特恩州	998.9	—	998.9	7.6	362.5

[①]　Экология Армении，baza-referat. ru，http://wreferat. baza-referat. ru/.

续表

地区	固定设施有害物大气排放（吨）	得到处理的有害物数量（吨）	大气排放物数量（吨）	单位大气排放	
				居民人均（千克）	每平方公里（千克）
阿拉拉特州	107359.3	103370.6	3988.7	15.3	1908.5
阿尔马维尔州	3268.9	—	3268.9	12.2	2631.9
格加尔库尼克州	5900.1	—	5900.1	25.3	1448.6
洛里州	43932.5	—	43932.5	191.5	11564.2
科泰克州	32259.6	10340.0	21919.6	86.0	10508.1
希拉克州	1798.6	—	1798.6	7.3	671.1
休尼克州	8959.1	—	8959.1	63.7	1988.3
瓦约茨佐尔州	422.2	—	422.2	8.2	182.9
塔武什州	19889.3	—	19889.3	156.5	7355.1
全国	246079.2	117678.6	128400.6	42.6	4510.5

资料来源：亚美尼亚国家统计局《亚美尼亚共和国 2015 年社会经济状况》，http://www.armstat.info/ru/?nid=82&id=1742。

据统计，2014 年，亚美尼亚排放到大气中的有害物达 27.09 万吨，其中汽车排放占 52.6%，固定设施排放占 47.4%。排放有害物的固定设施有 3005 家，其中 76% 都有经批准的最大允许排放量。固定设施有害物排放量共计 24.61 万吨，其中 47.8% 被提取，12.84 万吨被释放到大气中。居民人均有害物排放量为 42.6 千克。如果按照单位面积来计算（不包括塞凡湖），则为每平方公里 4510.5 千克。有害物的 25% 为二氧化硫（3.21 万吨），2.4% 为一氧化碳（3076.71 吨），1.2% 为氮氧化物（1506.6 吨）；重金属排放量为 19.76 吨；粉尘（有机粉尘和无机粉尘）排放量为 4164.8 吨，其中 3.7%（153 吨）为有机粉尘；挥发性有机化合物总计 444.1 吨；其他物质为 708.04 吨（见表 6-12）。

表 6-12　亚美尼亚 2014 年有害物大气排放数量

单位：吨

成分	总计
粉尘	4164.774881
有机粉尘	153.0362
无机粉尘	4011.738681

续表

成分	总计
重金属	19. 759667
氮氧化物（无低氧化物）	1506. 59843
二氧化硫（SO_2）	32068. 29197
一氧化碳	3076. 71441
碳氢化合物（无挥发性有机化合物）	86412. 35089
挥发性有机化合物	444. 06611
其他物质	708. 0409829

资料来源：亚美尼亚国家统计局《亚美尼亚共和国 2015 年社会经济状况》，http：//www. arm-stat. info/ru/?nid = 82&id = 1742，http：//www. mnp. am/?p = 160#sthash. 3PUcpkBM. dpuf。

在汽车尾气排放方面，亚美尼亚目前采用欧 2 排放标准。根据欧洲委员会规定，自 2016 年 12 月 31 日起，亚美尼亚境内的汽油采用欧 3 和欧 4 标准，亚美尼亚境内的汽车尾气排放量有所降低。[①]

在粉尘污染方面，阿拉特水泥厂和拉兹丹水泥厂产生的粉尘对亚美尼亚的自然环境造成严重污染。这些水泥厂没有安装过滤装置，其附近地区到处散布着水泥粉尘。这些粉尘对人的健康造成影响。矽肺已经成为拉兹丹市居民的主要疾病，在这里被称为"拉兹丹病"。粉尘对当地的植物生长造成影响。另外，赞格祖尔铜钼矿采石场爆破时也会产生有害粉尘。

（二）治理措施

亚美尼亚大气排放领域的主要法律是 1994 年 10 月 11 日通过并经多次修改和补充的《大气保护法》。目的是以规范化的方法使空气质量达标，对人为的有害物排放进行限制。该法规定大气保护领域的国家机关和地方机关的权力和义务、大气排放的管理办法等。根据该法，国家管理机关应对污染源进行统计并规定最大允许排放量；国家应对排放源进行登记，作为大气有害物排放的统计和规范化的基础。

1999 年 4 月 22 日的 N259 号《关于批准大气有害影响的国家统计办法的决议》规定，每年"所需空气消耗量"超过 2 亿立方米的有排放的固定设施必须进行国家登记。[②] 进行有害物大气排放的企业和机构，其年"所需空气消耗量"超过 20 亿立方米或者每秒超过 2000 立方米的，必须制定最大

---

① http：//www. interfax. ru/business/483120.

② Управление качеством воздуха в странах восточного региона ЕИСП. EuropeFid/129522/C/SER/Multi，Контракт №. 2010. 232 - 231.

允许排放量方案，国家管理机关（亚美尼亚自然保护部）根据该方案发放排放许可，并将排放企业的排放强度限制到克/秒，总排放量限制到吨/年。

此外，亚美尼亚政府 2006 年 2 月 2 日制定的 N160 号《关于批准亚美尼亚境内居住地空气中污染物最大允许浓度和车辆尾气中有害物最大允许值的决议》、2012 年 12 月 27 日制定的 N1673 号《关于确定有害物大气排放标准的制定和批准程序以及撤销 1999 年 3 月 30 日 N192 号决议和 2008 年 8 月 21 日 N953 – N 号决议的决议》及后来的补充决议基本沿用了苏联时期的标准，确定居住地空气中具体有害物的最大允许浓度、日均最大允许浓度以及单次最大允许浓度。[①] 亚美尼亚部分城市固定设施排放物治理比例见表 6 – 13。

表 6 – 13　亚美尼亚部分城市固定设施排放物治理比例（2014 年）

单位：吨，%

城市名称	排放物数量	被治理部分占比	固定设施大气排放物数量
埃里温	21 290.7	18.6	17 322.7
阿拉拉特	104 722.4	98.7	1 351.8
阿拉韦尔	31 519.1	—	31 519.1
拉兹丹	10 858.9	95.2	518.9
瓦纳佐尔	12 187.5	—	12 187.5
久姆里	1 600.8	—	1 600.8

资料来源：Управление качеством воздуха в странах восточного региона ЕИСП. Euro peFid/129522/C/SER/Multi，Контракт №. 2010. 232 – 231。

三　土地资源

亚美尼亚的土壤问题主要是盐碱化和土壤污染，污染源主要是矿山开发。主要治理措施是落实《防治土地荒漠化国家纲要》。

（一）土地环境

亚美尼亚的土壤问题主要表现在两个方面：一是荒漠化和盐碱化；二是重金属污染。

（1）亚美尼亚土地荒漠化问题。[②] 亚美尼亚属于全球气候变化最为剧烈

---

① Управление качеством воздуха в странах восточного региона ЕИСП. EuropeFid/129522/C/SER/Multi，Контракт №. 2010. 232 – 231.

② Армении угрожает опустывание，http://noev-kovcheg.ru/mag/2015 – 16 – 17/5163.html#ixzz48KXot331.

的国家之一。2000 年以来，该国 81.9%（约 24353 平方公里）的国土受到不同程度的荒漠化威胁，其中 26.8% 的地区荒漠化极严重，26.4% 的地区荒漠化影响严重，中度影响的地区占 19.8%，轻度影响的地区占 8.8%。[①]

环境问题专家认为，如果这种趋势得不到遏制，受荒漠化影响的土地面积在 15~20 年（2030 年前）内将增加 10%；而且，土地荒漠化趋势不仅是气候变化引起的，而且受人为因素影响，如不可持续的土地使用导致土壤盐度增加，从而影响土地产量。上述问题实际上在亚美尼亚全国都存在。阿拉拉特州、阿尔马维尔州以及阿拉拉特山谷的一些地区正在受荒漠化的侵蚀，而这些地区是国家的传统粮仓。在首都埃里温，荒漠化的威胁也开始显现，其绿地面积只有公认标准的一半。

（2）土地重金属污染。[②] 在亚美尼亚，由于矿床开采，矿区及其附近区域土壤很大程度上受到重金属和有毒金属的污染，如铜、钼、汞、砷、钒、硒、镉等。土壤、水和农产品中的重金属超过最大容许浓度几十倍甚至几百倍。

（二）治理措施

苏联时期，亚美尼亚实施过代价高昂的降低土壤含盐量的措施，独立后由于经济原因没有延续，因此土地荒漠化问题变得复杂。在联合国《防治荒漠化公约》框架内，亚美尼亚政府采取了一系列措施。2002 年亚美尼亚自然保护部制定了《防治土地荒漠化国家纲要》，但落实不佳，效果有限。目前，由于经济原因，亚美尼亚政府在土地治理方面尚未采取更有效的措施。有关专家认为，到目前为止，亚美尼亚仍受到土地荒漠化的威胁。亚美尼亚土壤治理情况如表 6-14 所示。

表 6-14 亚美尼亚土壤治理情况

单位：公顷，kg/ha

措施		2001 年	2002 年	2003 年	2004 年	2005 年	2006 年	2007 年	2008 年
农业和水利技术	灌溉	75875	42514	86773	96143	116001	110444	63541	88058
	干燥	2375	—	82	—	—	—	—	—
	其他防止侵蚀土壤的措施	225	722	1700	226	248	205	104	54

---

① Национальная программа действия по борьбе с опустыниванием в Армении.

② Архнильд Гэрике, Дагмар Пфайфер. Переработка бытовых отходов в Армении. http://wreferat. baza-referat. ru/.

措施		2001 年	2002 年	2003 年	2004 年	2005 年	2006 年	2007 年	2008 年
	荒废土地开垦	11937	1347	3113	5320	1540	1700	1446	4042
	土地修复	15	163	—	4000	1003	1669	1278	3974
	去化肥土壤	1020	—	112	3	3	6	14	6
	脱盐土壤	—	—	—	520	—	—	—	—
	其他措施	—	62	12	—	136	792	—	—
化学和生物措施	化肥 有机物	9813	8950	10562	17500	73857	70000	80460	67814
	化肥 矿物	203	204	204	178	1842	2729	3359	2873
	农药	5	4	2	1	15	9	4	15
	其他措施	—	—	—	—	2200	1300	—	—

资料来源：The American University of Armenia（AUA）Acopian Center for the Environment，Environment and Natural Resources in RA（2000 – 2012），1.2.3 Activities for Conservation and Rehabilitation of Lands，http://ace. aua. am/environment-and-natural-resources-in-ra-2000 – 2012/。

四　核环境概况

亚美尼亚的核问题主要是核电站维护风险，主要应对措施是设备更新维护。

（一）核环境

亚美尼亚的核安全主要是米沙摩尔核电站（Metsamor）超期运行，核电机组老旧，且核电站位于地震带上，存在安全隐患。该核电站由苏联设计，1980 年建造，1988 年亚美尼亚曾发生一起 8 级以上大地震，尽管核电站并未受损且继续运行，核电站的 2 台机组还是出于安全原因于 1989 年关闭。后因电力短缺，2 号机组于 1993 年正式重启以应对能源紧缺，并于 1995 年再次服役。目前 1 号机组处于退役阶段。

核电站建造在地震带上（从土耳其延伸到阿拉伯海），同时靠近农田和人口密集地区。核电站距离首都埃里温仅 36 公里，距离土耳其边境更是只有 16 公里。尽管国际社会施压，要求关闭这座核电站，但亚美尼亚还是宣布继续让反应堆处于运转状态。

米沙摩尔核电站的发电量在亚美尼亚总发电量中的比重超过 40%。米沙摩尔核电站反应堆是世界上仅存的没有内层安全壳的 375 兆瓦的 VVER – 440 型机组反应堆。核电站在原定退役时间 2016 年后还将运营 4 年。新反应堆因开工时间推迟，最早要在 2019 年或者 2020 年上线。亚美尼亚仍决定让高龄的米沙摩尔核电站继续处于运转状态，在原定退役时间 2016 年之后，延长亚美尼亚核电站 2 号机组服役期限，确保其运行至 2027 年。

（二）治理方案

2015 年 5 月，亚美尼亚与俄罗斯达成协议，由俄罗斯提供 2.75 亿美元贷款和 3000 万美元的补助金，这批资金将在未来 15 年内到位（宽限期为 5 年）。2017 年，2 号机组将停止运行 6 个月，以实施管道现代化改装等工作，之后机组功率将提升 15% ~ 18%，为 435 ~ 440 兆瓦。

五 生物多样性

亚美尼亚的生物多样性问题主要是植被破坏和狼群减少，主要由矿山开发引起，应对措施主要是规范矿山开发。

（一）生物多样性现状及问题

人类活动对亚美尼亚生物多样性产生影响。①农业导致水土流失和土壤盐碱化、植被和生态系统退化。②畜牧业的过度放牧导致亚高山和高山草甸面积缩小、野生动物数量减少。③过度砍伐导致森林面积减少，降低了森林生态系统的再生能力。④工业发展对生物多样性造成严重影响。废弃物的污染和滥用资源导致重要生态系统受到长期污染，物种消失，生态系统退化。⑤水电行业的污染和水资源的再分配导致与水域相关的独特生态系统消失。⑥休闲和旅游导致环境污染以及珍稀濒危物种的处境恶化。⑦滥用自然资源，包括非法狩猎、挖药材、采蘑菇和浆果及其他植物，导致一些物种数量减少，甚至濒临灭绝。⑧农业、工业、建筑和能源行业的发展使生物栖息地发生显著变化，并导致城市和工业区扩大，森林被砍伐，超过 2 万公顷的沼泽和潮湿区域干涸。⑨土地私有化可能导致动物栖息地的破坏速度加快。⑩直接利用生物资源的现象十分普遍，包括在草地和田野放牧、采集野生植物、狩猎和捕鱼。滥用生物资源造成物种的减少。土壤中重金属含量增高，直接影响物种和生态系统的健康。

由于自然过程和人类活动，亚美尼亚几乎一半的植物物种有灭绝的危险。亚美尼亚有大约 3500 种高等植物。迄今为止，35 种具有经济价值的植物已经在亚美尼亚消失。2011 年版《亚美尼亚红皮书》载有 452 种植物，占亚美尼亚全部植物群的约 14%。《苏联红皮书》（1984 年版）包括 61 种生长在亚美尼亚的植物。濒临灭绝的物种包括菖蒲（Acorus Calamus）、紫荆（Cercis Griffithii）、亚美尼亚百合（Lilium Monadelphum Subsp. armenum）。已经灭绝的物种包括猪毛菜（Salsola Tamamschjanae）等。此外，红皮书尚未对低等植物的状态做出最终结论，但至少有 15 种菌类被认为濒临灭绝。

近年来，由于采矿业发展及森林面积减少，亚美尼亚野狼的生存环境不断遭到破坏，野狼袭畜事件不断增加，给当地居民造成较大的财产损失。亚美尼亚政府因此鼓励人为猎杀袭击家畜的狼群，导致亚美尼亚野狼数量大量减少，环保人士强调，若不及时采取行动，亚美尼亚的自然生态系统将因野狼数量的减少而遭到破坏。

（二）治理措施

保护生物多样性的主要措施是履行联合国《生物多样性公约》义务。亚美尼亚致力于保护和合理使用境内的生物资源，解决区域和全球范围内生物多样性问题，包括提供遗传学资源和生物多样性数据。根据《生物多样性公约》的要求，亚美尼亚政府于 1997 年开始制定《生物多样性行动计划和战略》和第一次国家报告。

六　固体废弃物概况

亚美尼亚的废弃物问题主要是矿山开发的尾矿和生活废弃物，主要原因是处理能力不足，主要应对措施是垃圾分类和提高垃圾处理能力。

（一）固体废弃物污染

苏联解体后，私营经济发展大大加剧了亚美尼亚的自然环境污染。主要原因在于政府对工厂、矿山、采石场等经营企业管理不善，罚款微不足道，缺乏实施环境保护措施的资金等。受到污染的土壤、河流、湖泊、空气以及定居点附近泛滥的垃圾填埋场对环境造成消极影响。根据亚美尼亚自然保护部的统计数据，2012 年亚美尼亚境内产生固体废弃物 3903.10 万吨（见表 6 - 15），人均为 12.9 吨，按照单位面积算（不包括塞凡湖面积），每平方公里为 1371.1 吨。[①]

表 6 - 15　2012 年亚美尼亚各地区产生的废弃物数量

单位：吨

地区	企业废弃物	废弃物总量	转至其他企业的废弃物	被处理的废弃物	被企业再利用的废弃物	填埋
埃里温市	1005.0	19418.6	4513.4	—	4288.2	22317.0
阿拉加措特恩州	228.0	1204.0	176.2	12.0	146.0	1293.7

① 亚美尼亚国家统计局，http://www.mnp.am/?p = 197。

续表

地区	企业废弃物	废弃物总量	转至其他企业的废弃物	被处理的废弃物	被企业再利用的废弃物	填埋
阿拉拉特州	1617.7	487.2	8.1	—	474.0	1623.3
阿尔马维尔州	145.0	5272.8	121.3	145.1	4.0	5140.4
格加尔库尼克州	848.8	18913640.5	273.2	—	—	18914262.2
洛里州	745.9	36542.3	21252.7	7.9	41.0	1528.2
科泰克州	4211.0	5441.7	1585.1	—	2783.0	5393.8
希拉克州	1283.5	1355.2	118.7	—	—	2340.0
休尼克州	2638.5	20046449.4	2142.5	2.4	1330.6	17060746.9
瓦约茨佐尔州	226.1	41.1	—	—	—	267.2
塔武什州	160.0	1100.3	4.0	0.0	40.0	1239.0
全国总计	13109.5	39030953.1	30195.2	167.4	9106.8	36016151.7

资料来源：Ministry of Nature Protection of the RA，"The Waste Management for 2012," http://www.mnp.am/?p=197。

（1）尾矿污染。亚美尼亚国内环境的主要污染源是阿拉拉特水泥厂、拉兹丹水泥厂、阿拉拉特黄金提炼厂、赞格祖尔铜钼冶炼联合企业、阿拉韦尔迪矿山冶金联合企业的各种尾矿，采矿场的废弃物，埃里温郊区的努巴拉申垃圾场以及其他一些小的污染源。

在矿产加工过程中，树木被砍伐，当地的地貌遭到破坏，伴随而来的是自然景观和环境的污染和破坏。矿山的废石堆、各种尾矿破坏了地球化学环境，污染了土壤、河流和地下水、地表空气层，对周边地区的植被造成负面影响。

迄今为止，在亚美尼亚的15个尾矿池中有大约6亿立方米有毒废弃物，这些尾矿池状况都不容乐观。积累的有毒废弃物上面缺乏土壤保护层，重金属裸露在地表，随尘土散布到空气中，在邻近区域沉淀（甚至在邻近村庄的儿童的头发中发现砷和重金属的沉淀物）。许多尾矿池的排水系统无法使用，使尾矿变成有毒的液体，流入河水中。

在山坡上进行矿石加工后，废石堆直接堆在矿井附近或河谷的山坡上（在一些地方，它们被直接倒入河里）。这些废石堆是亚美尼亚频繁发生泥石流的根源。

（2）生活废弃物。在亚美尼亚，生活垃圾数量每年增加 36.86 万吨，[①]在居民区经常能够看到道路两旁塑料袋满天飞、封闭的垃圾场以及露天垃圾堆，这些生活废弃物包括旧木头、金属、玻璃、橡胶制品、纸张、食品、塑料制品、一次性水杯、奶瓶、玩具、塑料包装袋、油毡、建筑材料等。在生活废弃物中建筑垃圾占有很大比重，主要是在建筑房屋和各种金属结构过程中产生的。有些居住区附近建有垃圾填埋场。而农村的生活垃圾一般就直接抛撒到附近的山谷或河流中。

（二）治理措施

亚美尼亚的主要措施是垃圾分类和废品再利用。对玻璃、纸张及各种塑料制品进行再加工。垃圾填埋场的工作人员从废弃物中收集金属、碎玻璃和塑料，企业收购这些收集到的废品并进行加工。国内进行废品收集和加工的企业生产能力不一。在首都埃里温市数量最多的是废纸加工企业，大多数年生产能力为 60～300 吨，产能最大的企业达到 1200 吨。废旧黑色金属和有色金属加工企业的年生产能力一般为 1500～2000 吨，多的达到15000 吨。废玻璃加工企业的年生产能力为 70～2500 吨。

七 小结

《全球环境绩效指数报告》显示，2002～2011 年亚美尼亚的环境状况一直处于改善进程之中，其环境可持续指数 2012 年获得 47.48 分，在全球 132个国家中排名第 93 位，属于"弱活动"国家。

亚美尼亚的水问题主要是水质污染，而不是缺水。污染物主要来自矿山开采和工业及居民生活排污。主要应对措施是增加水处理设施。

亚美尼亚的大气问题主要是汽车尾气排放和冶金企业的废气污染，主要应对措施是落实《大气保护法》，加强大气环境监测。

亚美尼亚的土壤问题主要是盐碱化和土壤污染，污染源主要是矿山开发。主要治理措施是落实《防治土地荒漠化国家纲要》。

亚美尼亚的核问题主要是核电站维护风险，主要应对措施是设备更新维护。

亚美尼亚的生物多样性问题主要是植被破坏和狼群减少，主要由矿山开发引起，应对措施主要是规范矿山开发。

[①] Каждый год объемы мусора в Армении увеличиваются на 368.618 тонн. Дыдышко С. В. http://hetq. am/rus/news/62141/.

亚美尼亚的废弃物问题主要是矿山开发的尾矿和生活废弃物，主要原因是处理能力不足，主要应对措施是垃圾分类和提高垃圾处理能力。

第三节　环境管理

一　环保管理部门

（一）环保主管部门

亚美尼亚自然保护部及其各地区下属机构行使环境保护的行政管理职能，负责制定国家环保政策，是亚美尼亚履行国际环保公约义务的主管国家机关。亚美尼亚自然保护保主要业务机构设置如表 6 - 16 所示。

表 6 - 16　亚美尼亚自然保护部主要业务机构设置

机构名称	英文名称
环境保护政策司	Department of Environmental Protection Policy
自然保护战略规划监督和管理司	Department on Monitoring of Environmental Strategic Program
地下资源和土地保护政策司	Department of Underground Resources and Land Protection Policy
信息和公共关系司	Information and Public Relation Department
危险物和废弃物政策处	Hazardous Substances and Waste Policy Division
法律司	Legal Department
国际合作司	Department of International Cooperation
水资源管理署	Water Resources Management Agency
废弃物和大气排放管理署	Waste and Atmosphere Emissions Management Agency
生物资源管理署	Bioresources Management Agency
国家环境保护监察署	State Environmental Inspectorate
环保项目落实联合会	Environmental Project Implementation Unit SA
国家气象中心	Zvartnots Avia Meteorological Centre SCJSC

除内设机构外，自然保护部还下设一些国家非营利性组织，如信息分析中心、亚美尼亚国家自然博物馆、废弃物研究中心、环境影响检测中心、水文地质检测中心，此外还包括一些自然保护区和公园，如塞凡湖国家公园、霍斯洛夫国家公园等。

（二）其他环保机构

除自然保护部外，农业部、卫生部等其他部委也拥有环境保护的相关职能，而亚美尼亚政府通过相关的法规和规章起到一定的协调作用。自然保护部有权监督和协调有关部委涉及环保的工作。

（1）紧急情况部下设国家水文气象及检测局，用于实施和协调在紧急情况下保护居民的政策。

（2）农业部负责实施国家在林业领域的政策。

（3）卫生部下设卫生和流行病站，实施保护公众健康的国家政策，包括饮用水质量和休闲区的管理。

（4）国家核安全管理委员会的职责是确保核能利用不会对环境造成影响。

（5）国家统计局负责环保数据统计，包括没有列入政府管理体系的环保数据。国家统计局是亚美尼亚总统的直属机关。除国家统计局，亚美尼亚还设有国家统计委员会，由总统任命的 6 名成员组成，该委员会的主要任务是制定统计领域的国家政策，通过法规协调各统计部门的工作。

（三）环保组织

亚美尼亚的非政府组织大约有 4000 多家，大部分是为落实某具体合作项目而临时建立的，长期存在的非政府组织仅占总量的 10% 左右。总体上，环保组织在亚美尼亚的规模和影响力不大，且大部分受西方财团或组织资助。其中影响力较大的环保社团组织有高加索地区生态中心亚美尼亚分部、绿色亚美尼亚协会。

二　环保管理法律法规及政策

亚美尼亚独立后通过一系列自然资源和环境保护的法律法规，其中涉及自然资源利用和自然保护的法律如下。

1994 年的《大气保护法》。

1999 年的《环境保护支付费法》《植物世界法》。

2000 年的《动物世界法》《植物保护和植物检疫法》。

2001 年的《土地法典》《水文气象活动法》。

2002 年的《水法典》。

2004 年的《废弃物法》。

2005 年的《自然保护监督法》《水政策基本原则法》《森林法典》。

2006 年的《特殊自然保护区法》《国家水规划法》《消耗臭氧层物质法》。

2011 年的《地下资源法典》。

2014 年的《环境影响鉴定和评估法》。

亚美尼亚的一些法律中有个别涉及环境保护的条款，如《宪法》第 10

条规定"国家应确保对环境的保护和再生；合理利用自然资源"；《地方自治法》规定社区领导在环境保护和自然保护事务上的权力；《药品法》规定在销毁废弃药品时的自然保护问题；《能源法》规定了与能源活动有关的环保问题；其他如《城市建设法》《预算制度法》《居民卫生和流行病安全保障法》《紧急情况下保护居民法》《国家土地检查法》等法律都涉及环境保护的规定。

亚美尼亚政府还通过一系列具有环保性质的政府决议以及部门命令，作为环保立法的补充，以保障环保政策的顺利执行，包括以下这些。

2005 年 1 月 19 日的《关于批准亚美尼亚共和国履行系列环保公约义务保障措施清单的政府决议》，该决议中的公约指《联合国气候变化框架公约》、《生物多样性公约》和《防治荒漠化公约》；还有《关于批准水体监测办法的政府决议》。

2007 年 3 月 14 日的《关于建立国家森林检测体系的政府决议》。

2007 年 8 月 30 日的《关于制定对特殊自然保护区进行检测的组织和执行办法的政府决议》。

2009 年 1 月 22 日的《关于批准对植物世界进行检测的组织和实施办法的政府决议》。

2009 年 7 月 23 日的《关于批准动物世界国家清单数据提交办法的政府决议》。

2013 年 1 月 10 日的《关于批准以确保矿产开采和提取后工业废弃物堆积区域附近居民的安全和健康为目的而实施长期监测、统计和计算费用的办法的政府决议》。

2013 年 1 月 6 日的《关于批准对预算拨款自然保护计划执行结果进行评估（检查）的办法的政府决议》。

2014 年 2 月 27 日的《关于批准制定自然保护规划的政府决议》。

2014 年 3 月 19 日的《关于批准重新制定环保领域技术章程的计划的政府决议》。

2014 年 4 月 3 日的《关于批准暂时停办、撤销、发放被非法使用的以及没有使用的深井的使用许可证的政府决议》。

2014 年 6 月 19 日的《批准保障用户参加制定和实施自然保护计划过程的办法的政府决议》。

2015 年 12 月 25 日自然保护部出台的《11 月 20 日至 12 月 25 日和 1 月 6 日至 20 日禁止在塞凡湖捕捞鱼虾的联合措施执行计划》。

2016 年 3 月 31 日的《关于批准阿拉特河流域 2016 ～ 2021 年治理计划和有效管理首要措施的政府决议》。

第四节 环保国际合作

亚美尼亚积极开展环保国际合作，已加入的国际环保条约如表 6 - 17 所示。

表 6 - 17 亚美尼亚加入的国际环保条约

名称	签署时间	生效时间
《国际重要湿地特别是水禽栖息地公约》（《拉姆萨尔公约》）（*Convention on Wetlands of International Importan-ceespecially as Waterfowl Habitat*）（Ramsar, 1971）	1993 年	1993 年
《保护世界文化和自然遗产公约》（*Convention Concerning the Protection of the World Cultural and Natural Heritage*）（Paris, 1972）	1993 年	1993 年
《联合国生物多样性公约》（*UN Convention on Biological Diversity*）（Rio-de-Janeiro, 1992）	1993 年 3 月 31 日	1993 年 5 月 14 日
《生物多样性公约卡塔赫纳生物技术安全议定书》（*Cartagena Protocol*）（Montreal, 2001）	2004 年 3 月 16 日	2004 年 7 月 29 日
《联合国气候变化框架公约》（*UN Framework Convention on Climate Change*）（New York, 1992）	1993 年 3 月 29 日	1994 年 3 月 21 日
《京都议定书》（*Kyoto Protocol*）（Kyoto, 1997）	2002 年 12 月 26 日	2005 年 2 月 16 日
《防止沙漠化公约》（*UN Convention to Combat Desertifica-tion*）（Paris, 1994）	1997 年 6 月 23 日	1997 年 9 月 30 日
《保护臭氧层公约》（*Convention for the Protection of the O-zone Layer*）（Vienna, 1985）	1999 年 4 月 28 日	1999 年 10 月 1 日
《蒙特利尔破坏臭氧层物质管制议定书》（*Montreal Proto-col on Substances that Deplete the Ozone Layer*）（Montreal, 16 September 1987）	1999 年 4 月 28 日	1999 年 10 月 1 日
《伦敦修订案》（*London Amendment*）	2003 年 10 月 22 日	2003 年 11 月 26 日
《哥本哈根修订案》（*Copenhagen Amendment*）	2003 年 10 月 22 日	2003 年 11 月 26 日
《蒙特利尔修订案》（*Montreal Amendment*）	2008 年 9 月 29 日	2009 年 3 月 18 日
《北京修订案》（*Beijing Amendment*）	2008 年 9 月 29 日	
《控制危险废料越境转移及其处置公约》（《巴塞尔公约》）（*Convention on the Control of Transboundary Movements of Hazardous Wastes and Their Disposal*）（Basel, 1989）	1999 年 3 月 26 日	1999 年 10 月 1 日

续表

名称	签署时间	生效时间
《关于在国际贸易中对某些危险化学品和农药采用事先知情同意程序的公约》（《鹿特丹公约》）（*Convention on the Prior Informed Consent Procedure for Certain Hazardous Chemical and Pesticides in International Trade*）（Rotterdam, 1998）	2003 年 10 月 22 日	2003 年 11 月 26 日
《关于持久性有机污染物的斯德哥尔摩公约》（*Stockholm Convention on Persistent Organic Pollutants*）（Stockholm, 2001）	2003 年 10 月 22 日	2004 年 5 月 17 日
《濒危野生动植物种国际贸易公约》（*Convention on International Trade in Endangered Species of Wild Fauna and Flora*, CITES）（Washington, 1979）	2008 年 4 月 10 日	2009 年 1 月 21 日
《保护迁徙野生动物物种公约》（*Convention on the Conservation of Migratory Species of Wild Animals*）（Bonn, 1979）	2010 年 10 月 27 日	2011 年 3 月 1 日
《长程跨界空气污染公约》（*UNECE Convention on Long-range Transboundary Air Pollution*）（Geneva, 1979）	1996 年 5 月 14 日	1997 年 2 月 21 日
《为在欧洲远程跨境空气污染的监测和评估的合作项目进行长期融资议定书》（*Protocol on Long-term Financing of the Cooperative Programme for Monitoring and Evaluation of the Long-Range Transmission of Air Pollutants in Europe*）（EMEP）	批准过程中	
《关于跨界背景下环境影响评价的埃斯波公约》（*UNECE Convention on Environmental Impact Assessment in a Transboundary Context*）（Espoo, 1991）	1996 年 5 月 14 日	1997 年 9 月 10 日
《战略环境评估议定书》（*Protocol on Strategic Environmental Assessment*）（Kiev, 2003）	2010 年 10 月 25 日	2011 年 4 月 24 日
《工业事故跨界影响公约》（*UNECE Convention on Transboundary Effects of Industrial Accidents*）（Helsinki, 1992）	1996 年 5 月 14 日	1997 年 2 月 21 日
《在环境问题上获得信息、公众参与决策和诉诸法律的公约》（*UNECE Convention on Access to Information, Public Participation in Decision Making and Access to Justice in Environmental Matters*）（Aarhus, 1998）	2001 年 5 月 14 日	2001 年 8 月 1 日
《跨界水道和国际湖泊保护和利用公约》（*UNECE Convention on Protection and Use of Transboundary Watercourses and International Lakes*）（Helsinki, 1992）		
《水和健康议定书》（*Protocol on Water and Health*）（London, 1999）	批准过程中	

续表

名称	签署时间	生效时间
《禁止为军事或任何其他敌对目的使用改变环境的技术的公约》（*Convention on the Prohibition of Military or any Hostile use of Environmental Modification Techniques*）（Geneva, 1976）	2001 年 12 月 4 日	2002 年 5 月 15 日
《欧洲风景公约》（*European Landscape Convention*）（Florence, 2000）	2004 年 3 月 23 日	2004 年 7 月 1 日
《欧洲野生动物和自然栖息地的保护公约》（*Convention on the Conservation of European Wildlife and Natural Habitats*）（Bern, 1979）	2008 年 2 月 26 日	2008 年 8 月 1 日

资料来源：Participation of the Republic of Armenia in the International Environmental Agreements, http://aarhus. am/convencianer/PARTICIPATION% 20OF% 20THE% 20REPUBLIC% 20OF% 20ARMENIA_eng. pdf. http://www. mnp. am/?p = 201#sthash. heWmtTIG. dpuf。

为履行国际条约义务，亚美尼亚以问卷调查、报告和国家报告的形式定期向条约或议定书的秘书处提交本国环境资料报告，主要有以下几个。

（1）1998 年第一次向《联合国气候变化框架公约》秘书处提交《国家气候变化报告》。2010 年 8 月提交亚美尼亚文和英文版的《国家气候变化报告》。

履行《生物多样性公约》的要求，2010 年向秘书处提交英文版《国家生物多样性报告》。该报告在公约秘书处的网站上公布。

（2）2002 年制定《国家防治荒漠化行动计划》，2006 年编写并出版亚美尼亚语和英语版的《防治荒漠化报告》。

（3）2003 年，对亚美尼亚履行三个公约义务（防治荒漠化、生物多样性、气候变化）的国家能力（潜力）进行评估。该项工作在 UNDP/GEF 项目框架内进行，使用亚美尼亚文。

（4）在《保护臭氧层公约》框架内，亚美尼亚批准 2003 年的《伦敦修订案》和《哥本哈根修订案》。每年向公约秘书处提交关于消耗臭氧层物质的数据。在下列网站上可以看到这些亚美尼亚文、英文和部分俄文版的数据：www. ozone. nature-ic. am；www. UNEP. org/ozone。

（5）在执行《长程跨界空气污染公约》规定过程中，亚美尼亚每年向奥斯陆挪威化学协调中心提交大气污染物排放数据。

（6）作为《在环境问题上获得信息、公众参与决策和诉诸法律的公约》的缔约国，亚美尼亚定期向缔约方会议汇报工作，参加其工作机构的会议。

（7）2004 年，在《跨界水道和国际湖泊保护和利用公约》框架内，亚美尼亚编制《水源作为生态系统所起作用的国家报告》。

以问卷、调查报告、报告、简评的形式并按照要求的格式和内容向其他国际机构，如联合国环境规划署、联合国欧洲经济委员会、经合组织等提交环境报告。亚美尼亚受国际组织和其他国家资助的环保项目如表6-18所示。

表6-18　亚美尼亚受国际组织和其他国家资助的环保项目

序号	项目名称	项目预算	时间	捐助组织
1	淘汰消耗臭氧层物质国家计划	1927772 美元	2005~2009 年	全球环境基金（GEF）、联合国开发计划署（UN-DP）
2	亚美尼亚：改善城市供热和热水供应的能源效率	2950000 美元，共投资 3160000 美元	2005~2012 年	全球环境基金（GEF）、联合国开发计划署（UN-DP）
3	在生物安全信息中心有效参与能力建设	39954 美元	2007~2008 年	全球环境基金（GEF）、联合国环境规划署（UN-EP）
4	《伯尔尼公约》在亚美尼亚共和国的特殊保护/翡翠/网络的发展试点项目	9000 欧元	2007~2008 年	欧洲理事会
5	对亚美尼亚向《联合国气候变化框架公约》作第二次国家报告的扶持工作	405000 美元	2007~2011 年	全球环境基金（GEF）、联合国开发计划署（UN-DP）
6	亚美尼亚国家湿地公园战略的开发、制定、实施及启动	40000 瑞士法郎，1020000 亚美尼亚德拉姆，14554 瑞士法郎	2007~2011 年	《拉姆萨尔公约》秘书处
7	2010 年生物多样性目标国家评估及《生物多样性公约》第四次国家报告的编写	19800 欧元	2008~2009 年	全球环境基金（GEF）、联合国开发计划署（UN-DP）、联合国环境规划署（UNEP）
8	气候变化对亚美尼亚的社会经济状况影响评估	77500 美元	2008~2009 年	联合国开发计划署（UN-DP）
9	工业事故受影响区域内公众援助意识和准备性的提高	35000 欧元	2008~2009 年	德国联邦环境、自然保护、建设与核安全部（BMU）/亚美尼亚"JINJ"供水、排水、水资源管理工程—咨询服务公司

续表

序号	项目名称	项目预算	时间	捐助组织
10	亚美尼亚和联合国环境规划署对在亚美尼亚境内完善管理化学品和实施国际化学品管理战略方针的联合倡议	185680 美元	2008～2010 年	国际化学品管理战略方针、QSP
11	对亚美尼亚废弃农药环境无害化处理的存储、监测和分析	213000 欧元	2008～2011 年	北大西洋公约组织（NATO）
12	制度完善和能力建设二期工程	120000 美元	2009～2010 年	《蒙特利尔议定书》和联合国工业发展组织多边基金
13	亚美尼亚氯氟烃淘汰管理计划的制定	85000 美元	2009～2010 年	《蒙特利尔议定书》和联合国开发计划署多边基金
14	优化亚美尼亚全球环境管理信息和监测系统的体制及法律能力建设	475000 美元，130000 美元，众筹资金	2009～2011 年	全球环境基金（GEF）、联合国开发计划署（UN-DP）
15	亚美尼亚山地森林生态系统对气候变化影响的适应	900000 美元，1900000 美元，联合融资	2009～2012 年	全球环境基金（GEF）、联合国开发计划署（UN-DP）、亚美尼亚政府
16	提高建筑物能源效益	1045000 美元，150000 美元，2200000 美元	2010～2015 年	全球环境基金（GEF）、联合国开发计划署（UN-DP）、亚美尼亚政府
17	对亚美尼亚共和国对印制电路板及其他持久性有机污染废弃物进行可持续环境管理的技术援助	830000 美元	2009～2012 年	全球环境基金（GEF）、联合国工业发展组织（UNIDO）
18	亚美尼亚共和国的特殊保护/翡翠/网络的领域识别	34000 欧元	2009～2011 年	欧盟委员会欧洲理事会
19	亚美尼亚保护区系统的开发	950000 美元	2010～2013 年	全球环境基金（GEF）、联合国开发计划署（UN-DP）
20	亚美尼亚保护区系统的开发：提高建设能力和管理制度	990000 美元	2010～2013 年	全球环境基金（GEF）、联合国开发计划署（UN-DP）

序号	项目名称	项目预算	时间	捐助组织
21	"Zikatar" 国家自然保护区资助协议	18750 欧元，包括 2000 欧元审计费	2010 年	高加索自然基金（CNF）
22	"Arevik" 国家公园赠款协议	16750 欧元，包括 2000 欧元审计费	2010 年	高加索自然基金（CNF）
23	"Khorsrov" 森林国家自然保护区资助协议	285045 欧元，包括 30000 欧元审计费	2010～2012 年	高加索自然基金（CNF）
24	"Arevik" 国家公园资助协议	150000 欧元，包括 30000 欧元审计费	2011～2013 年	高加索自然基金（CNF）
25	"Shikahogh" 国家自然保护区资助协议	180000 欧元，包括 30000 欧元审计费	2011～2013 年	高加索自然基金（CNF）
26	"自然保护区综合设施"资助协议	15000 欧元，包括 30000 欧元审计费	2011 年	高加索自然基金（CNF）
27	"Dilijan" 国家公园资助协议	45000 欧元	2011～2012 年	高加索自然基金（CNF）
28	对亚美尼亚国家温室气体盘查清册，温室气体的物资需求计划，吸引碳融资的援助	400000 美元	1 年	美国国际开发署（US-AID）

小结

亚美尼亚的环保主管机关是自然保护部。农业部、交通部、卫生部、紧急情况部等部门也负责部分与环保有关的事务。当前，亚美尼亚已建立较完备的环保法律法规体系，如《大气保护法》《土地法典》《水文气象活动法》《水法典》《地下资源法典》等。为履行国际条约义务，亚美尼亚以问卷调查、报告和国家报告的形式定期向条约或议定书的秘书处提交本国环境资料报告。

| 观点篇 |

上海合作组织区域环境问题研究

上合组织成员国环保机构
设置及其启示

王玉娟　国冬梅

2013 年 11 月 12 日，第十八届中央委员会第三次全体会议通过的《中共中央关于全面深化改革若干重大问题的决定》提出，紧紧围绕建设美丽中国，深化生态文明体制改革，加快建立生态文明制度，健全国土空间开发、资源节约利用、生态环境保护的体制机制，并对改革生态环境保护管理体制做出了具体部署。时任环境保护部部长周生贤针对该决定，在论述改革生态环境保护管理体制重大意义基础上，对改革生态环境保护管理体制五项主要任务进行了重点阐述。

环保体制改革是解决我国生态环境领域深层次矛盾和问题的根本方法，为支持我国生态环境保护管理体制改革，加强上海合作组织成员国之间的合作交流，本文对上合组织成员国环保机构及职能设置进行了梳理，并针对我国环保机构改革和上合环保合作提出了相应的对策建议：一是资源与环境统一管理符合我国生态文明建设基本要求，是我国生态环境保护管理体制改革的重要方向；二是统筹各国环保机构职能，重点开展当前我国环保机构职能范围内的环保合作；三是深入开展对各国环保机构的评估，加强各方共同感兴趣和共同领域的环保合作；四是重点关注哈萨克斯坦国内环保机构改革，服务区域和双边环保合作。

一　上合组织成员国环保机构设置及职能

（一）俄罗斯

俄罗斯环保机构改革历程。俄罗斯最初的环境保护机构是成立于 1985 年的环境保护委员会，职能集中在自然资源开发利用管理、对企业实施许可证管理、实施环保执法检查及对国民经济重大项目建设进行监督检查；1996 年俄罗斯在环境保护方面实施了"大部制"，俄罗斯联邦自然资源部成立，基本沿袭一部两委职能，依法管理地下资源、水资源，并对森林、海洋等资源的开发利用负有协调和监督职能；2000 年，俄罗斯将联邦国家环保局和国家林业局，以及所属的地方机构并入俄联邦自然资源部；2004 年成立新的自然资源部机关，设有 7 个委员会和 4 个国家局（署）；2008 年，自然资源部重组为自然资源与生态部，将俄联邦水资源和土地使用机构全部划入俄罗斯联邦自然资源与生态部，赋予其新的职能，这使得所有涉及生态保护监管的事务都归该部管辖，该机构一直沿用至今。

现行环保机构设置。俄罗斯现行环保机构为俄罗斯联邦自然资源与生态部，下设 10 个司，分别为环境保护国家政策和调控司、地质矿产资源利用国家政策和调控司、水资源国家政策和调控司、水文气象和环境监测国家政策和调控司、狩猎与动物界国家政策和调控司、林业资源国家政策和调控司、行政和人力资源司、经济和财务司、法规司和国际合作司。该部下设五个职能局，分别是联邦自然资源利用监督局、联邦矿产资源利用署、联邦水资源署、联邦水文气象和环境监测局、联邦林业署。组织结构见图 7-1。

现行环保机构职责。职能主要体现在：制定自然资源和生态环境方面的国家政策；协调各政府部门在国家经济中使用的各种类型的自然资源的研究、开发、利用和保护；直接管理矿产资源、水资源、森林资源和环境保护。此外它还是国家地下资源和林业资源的联邦管理机关，水资源利用和保护的专门授权的管理机关，林业资源利用、保护、防护和森林再生产方面专门授权的国家机关，保护、监督和调节动物资源利用及其生存环境的专门授权的国家机关，保护大气，及在其职权范围内管理废料循环（除放射性废料），对土地利用和保护实行国家监督的专门授权的国家机关，专门授权在贝加尔湖保护方面进行国家调节的国家执行权力机关。

（二）哈萨克斯坦

哈萨克斯坦环保机构改革历程。哈萨克斯坦政府环保机构最早是 1990 年的哈萨克苏维埃社会主义共和国的生态和自然管理国家委员会；独立后，哈萨克斯坦生态和生物资源部于 1992 年成立，1997 年被改组为哈萨克斯坦生态和自然资源部，1999 年更名为"哈萨克斯坦自然资源和环境保护部"，许多职能被分散，比如，林业、渔业和狩猎业委员会及水资源委员会成立后，环境保护部的相应职权就已经转归这两个委员会；2002 年哈萨克斯坦环境保护部成立，仅仅对自然资源的利用情况行使调控职能和经济职能。2013 年哈萨克斯坦环境保护部更名为"哈萨克斯坦环境与水资源部"，在原环保部业务基础上增加水资源管理职责和权限，并被赋予制定和实施国家政

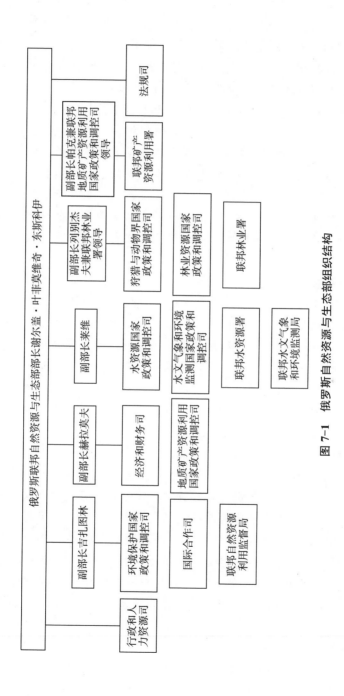

图 7-1　俄罗斯自然资源与生态部组织结构

策的职能。2014 年 8 月 6 日哈萨克斯坦共和国总统签署第 875 号总统令，对政府机构进行大幅调整，废除原哈萨克斯坦环境与水资源部，将其职能移交农业部和新成立的能源部。

现行环保机构设置。目前，哈萨克斯坦共和国原有环境与水资源部被废除，并将相应职能移交农业部和新成立的能源部。

现行环保机构职责。能源部的职责范围包括油气、石油天然气、烃类原料运输、石油产品生产、燃气生产和燃气供应、管道线路、自然资源利用的管理和监督，生活固体废弃物管理，发展可再生能源，监督"绿色经济"发展政策，该部下设油气综合体环境管理与监督委员会、原子能与动力管理和监督委员会。能源部组织结构见图 7 - 2。农业部的职责范围包括农业、水、渔业、林业、狩猎业，下设动物医学管理与监督委员会、农业国家监察委员会、林业与动物资源委员会、水资源委员会。农业部组织结构见图 7 - 3。

（三）乌兹别克斯坦

乌兹别克斯坦环保机构改革历程。20 世纪 80 年代末，随着乌兹别克斯坦生态问题的加剧，乌兹别克斯坦国家环境保护委员会成立，负责监测环境状况、进行环境保护。很多部委从内部抽调研究环保问题的机构加入国家环境保护委员会，例如，水资源部将水资源保护和合理利用局抽调到国家环境保护委员会，国家森林委员会将动植物保护局调入其中，农业部将土地资源保护和合理利用局调入，部长办公室所属水文气象中心将大气保护局调入。国家环境保护委员会成立初期由 6 个局和 1 个处组成，即水资源保护和合理利用局、大气保护局、土地资源保护和合理利用局、动植物保护局、自然资源利用组织和经济局、科技进步和宣传局、法律处。除此之外，国家环境保护委员会还建立了国家专业化分析监督监查处及科研所。为了寻求解决再生产中生态问题的科学方法，降低污染程度，并给予国企科技帮助，1993 年建立了隶属于国家环境保护委员会的大气科研项目研究机构，之后建立了水资源环境科研国家企业。1992 年在解决自然资源利用的经济问题时，通过了《企业和组织必须为超标污染付费》的部长办公室决议。在国家环境保护委员会管理下，国家和地方自然保护基金会成立了。除此之外，国家环境保护委员会还统筹执行国内一系列国际项目，并在国家环境保护委员会下成立了国际项目办公室，执行项目包括臭氧层保护、天山西部生物多样性保护、环保机构完善草案、乌兹别克斯坦环保纲要等。

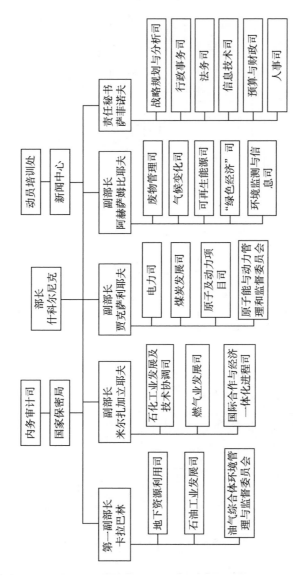

图 7-2 哈萨克斯坦能源部组织结构

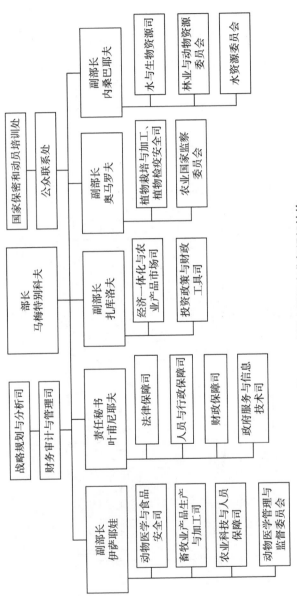

图 7-3 哈萨克斯坦农业部组织结构

现行环保机构设置。乌兹别克斯坦现行环保机构为乌兹别克斯坦共和国国家环境保护委员会，由6个局和1个处组成，即水资源保护和合理利用局、大气保护局、土地资源保护和合理利用局、动植物保护局、自然资源利用组织和经济局、科技进步和宣传局及法律处。前3个局为检查局，即对本国境内生产单位是否遵守环保法进行检查。除此之外，国家环境保护委员会还包括国家专业化分析监督监查处、水文地理科研院、水资源环境科研国家企业、国家和地方自然保护基金会、国际项目办公室等机构。组织结构见图7-4。

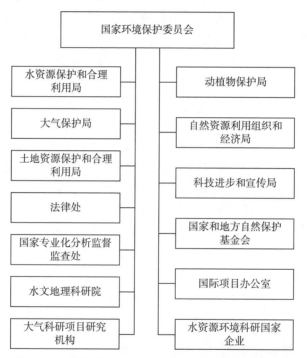

图7-4　乌兹别克斯坦国家环境保护委员会组织结构

现行环保机构职责。委员会的主要任务是：实现国家对环境保护的监督和利用，以及对土地、大气、水等自然资源的利用；实现环保工作跨部门综合管理；确保良好的生态状况，恢复生态环境。

（四）吉尔吉斯斯坦

现行环保机构设置。吉尔吉斯斯坦现行环境保护机构为2009年重新组建的吉尔吉斯斯坦共和国政府国家环境保护与林业署，主要下属机构包括狩猎司、森林生态系统发展司、贾拉拉巴德坚果林跨区域管理局、林场、林管区、森林保护站、森林狩猎制度管理局。

现行环保机构职责。职能主要包括保障环保措施实施、保护生物多样性、合理利用资源、发展林业和确保国家环境安全领域政策的执行。主要职能是保护国家生态环境、合理利用自然资源、发展林业经济。

（五）塔吉克斯坦

塔吉克斯坦环保机构改革历程。考虑到自然保护的重要性，1960年，塔吉克斯坦成立了塔吉克环境保护委员会，隶属于塔吉克斯坦科学院。这是环境保护科研工作发展的开端。但由于日益增加的压力，塔吉克斯坦还需要进一步采取特殊的政府控制机制来规范自然资源的使用与环保行为。根据这一目标，1988年，塔吉克斯坦共和国最高执政机构决定建立国家自然保护部。2004年1月，刚成立的自然保护部被取消，取而代之的是国家环境保护委员会和林业部。2006年11月，国家环境保护委员会和林业部又被取消，由农业和自然保护部代行其职能并管理至今。

现行环保机构职责。塔吉克斯坦国家农业和自然保护部是其主要的环保机构，是国家中央行政机关，农业和自然保护部的职责主要包括农业政策的制定、环境的保护、资源的可持续利用、林业资源和水文气象的勘测等。除此之外，还要履行制定战略措施、编写出版国家环境报告、制定相关法律草案和规范性文件、确定特殊自然保护区系统等职能。

由国土整治与水资源部、农业部、国会土地管理委员会等国家相关部委和五个监察员组成的国务委员会在环境问题上有一套严密的控制体系。每一级议会和政府中都有相应的监察员。监察员对各级议会负责，可以独立地执行相关法律赋予的职责，每个领域的监察员都有权对该领域的违法现象进行监管。

二 上合组织成员国环保机构设置分析

（一）环境保护与资源利用管理一体化模式，使环保范围更宽、职能更广，"大部制"协调、统筹管理的能力增强

从上合组织成员国环保机构设置及职能分析来看，各国环保部门在成立初期，考虑环境保护工作的综合性，根据国家关注重点，将环境与资源统筹管理。环境保护不是单独开展环境污染防治与自然环境保护，而是全部或部分考虑了对于资源管理的权限，将森林、海洋、水、土地、渔业、农业、矿产等加以统筹管理，形成"大部制"管理模式，加强和统一了环保工作中决策的制定与执行，减少了部门间的权力争执。

1. 环境与自然资源生态保护综合一体化模式①

生态环境保护，特别是对自然资源客体的保护与利用是俄罗斯环境保护工作的基本出发点，最初成立的环境保护委员会，更多的职能是注重自然资源开发利用和环境保护的管理。随后，俄罗斯加大环保部门对于资源要素的管理范围和专业性，要求森林、海洋、水（水资源、水文气象和监测）、地下资源、林业、矿产、土地等资源的利用必须注重减少对生态环境的损坏和破坏，将环境保护融入各类资源的开发与利用中，形成现行的"大部制"环境管理体制。原来"多龙治水"式的分工负责、分散管理的模式逐步过渡到相对集中的统一管理模式，尤其是自然资源与环境保护管理从分散趋向统一。这种现行体制使得环境保护方面专门授权的机关结构保持一致，减少了管理机关之间相互推诿、争夺管理权等状况，大大提升了环境保护方面专门授权的管理机关在国家管理机关中的地位，有利于环保工作的深入开展。

乌兹别克斯坦环保机构的设置类似于俄罗斯。乌兹别克斯坦抽调水资源部水资源保护和合理利用局、国家森林委员会动植物保护局、农业部土地资源保护和合理利用局、部长办公室所属水文气象中心大气保护局，组建并发展成目前的国家环境保护委员会，开展对环境保护的监督，对土地、大气、水等自然资源的利用工作。不同的是，乌兹别克斯坦的环保机构"大部制"管理比较宽泛，对于自然资源的分类管理没有俄罗斯精细，但乌兹别克斯坦为国家卫生部、内务部、农业和水资源管理部、水利气象管理部、地质和矿产资源委员会、生产和开采工业安全委员会等制定了相应的环保职责，并对它们与环保部进行统一管理和协调，实现环保工作跨部门的综合管理。

2. 环境与单一的农业或林业结合的模式

上合组织成员国环境保护机构设置的另一种模式是将环境保护与联系密切的职能进行结合，组成一个部门，起名为"环境保护与××"或"××与环境保护"，例如吉尔吉斯斯坦现行的环保机构为"国家环境保护与林业署"，塔吉克斯坦的环保机构为"农业和自然保护部"，环保部门除了开展国家环境保护方面的工作外，还重点就林业、农业进行专门管理，同时也兼顾对资源合理、可持续利用等的管理工作。

3. 环保机构改革频繁，不断随国家发展政策变化

哈萨克斯坦的环境保护机构不断随国家发展政策变化，从成立至今，

---

① 贾峰：《国外环保机构设置状况》，《环境保护》1994 年第 1 期。

一共经历了 6 次变动，环保机构名称不断更改，机构设置不断更换。但总的来说，随着国家发展政策变化，哈萨克斯坦环保机构的职能变革是一个由统一到分散，再到相对集中和完全分散的过程。

哈萨克斯坦环保机构初期受苏联的影响较大，注重生态与自然资源的保护，随着国内环境问题的不断恶化，环境的治理和保护需要更专业的部门，环保机构职能更加单一和专业化。水资源问题一直是哈萨克斯坦较为重视的议题，并不断和环保、农业交叉重叠，但始终没有得到较好的解决。比如为了能够全面、合理的利用水资源，方便对其进行统一的管理与开发，减少各部门之间的协调程序，提高跨界河流国际谈判的效率，2013 年哈萨克斯坦将水资源管理机构合并重组，并入哈萨克斯坦环保部。近年来哈萨克斯坦不断倡导向低碳发展和绿色经济过渡，而国内现行经济主要依靠能源发展带动，为更好地促进能源发展向"绿色"转变，新成立的能源部行使"生活固体废物管理、监督'绿色经济'发展政策方面的国家政策"等职责。

（二）国家层面环境管理的政策与法规职能分配大，单一环保政策与资源利用政策相统一

环境保护政策与法规的制定是环保部门行使职权的基础和保障，上合组织成员国在环保机构设置上，除了常规的一些运行机构（如行政与人事、财务等）外，针对国家环保与资源利用的政策和法规，都设有专门的机构，并赋予了这些机构较大份额的职能。特别是俄罗斯，对不同要素（环保、矿产、水、林业、狩猎等）设置不同的政策和调控司局，加强经济发展与环保和资源开发利用政策的相互协同与统一，保障经济增长不以牺牲环境为代价。

值得一提的是，各国环保机构在制定政策过程中受苏联的影响较大，都将环境保护、合理利用自然资源纳入大生态、大环境的概念里，所以除制定相对专业的环境保护法外，还重点在环保领域制定国家政策或议案、承担相关自然资源利用监督和管理的重大职责。通过制定与其环保机构职责相对应的国家政策，实现对环境保护、自然资源利用的集中管理。

三　对我国环保机构改革和上合组织环保合作的启示

（一）资源与环境统一管理符合我国生态文明建设基本要求，是我国生态环境保护管理体制改革的重要方向

党的十八大报告提出，重点优化国土空间开发格局、全面促进资源节约、加大自然生态系统和环境保护力度、加强生态文明制度建设是大力推进生态文明建设的重要内容，是改革我国现行的环境保护制度和机构设置的重要方向。上合组织成员国环保机构设置部分或完全地将农、林、牧、渔、土地、矿产资源的管理与环境保护有机联系在一起，"生态化""大环保"的职能是各国环境保护的主旨，是各国环保机构设置的指导方针，促进各国各类资源开发利用与环境保护相统一、相协调。

一方面，在目前我国的环保机构设置及职能中，单一环境保护职能偏重，对资源开发利用的统一管理权缺乏，环境保护在资源开发与利用的末端，即资源开发利用后再进行环境治理和生态保护；另一方面，从上合组织框架下的区域环保合作和双边环保合作来看，这种资源利用与环境保护独立划分的职能分配，一定程度上阻碍了我国与各国环保合作的进程，加大了各国环保部门之间的磋商难度。以水资源、林业资源问题为例，由于我国环保部门不具备水资源、林业资源的开发与利用权力，而跨国界流域资源的利用与环境保护往往交叉重叠，在合作中我国环保部没有实质性发言权，加上在没有统一协调和管理的情况下，环境保护与资源开发和利用的职能往往相互矛盾，使得环保部门在一些资源与环保的外交谈判过程中处于被动地位。

为贯彻执行与落实"保护中发展，发展中保护"，我国的环保机构改革应从以下两个方面展开。

一是应逐步加强对水、气、土等要素的保护与农、林、牧、渔、矿产等资源利用的统筹管理，实现资源利用、环境保护的"生态化""大环保"管理职能。

二是继续加快建立资源利用管理、生态系统保护与单一污染防治的联动机制与管理模式，将生态系统保护、环境防治和保护贯穿于资源开发利用的全过程，形成资源开发利用过程中统一的环境监管、执法和统筹协调，加大环境保护在经济发展过程中的份额。

（二）统筹各国环保机构职能，重点开展当前我国环保机构职能范围内的环保合作

上合组织成员国环保机构设置不同，涉及的环保领域和环保需求不同，导致环保合作难度较大，特别是资源利用与环境保护密切联系的内容（如水资源问题）是环保合作中不可调和的矛盾。通过对各成员国环保机构的梳理，可以看出，虽然各国对于资源环境要素（如矿产、水、林、农、牧、渔）的利用与保护各有侧重，但关于环境要素（水、气、土）保护的法律法规和政策赋予了各国环保部门相同的职责。同时上合组织框架下的环保合作起点低、底子薄，缺乏统一的环境保护制度和法律基础。因此，推进和加强上合组织框架下的环保合作应采取如下措施。

一是在区域层面上，要加强各国在环境保护法律、法规、政策、标准等方面的经验交流，积极寻求各方共同、共有的领域，并开展可为各方接受的区域环保合作制度与法律建设。

二是在双边层面上，一方面继续加强目前双方在环保机构职责范围和共性领域的合作，如中俄继续加强在跨界水体污染防治、跨界水体水质监测和生物多样性保护等领域的合作，中哈继续坚持在水质协定和环保协定规定范围内合作；另一方面加强与各国环保机构的交流，深入了解各国环保机构在资源保护领域的工作，为我国生态文明体制改革提供借鉴，为畅通今后环保合作做好准备。

（三）深入开展对各国环保机构的评估，加强各方共同感兴趣领域的环保合作

目前，上合组织框架下环保合作刚刚起步，除自然资源领域存在矛盾分歧外，单就环境要素的保护来看，各国环保机构职能和开展工作的政策、法规等也不统一，如中俄、中哈面临水质标准、评价方法不统一，环境应急事故等级划分不对应等问题。同时各国制定的环保政策、开展的具体环保工作，也因经济发展模式、发展方向和环保理念的差异而有很大不同，如中国积极探索环保新道路，推进生态文明体制改革；俄罗斯一直注重环境、合理利用和保护自然资源的统一；哈萨克斯坦近年来提出"绿色桥梁"等口号，开始发展绿色新政和推进绿色转型；乌兹别克斯坦通过了《2013～2017年保护环境行动计划》，加强对环境和自然资源的管理，环境可持续发展相关产业将成为支柱行业；吉尔吉斯斯坦注重生态安全的概念，用生态安全统筹国家环保领域和合理利用自然资源政策；塔吉克斯坦在国家全面转型期，注重环境保护的大方向，强调可持续健康的环境对于其经济增长的重要意义。

因此深入开展上合组织框架下的环保合作，应在全面理解和把握各国发展政策、环保历程的基础上，加强对各国环保机构设置和职能的评估，具体工作如下。

一是通过评估，开展各方共同感兴趣和共同领域的合作。如深入交流环保政策、法规、标准等，推进上合组织环境保护信息共享平台建设，加强区域环境保护工作的信息化建设和环保能力建设。

二是通过评估，主导推进上合组织环保合作政策或法律基础建设，制定以我为主、为我所用、展我所长的区域环保合作规则，发挥我国环保领域优势，推进我国环保技术和产业"走出去"。

（四）重点关注各国环保机构改革，服务区域和双边环保合作

随着上合组织成员国国内重点环境问题的不断出现，以及各国环境关注与各国国家发展政策的调整，环保机构都经历了一系列改革。例如，哈萨克斯坦比较特殊，其环保机构变革十分频繁，但总的来说，哈萨克斯坦环保机构和职能的变革是一个由统一到分散，再到相对集中和完全分散的过程，但环境保护始终贯穿于国家各发展方针的制定和执行中。哈萨克斯坦环境保护机构改革旨在服务其国家绿色新政和绿色经济转变。

因此，在同各国开展环保合作过程中要充分考虑对口合作部门职能的差异，避免造成误解或影响磋商的进程和成果。

加强上海合作组织环保合作，服务"绿色丝绸之路"建设

王玉娟　国冬梅

上海合作组织是第一个在中国境内成立，第一个以中国城市命名的国际合作组织，是维护地区安全稳定，促进成员国共同发展的重要合作机制。2016 年是上海合作组织（简称上合组织）成立 15 周年。其间，上合组织不断发展成熟，从成立时的 6 个成员国发展为拥有 18 个国家（含成员国、观察员国和对话伙伴国）的地区性组织，涵盖中亚、南亚、西亚、东南亚，区域内人口接近世界一半。2016 年 6 月 23 日至 24 日，上海合作组织成员国元首理事会第十六次会议在乌兹别克斯坦首都塔什干成功举行，这是一次承上启下、继往开来的重要会议。会议通过了《上海合作组织成立十五周年塔什干宣言》《〈上海合作组织至 2025 年发展战略〉2016～2020 落实行动计划》、印度和巴基斯坦加入上合组织义务的备忘录等多份重要文件。与会领导人纷纷表示支持"一带一路"倡议，希望将本国发展战略与"一带一路"倡议对接，推动上合组织多边经贸合作。

在峰会上习近平主席发表《弘扬上海精神　巩固团结互信　全面深化上海合作组织合作》重要讲话，建议各方共同推进上海合作组织在环保领域的信息共享、技术交流和能力建设。峰会前夕，习近平主席在塔什干乌兹别克斯坦最高会议立法院发表题为"携手共创丝绸之路新辉煌"的重要演讲时提出，我们要着力深化环保合作，践行绿色发展理念，加大生态环境保护力度，携手打造"绿色丝绸之路"。

上合组织成员国所在区域国际合作机制众多，各国根据自身国情和特点，选择多元化发展战略，积极开展对外合作，既利用区域合作实现自己的发展目标，也利用"多边制衡"最大限度地维护本国的利益。

为落实领导人要求，本文重点梳理了上合组织成员国参与的 6 个主要区域合作机制（独联体、欧亚经济联盟、亚洲开发银行"中亚区域经济合作机制"、联合国"中亚经济专门计划"、南亚区域合作联盟、南亚环境合作

计划）的基本情况，分析各区域机制的重点环保合作领域与共同关注的环保合作领域，提出加强上合组织环保合作顶层设计和总体规划的建议。

（一）明确上合组织环保合作的定位和策略

一是要服从我国的总体外交需要。领导人曾多次强调加强环保合作，未来开展环保合作势在必行。二是要服从我国参与上合组织合作的需要。当前，要平衡好俄罗斯、中亚国家、印度和巴基斯坦新成员的关切。三是要根据我国当前形势，采取更积极主动的合作策略，推动环保产能"走出去"，服务"绿色丝绸之路"建设。

（二）确定上合组织环保合作应遵循的原则

一是可持续发展原则，以"可持续发展2030"为指导，交流环保政策经验，彼此学习、互相借鉴，共同提高环境管理能力。二是合作共赢原则，在合作中坚持求同存异、寻求共识，尽快推动区域环保合作达成更多共识，促进企业层面合作，推动具体项目层面的实质性合作。三是友好协商、共建共享原则，以环境交流与合作促进传统友谊，着力推进信息共享、技术交流和人员培训方面的合作，服务"绿色丝绸之路"建设。

（三）加强上合组织环保合作的双多边统筹

一是加强双边机制建设，及早与印度、巴基斯坦、吉尔吉斯斯坦、塔吉克斯坦、乌兹别克斯坦等成员国签署双边环保合作协议，并积极推动与蒙古、白俄罗斯、阿塞拜疆、斯里兰卡等观察员国和对话伙伴国的环保合作，为区域合作提供基础支撑。二是要加强多边机制建设，充分发挥上合组织专家会作用，积极支持环境部长会议机制的建立，注意妥善处理各方关切，并根据需要采取"能者先行"（1 + X 或 2 + X）的务实合作模式。三是继续跟踪和研究上合国家相关区域环保合作机制，妥善处理好与其他区域合作机制的合作关系。

（四）确定上合组织环保合作的重点领域和重点项目

重点领域包括环保政策对话、环境污染防治、生态恢复与生态多样性保护、环保技术交流和产业合作、环保能力建设等。重点项目包括开放型环境信息共享平台建设、"绿色丝路使者计划"实施、环保产能合作项目落实。

（五）拓展上合组织环保合作资金渠道

建议加大对上海合作组织环保合作的财政投入，积极推动建立"绿色丝路基金"，加大气候基金、对外援助资金的投入，并广泛吸引民间资本投入。

一　上合组织机制与环保合作情况

（一）上海合作组织基本情况

上合组织作为第一个在中国境内宣布成立、第一个以中国城市命名的国际合作组织，2001 年成立时面临复杂的国际环境，但其在发展的 15 年时间里，紧紧抓住各成员国关切，将稳定和发展作为第一要务，努力保障区域政治和社会稳定、主权独立、经济发展和民生改善，以自己的实际行动，实践了"上海精神"新安全观（大小国家一律平等、结伴而不结盟）和新经济合作观（互利双赢、尊重多样文明）。

上合组织的常设机构有两个，分别是设在北京的秘书处和设在乌兹别克斯坦首都塔什干的地区反恐机构。上合组织的非常设机构（上合组织的会议机制）可划分为四个层次：元首理事会，政府首脑（总理）理事会，各部门会议机制（外交部部长、总检察长、国防部部长、经贸部部长、交通部部长、文化部部长等），国家协调员理事会。

元首理事会是上合组织的最高决策机构，每年举行一次会议，确定上合组织合作与活动的战略、优先领域和基本方向，通过重要文件，就组织内所有重大问题做出决定和指示。政府首脑（总理）理事会每年举行一次，重点研究组织框架内多边合作战略与优先方向，解决经济合作等领域的原则和迫切问题，并批准组织年度预算。

当前上合组织发展的内部和外部环境均已发生较大改变，大国在中亚的合作与竞争格局已基本定型，各成员国实力差距决定了今后不同的合作需求。2015 年 7 月在俄罗斯乌法召开的上合组织成员国元首理事会第十五次会议上，习近平主席与各国元首一致同意《上海合作组织至 2025 年发展战略》，决定启动印度和巴基斯坦加入上合组织的程序，并同意白俄罗斯成为观察员国，阿塞拜疆、亚美尼亚、柬埔寨、尼泊尔成为对话伙伴国，即上合组织将拥有 8 个成员国（哈萨克斯坦、中国、吉尔吉斯斯坦、俄罗斯、塔吉克斯坦、乌兹别克斯坦、印度、巴基斯坦）、4 个观察员国（阿富汗、白俄罗斯、伊朗、蒙古）、6 个对话伙伴国（阿塞拜疆、亚美尼亚、柬埔寨、尼泊尔、土耳其、斯里兰卡）。届时，上合组织成员国人口总数将占世界人口总数的近一半，所涵盖地域范围将拓展到西亚、南亚，上合组织的国际影响力将进一步提升。

面对"扩员"压力，上合组织在政治、安全、经济领域的合作已满足不了组织今后的需求，组织内合作遭遇瓶颈、合作融资难度较大等问题，成为上合组织需要改进和调整的基础。但正是因为这些因素的存在，上合组织积极寻求更宽领域和更深层次的合作，这必将给组织内的合作提供新的发展机遇。

（二）上海合作组织环境保护合作

随着上合组织各成员经济的快速发展和人类活动的增多，地区环境污染和破坏加重，加上组织内特别是中亚国家所处地区生态环境相对恶劣，该地区已成为世界上生态环境恶化最为严重的地区之一。在上合组织成立之初，环保就是组织内合作的重要领域之一，虽然组织内环保合作整体处于起步阶段，但组织区域内的环境问题，特别是各国经济快速发展带来的生态恶化，越来越受到组织内各国的重视，各成员国志愿在上合组织框架下开展环保合作，以此避免或摆脱环境污染和破坏带来的巨大损失。

在上合组织各国领导人的高度重视下，2003～2008年连续召开了5次上合组织环保专家会议，共同讨论《上合组织环境保护合作构想草案》，但一直未取得实质性进展。2014年3月，上合组织环保专家会议再次重启，对《上合组织环境保护合作构想草案》进行进一步的磋商。会议取得积极进展，但构想草案还未达成一致。主要分歧集中在水资源问题上，尤其是位于上游的塔吉克斯坦、吉尔吉斯斯坦和位于下游的乌兹别克斯坦之间的矛盾异常尖锐。

为推动上合组织环保务实合作，全体成员国共同制定了《〈上合组织成员国多边经贸合作纲要〉落实措施计划》《2017～2021年上合组织进一步推动项目合作的措施清单》《上海合作组织至2025年发展战略》等文件。《上海合作组织至2025年发展战略》明确指出："成员国重视环保、生态安全、应对气候变化消极后果等领域的合作，将继续制定上合组织成员国环保合作构想及行动计划草案，举办成员国环境部长会议，为交流环保信息、经验与成果创造条件。"这些文件为上合组织环保合作领域未来发展提供了依据。

我国领导人高度重视上合组织生态环保合作，加强机构和能力建设，我国在环保合作中逐渐呈现引领态势。2012年12月5日，在吉尔吉斯斯坦比什凯克举行的上海合作组织成员国总理第十一次会议上，时任国务院总理温家宝提出成立"中国－上海合作组织环境保护合作中心"，中方愿"依托该中心同各成员国开展环保政策研究和技术交流、生态恢复与生物多样性保护合作，协助制定本组织环保合作战略，加强环保能力建设"。为此，2013年中国政府根据领导人在上海合作组织峰会上提出的要求，批准成立了中国－上海合作组织环境保护合作中心。在 2013 年 11 月 28～29 日召开的上海合作组织成员国总理第十二次会议中，中国政府总理李克强提出"推进生态和能源合作。各方应共同制定上合组织环境保护合作战略，依托中国－上合组织环境保护合作中心，建立信息共享平台"。在 2014 年 9 月 13 日召开的上海合作组织成员国元首理事会第十四次会议上，习近平主席建议"借助中国－上海合作组织环保合作中心，加快环保信息共享平台建设"。在 2015 年 7 月 9 日召开的上海合作组织成员国元首理事会第十五次会议上，习近平主席强调"加快推动环保信息平台建设，实施好丝绸之路经济带同欧亚经济联盟对接，促进欧亚地区平衡发展"。2015 年 12 月 15 日在上海合作组织成员国总理第十四次会议上，李克强总理提出，"上合组织环保信息平台将正式投入运营，我们愿同各方共同推进'绿色丝路使者计划'的制定实施"。

可见，中国正在成为上合组织的积极推动者和主要成员，希望在坚持"上海精神"（"互信、互利、平等、协商、尊重多样文明、谋求共同发展"）的原则下，在推动地区经济平稳增长的同时，维护地区可持续发展，积极推进上合组织框架下的生态环境保护合作，改善和保护本地区人类生存的生态环境，促进地区经济、社会和环境全面均衡发展，不断提高各国人民的生活水平，改善人民的生活条件。

二 上合组织相关区域合作机制和优先领域

（一）独立国家联合体

独立国家联合体（Commonwealth of Independent States）简称"独联体"（CIS），于 1991 年 12 月 8 日成立，其协调机构设在白俄罗斯首都明斯克。目前，CIS 有 9 个成员国：俄罗斯、白俄罗斯、摩尔多瓦、亚美尼亚、阿塞拜疆、塔吉克斯坦、吉尔吉斯斯坦、哈萨克斯坦、乌兹别克斯坦。CIS 的合作领域涉及经济、财政金融、人文、社会、科技、安全、司法、边境、议会等多个方面。

CIS 环保事务由跨国生态委员会负责，合作主要以会议活动为主，基本没有具体的务实项目。该委员会于 1992 年 2 月 8 日成立，向成员国政府首脑理事会汇报工作，主要职能是协调成员国环保领域合作、协调环保法律规范和环保标准、制定区域环保合作规划、应对环境灾害、开展科研和培训、交流信息、环保评估评价等。委员会下设跨国生态基金，为项目开展提供支持，但因经费缺乏，实际上鲜有活动。委员会还下设秘书处常设协调小组，负责维持日常联系。独联体成员国跨国生态委员会成立之初共有成员 11 人（由独联体各成员国环保部部长组成），但到 2015 年上半年只剩下成员 4 人：白俄罗斯环保部部长（委员会主席）、俄罗斯自然资源与生态部部长、亚美尼亚环保部部长、哈萨克斯坦能源部副部长。其他国家环保部部长已很少出席跨国生态委员会活动。

CIS 环保领域合作范围广泛，涉及环保各个部分，尤其是土壤、矿产、森林、水、大气、臭氧层、气候、动植物、废弃物、紧急救灾、环保评价、环保法律法规、环保技术标准等。近年环保合作关注的重点有跨境污染治理、环保法律和标准、建立环保数据库。

CIS 已签署的环保合作协议主要包括《环保合作协议》《植物检疫合作协议》《在预防和消除自然和技术突发事件后果方面相互协助的协议》《保护濒危野生动植物红色清单》《在合理利用和保护跨界水体领域相互协作的基本原则》《生态监管领域合作协议》《在生态和自然环境保护领域的信息合作协议》《生态安全构想》。

（二）欧亚经济联盟

欧亚经济联盟（Eurasian Economic Union，EEU）成立于 2015 年 1 月 1 日，其前身为欧亚经济共同体，总部设在莫斯科，法院设在白俄罗斯首都明斯克，金融监管机构设在哈萨克斯坦首都阿斯塔纳。目前，EEU 有 5 个成员国：俄罗斯、白俄罗斯、哈萨克斯坦、亚美尼亚、吉尔吉斯斯坦。

EEU 现有环保合作主要是继承欧亚经济共同体的环保合作成果，由欧亚经济共同体环保合作委员会负责。因中亚地区已存在"拯救咸海委员会"环保合作机制，欧亚经济共同体的环保合作起步较晚。欧亚经济共同体成立 11 年后，一体化委员会才决定建立环保合作委员会（相当于环保部部长会议），并于 2012 年 4 月 13 日在哈萨克斯坦首都阿斯塔纳召开第一次会议。成员国环保部部长第五次会议于 2014 年 5 月 16 日在俄罗斯索契举行，第六次会议于 2014 年 9 月 26 日在吉尔吉斯斯坦伊塞克湖举行。

EEU 成员关心的环保问题主要涉及环保合作方向、环保合作协议草案等，主要包括制定合作发展战略、规划与措施，研究机构和数据库建设，应对具体环保问题。

第一，制定合作发展战略、规划与措施。包括：制定成员国《环保合作协议》；制定成员国《环保合作基本方向及其落实措施计划》；制定《合理利用自然资源和环境保护各项要求的清单》；制定《为改善空气质量、为

"欧亚清洁空气"创造良好条件的国际合作纲要》；制定有关大气治理以及废气排放监测办法，讨论成员国境内向大气排放的废气量监测办法以及监测清单和评估程序的实施办法，主要涉及热电站、热力中心以及油气和其他矿产生产企业等；制定《创新生物技术跨国专项合作纲要》的落实计划和指标；讨论关于哈萨克斯坦的"绿色之桥"可持续发展战略构想。

第二，研究机构和数据库建设。包括：环保信息交换和经验交流；建立有关环保研究中心。共同体框架内的首个环保研究机构是在 2014 年 5 月 16 日成立的"欧亚大气保护研究中心"。

第三，应对具体环保问题。包括铀尾矿危害处理、油气开采对环境的影响、跨国动物和水生物保护、大气保护与污染治理。

截至 2015 年 1 月，欧亚经济共同体框架内已通过的涉及环保的合作文件和协议主要是 2008 年 7 月通过的《创新生物技术跨国专项合作纲要》，其目的和任务是：应对工农业和生活污染，保护环境和民众健康；发展生物技术；防治传染病；协调成员国生物技术领域的科研、法律法规、技术标准等；收集动植物和微生物的分子信息，建立国家和整个欧亚地区的生物信息基因库。

（三）亚洲开发银行"中亚区域经济合作机制"（CAREC）

亚洲开发银行"中亚区域经济合作机制"（Central Asia Regional Economic Cooperation，CAREC）成立于 1996 年。截至 2015 年年初，亚洲开发银行"中亚区域经济合作机制"包括 10 个成员：中国（由新疆维吾尔自治区和内蒙古自治区作为地域代表）、蒙古、阿富汗、巴基斯坦、哈萨克斯坦、吉尔吉斯斯坦、乌兹别克斯坦、塔吉克斯坦、土库曼斯坦、阿塞拜疆。另外，有 6 个多边机构为该机制提供各种支持：亚洲开发银行、欧洲复兴开发银行、国际货币基金组织、伊斯兰发展银行、联合国开发计划署和世界银行。

总体上，CAREC 并未十分关注环境保护问题。亚洲开发银行中亚区域经济合作计划实行"双轨并进"模式，交通、能源和贸易等三项优先部门组成第一层级，其他领域的"特别倡议"则被列入"第二层级"，如卫生医疗、土地管理、灾害风险管理和气候领域等。2006 年发布的《中亚区域经济合作：综合行动计划》虽对环境保护有综合论述，但也只是把环境保护放在附录 3 的特别举措中。相对于优先部门范围内的计划，"特别倡议"是针对第二层级提出的具体项目，根据"中亚区域经济合作机制"参加国的兴趣和关心的问题而制定，未来可以进一步拓展和深化，但不影响交通、贸易和能源等重点计划的活动。

CAREC 在环保领域的合作重点主要分为三部分：倡导可持续发展理念，加强知识管理与信息共享的制度建设，加强跨国共有环境资源管理方面的合作。

第一，倡导可持续发展理念。在向有关机构提供贷款和援助，以及开展项目论证时，要求将环境纳入区域经济发展规划中，在发展的同时保护环境。认为环境是发展过程中不可忽视的重要问题，需将其纳入区域发展规划中统筹考虑，防止在发展的同时破坏生态环境，努力实现可持续发展。

第二，加强知识管理与信息共享的制度建设。认为信息在决策中起着至关重要的作用。通过开发信息资源，以及设计此类信息的传播与利用方式，CAREC 目前正在实施的一些项目及其诊断性研究成果，显示出各地环境监测系统的薄弱现状，表明有必要采取区域性措施，进行环境能力建设，具体措施包括：一是提高环保能力，加强环境影响评估、环境政策制定、环境标准确立、环境执法与检查等；二是建立起各种环境与社会数据库，同时鉴别 CAREC 地区内较为敏感的环境问题和热点地区；三是帮助各国利用多边环境协议（《联合国气候变化框架公约》《联合国生物多样性公约》《联合国防治沙漠化公约》）所提供的机遇，履行其在协议中应承担的责任。

第三，加强跨国共有环境资源管理方面的合作。合作领域包括跨国的水资源－能源、灾害管理、土壤退化等。在初期，合作重点放在灌溉方式和水资源管理等方面，加强社会参与，改善水资源管理现状并解决或缓解水资源－能源矛盾，促进土地可持续管理和防止土地退化。目前难点在于，CAREC 的参与只能在所涉及国家的要求下进行。在上述任何地区开展项目之前，均须有政府、捐赠者机构、非政府组织和其他方面对近期和当前计划的分析。为确定优先项目，需要与所在国进行商讨。

CAREC 框架下已签署的环保合作协议主要有 2006 年 4 月的《环境：概念文件》、2006 年 10 月的《中亚区域经济合作综合行动计划》、2003 年的《中亚国家实施联合国防治沙漠化公约战略合作协议》、2006 年的《中亚国家土地管理倡议》《中亚和高加索地区灾害风险管理倡议》。CAREC 框架内正在落实执行的环保合作项目主要有"咸海盆地工程"、中亚国家土地管理倡议、《气候变化实施计划》、《区域环境行动计划》。

（四）联合国"中亚经济专门计划"

联合国"中亚经济专门计划"（The UN Special Programme for the Economies of Central Asia，SPECA）成立于 1998 年，由联合国经济及社会理事会

（ECOSOC）下属的欧洲经济委员会（ECE）和亚太经济社会委员会（ES-CAP）两个地区委员会主持，联合国秘书处和联合国驻中亚的各个办事处等机构协助实施。成员除上述几个机构外，共包括7个成员国：哈萨克斯坦、吉尔吉斯斯坦、塔吉克斯坦、土库曼斯坦、乌兹别克斯坦中亚五国（1998年创始成员国），阿塞拜疆（2002年加入）和阿富汗（2005年加入）。

SPECA框架内的具体行动或项目总体上分为确定行动项目和待定项目两大类。确定行动项目是指正在进行或计划执行的项目或行动，资金较有保障（已确定或可预期），一般以互补方式落实，并接受合作伙伴的额外支持，以扩大受益面。在SPECA框架下，资金来源除国际组织或国家投入外，合作伙伴支持至关重要。在基础建设领域内，SPECA预算所提供资金一般只能支持项目启动，而项目的中长期运行及最终完成，很大程度上依靠私人领域投资。待定项目是指根据联合国有关机构的建议，具有一定落实可能性，但意向出资人尚未决定是否支持的项目或行动。待定项目既可独立于确定行动项目，又可与其协调落实。

SPECA环保领域合作主要集中在制度建设、水资源与能源三方面。制度建设涉及地区与国家环境政策、国内立法与国际公约制定；水资源涉及其利用、分配与管理，水利设施建设，水质监测；能源涉及其采集、利用，常规能源技术改良及新能源技术开发。

截至2015年年初，"中亚经济专门计划"框架内尚未签署任何环保合作协议，原因主要在于联合国欧洲经济委员会自身国际环境公约体系比较完备，已经为中亚各国与欧洲各国创立了比较详细的规则体系。尤其是联合国欧洲经济委员会制定的五项环保公约：《长期跨国空气污染公约》《跨国条件下环境影响评价公约》《工业事故跨国影响公约》《保护和利用跨国水道与国际湖泊公约》《在环境问题上获得信息、公众参与决策和诉诸法律的公约》。

SPECA当前在环保领域的执行项目主要有10项："中亚水坝安全：能力建设与分区合作"；楚河与塔拉斯河合作发展；楚河-塔拉斯河跨国流域应对气候变化合作；中亚水资源管理地区对话与合作；中亚水质；强化阿富汗与塔吉克斯坦之间阿姆河上游跨界集水区管理合作；中亚第四级低压水工系统评估方法发展；"能源持续发展：北亚与中亚合作机遇政策对话"；为减缓气候变化与持续发展提高能效投资；北亚与中亚国家能源与再生能源来源持续利用政策与规范数据库。

（五）南亚区域合作联盟

南亚区域合作联盟（South Asian Association for Regional Cooperation,

SAARC）简称"南盟"，成立于 1985 年 12 月 8 日，秘书处设在尼泊尔首都加德满都。截至 2015 年年初，南盟共有 8 个成员国（不丹、孟加拉国、印度、马尔代夫、斯里兰卡、尼泊尔、巴基斯坦、阿富汗）、9 个观察员国（澳大利亚、中国、欧盟、伊朗、日本、毛里求斯、缅甸、韩国、美国）。另外，印尼、南非和俄罗斯三国已表示愿意成为观察员国。

环保是 SAARC 的合作领域之一，主要合作机制有两个方面：一是环保部部长会议；二是环境技术委员会，负责审查区域研究的相关提议，确定紧急行动的手段方法，决定相关决议执行方式。环境技术委员会有权监督气象和森林两个区域研究中心的建议或提议。

SAARC 环保合作重点主要有 6 大部分：自然灾害管理、海岸管理、森林、气候变化、垃圾处理、生物多样性保护。

截至 2015 年年初，SAARC 已签署的与环保有关或涉及环保的合作协议主要有 10 份：《南盟环境行动计划》《新德里环境宣言》《马累宣言》《南亚灾害管理：2006～2015 年地区综合行动框架》《达卡宣言》《南盟气候变化行动计划》《德里环境合作声明》《廷布气候变化声明》《南盟环境合作公约》《南盟应对自然灾害快速反应协议》。

截至 2015 年年初，SAARC 正在执行的环保项目主要是"南亚疾病管理：2006～2015 行动的全面区域框架"。该项目依据 2006 年通过的《马累宣言》，旨在通过改善环境，满足南亚地区降低疾病风险和对疾病进行有效管理的特殊需求。该项目确认了 19 项环境和可持续发展领域的合作。这些合作在与环境有关的领域内更广泛地交换环保方式、方法和知识，进行能力构建，促进环境友好型技术的转移。

（六）南亚环境合作计划

南亚环境合作计划（South Asia Cooperative Environment Programme, SACEP）是一个政府间国际组织，由南亚各国政府于 1982 年设立，秘书处设在斯里兰卡首都科伦坡，旨在促进和支持该地区的环境保护、管理和改善。截至 2015 年年初共有 8 个成员国：阿富汗、孟加拉国、不丹、印度、马尔代夫、尼泊尔、巴基斯坦、斯里兰卡。

SACEP 的成立，主要基于以下三种共识：第一，认识到贫困、人口过剩、过度消费、浪费式生产等因素造成的环境恶化威胁经济增长和人类生存；第二，协调环境与发展是可持续发展必不可少的先决条件；第三，南亚地区许多生态和发展问题超越了国界和行政边界。

SACEP 的法律基础有《科伦坡宣言》和《南亚环境合作计划章程》。

这两份文件确定 SACEP 的目标是：促进南亚地区在环境、自然与人类的可持续发展等领域的区域合作；支持南亚地区自然资源保护与管理；与各国、区域的政府和非政府机构以及相关专家开展密切合作。

SACEP 的资金来源主要包括成员国的年度捐款，秘书处所在地的斯里兰卡政府提供的设施；资助机构（联合国环境规划署、联合国开发计划署、国际海事组织、亚洲开发银行和亚太经社会等多边机构；挪威开发合作署和瑞典国际开发署等双边机构）提供的资金支持。

SACEP 工作重点集中于 6 个方面：海洋资源和海岸管理、生物多样性保护、大气污染、固体废弃物处理、教育与培训、环境数据库。

截至 2015 年年初，SACEP 框架内与环保有关的协议、宣言、备忘录主要有：《关于南亚防治空气污染及其潜在越境影响的马累宣言》《加德满都宣言》《南亚倡议打击非法野生动植物贸易的斋浦尔宣言》《2010 年后南亚生物多样性决议》《清洁能源和车辆决议》。

2008～2015 年，SACEP 框架内正在落实执行的项目主要有 11 项，分别是：清洁能源和车辆合作伙伴关系、可持续的环保交通、南亚防治空气污染及其潜在跨国影响的《马累宣言》、南亚海洋计划、环境数据和信息管理系统、废弃物管理、南亚生物多样性信息交换机制、建立南亚的《巴塞尔公约》区域中心、环保教育与培训项目、南亚区域压载水管理战略、适应气候变化。

另外，SACEP 计划未来实施的项目清单见表 8－1。

表 8－1　SACEP 计划未来实施的项目清单

序号	合作领域	项目
1	生物多样性	南亚生物多样性信息交换机制
2	生物多样性	保护和综合管理海龟及其在南亚海洋区域栖息地
3	气候变化	适应和减弱气候变化影响
4	珊瑚礁	珊瑚礁管理
5	海岸管理	南亚蓝旗海滩认证计划
6	数据与信息管理	国家或区域环境数据信息管理机制
7	化学品管理	国际化学品管理战略方针
8	能源	加速推广具有成本效益的可再生能源技术
9	危险废弃物	建立南亚《巴塞尔公约》次区域中心
10	保护区	世界遗产保护区管理
11	湿地	在次区域层面实施《拉姆萨尔战略计划》

SACEP 机制权力分散，每个国家负责不同的重点问题领域：孟加拉国负责淡水资源管理、气候变化；印度负责生物多样性保护、能源与环境、环境立法、教育和培训、垃圾废物管理、气候变化；马尔代夫负责珊瑚岛生态系统管理、旅游业的可持续发展；尼泊尔负责林业管理；巴基斯坦负责空气污染、土地荒漠化、科学技术促进可持续发展议题；斯里兰卡负责可持续农业和土地利用、可持续人类居住区的发展议题。

三 上合组织区域环保合作机制与重点关注领域分析

（一）环保合作制度规则建设

CIS、EEU、CAREC、SPECA 均重视环保合作制度规则建设。其中，CIS 协调成员国环保法律和标准，旨在使成员国法律与国际普遍接受的环保国际公约相协调，逐渐与国际接轨；EEU 制定了合作发展战略、规划与措施；CAREC 重视加强知识管理与信息共享的制度建设；SPECA 重视加强环境影响评价、国家环境政策咨询、国际环境法普及、国际环境争议解决平台等制度建设。

（二）环保信息化与数据共享建设

CIS、EEU、CAREC、SPECA、SACEP 均重视环保信息化与数据共享建设。其中，CIS 开展了环保数据库建设工作，在苏联时期已有的资料基础上，将成员国的有关环保数据资料收集入库，便于成员合作；EEU 重视环保信息交换和经验交流，开展了环保研究中心等研究机构和数据库建设工作；CAREC 重视知识管理与信息共享的制度建设，认为信息在决策中起着至关重要的作用；SPECA 开展了水资源信息库建设和管理工作，旨在借信息透明化与管理合作化，支持国家与地区决策，促进科学研究教育，提高各国国际合作能力，发展完善各国水资源信息系统；SACEP 重视环保信息化与数据共享，开展了环境数据库建设工作。

（三）跨国界环境问题研究

CIS、EEU、CAREC、SPECA、SACEP 均重视跨国界环境问题研究。其中，CIS 国家由于领土接壤，上游国家污染危及下游国家生态安全的现象时常发生，成员国希望独联体能够制定出统一的处置方案和标准，既利于合作，又便于处理纠纷，CIS 开展了跨界河流、大气污染、动植物疫病、土壤沙化等跨境污染治理方面的工作；CAREC 开展了包括跨国的水资源－能源、灾害管理、土壤退化等跨国共有环境资源管理方面的合作；SPECA 关注跨国河流与湖泊的环保合作；SACEP 为了应对空气污染以及进行跨界治理，在成立之初就策划了于南亚地区防治空气污染及其潜在跨境影响的《马累宣言》，制订了阶段实施计划。

四　加强上合组织环保合作顶层设计和总体规划的建议

推动上合组织环保合作是建设绿色"一带一路"的需要，是落实领导人承诺的实际行动。通过对多个区域环保合作机制的分析发现，环保合作制度规则的制定是一个机制顺利推进的首要任务之一。当前，需要深入研究国际上现有的制度规则，以区域环保合作协议为蓝本，加强上合组织框架下规则、制度、合作战略等顶层设计，统筹好多双边合作机制建设，加大投入力度，加强务实合作，服务"绿色丝绸之路"建设。具体建议如下。

（一）确定上合组织环保合作原则

一是协商一致原则。这是上合组织宪章确定的合作原则。由于中亚国家独立时间短，对独立和主权的要求高于一切，必须实行协商一致的平等原则，否则它们将陷入更加弱势的恶性循环中。同时，这一原则旨在约束大国行为。

二是权利与义务对等原则。权利与义务对等是当前最适合环保合作的原则。在依照表决权比重的合作机制中，权重大的国家责任和付出也大，还要承担因合作失败而荣誉受损的风险。

三是互利共赢、尊重多样文明原则。当前上合组织各国的最大利益是和平与发展，需要在平等互利基础上实现双赢，各国需要加强合作，避免地区局势紧张和冲突。所以，要求上合组织各国高举"上海精神"大旗，为区域发展创造良好的周边环境。

在总体原则的基础上，上合组织环保合作应遵循以下具体原则。

一是可持续发展原则。以《2030可持续发展议程》为指导，交流环保政策经验，彼此学习、互为借鉴，共同提高环境管理能力。

二是合作共赢原则。在合作中坚持求同存异、寻求共识，尽快推动区域环保合作达成更多共识，加强企业层面合作，推动具体项目层面的实质性合作。

三是友好协商、共建共享原则。以环境交流与合作促进传统友谊，着力实施信息共享、技术交流和人员培训方面的合作，服务区域绿色发展，服务"绿色丝绸之路"建设。

从务实角度讲，要坚持并灵活运用协商一致原则，采取"多边与双边相结合"及"能者先行"的合作模式。不束缚自己手脚，寻找机会，促进官方、民间多渠道合作，扩大合作范围。

（二）加强上合组织环保合作机制建设

一是加强双边机制建设，为区域合作提供有力支撑。继续发挥好中俄、中哈双边环保合作机制的作用，除发挥好官方合作机制的作用外，要进一步推动民间环保合作；同时，尽快与印度、巴基斯坦、吉尔吉斯斯坦、塔吉克斯坦、乌兹别克斯坦等成员国签署双边环保合作协议，并积极推动与蒙古、白俄罗斯、阿塞拜疆、斯里兰卡等观察员国和对话伙伴国的环保合作。

二是要加强多边机制建设，妥善处理各方关切。积极推动上合组织环保合作构想等合作文件尽快达成一致并顺利签署，以便及早召开环境部长级会议；充分发挥上合组织专家组的作用，积极推动秘书处成立环保合作部门，落实好领导人提出的合作任务和协调员会议要求专家组磋商的各项内容以及各成员国提出的提案；发挥好中国－上海合作组织环境保护合作中心作用，将其建成统筹官方和民间合作的独特机构。

三是妥善处理与其他区域合作机制的合作关系。上合组织要加强与其他区域合作机制的合作与交流，广泛学习和借鉴优秀经验和具体实践方法，共同促进区域或国家环保能力建设和环境质量改善，同时，可以与联合国机构，世界银行、亚投行、拯救咸海国际基金等国际金融机构开展环保合作，扩大融资渠道，满足成员国现实需求，落实领导人关于建设"绿色丝绸之路"的要求。

（三）明确上合组织环保合作优先领域

上合组织环保合作内容可从成员国环保部门职能、已签署的协议、其他区域合作机制的环保合作内容等多维度综合衡量确定。

一是从成员国环保部门的机构设置及其职能看，成员国环保部门的共同职能有：生物多样性保护、自然资源保护、水资源治理和利用、土壤保护、应对气候变化。

二是与区域其他国际合作机制的环保合作内容比较来看，其他国际合作机制的环保合作内容与《〈上海合作组织成员国多边经贸合作纲要〉的落实措施计划》规定的环保项目一致的地方有：水污染治理和节水技术开发、应对气候变化、生物多样性保护、技术和经验交流、信息通报、人员培训等。

三是通过对其他国际合作机制的分析发现，跨国界环境合作是大部分合作机制下的重要合作领域之一。在上合组织框架下，需要予以高度关注，并加大投入力度，开展深入研究。

由此，建议上合组织在以下领域开展环保合作。一是环保政策对话与协调，如环保立法、环保标准、环保资料数据库等。二是开展环境污染防治，如大气、水、固体废弃物污染防治等方面的交流和合作，提高区域污染防治能力。三是生态恢复与生态多样性保护，如组织内生态环境信息共享与服务平台建设、生物多样性保护和监测、生态系统修复和示范等合作研究，交流最佳实践经验。四是环保技术交流和产业合作，如开展环保技术信息与经验交流，促进环境无害化技术开发和应用，推动环境保护与清洁生产，建立区域环境产品和服务市场。五是加强环保能力建设，如加强环境管理经验和人员交流、开展综合管理能力培训等，推动公众环保意识提高，加强组织环境保护管理能力建设，加强环境保护科学技术的共同合作研究，提高本地区环境保护科研水平。

（四）抓好上合组织环保合作重点项目

上合组织环保合作项目重点依托中国－上海合作组织环境保护合作中心开展。具体包括信息共享平台和"绿色丝路使者计划"等重点项目。

一是加快建设开放型环境信息共享平台。环境信息是有效开展环保合作的基础，通过前面对其他合作机制的分析，环保信息化与数据共享建设是各个机制下的一项重要合作领域，开展的大量项目都针对环境信息化的制度与能力建设。建议以"一带一路"战略为契机，依托上合组织环境信息共享平台，建设开放型环境信息系统，进行信息收集与分析，促进环境信息共享。注意培养成员国环保合作能力，提高各成员国环保部门的环保意识与环保政策制定能力，缩小各成员国之间环保意识和环保政策的差距，共同提高区域环保能力。

二是加快推动"绿色丝路使者计划"。根据领导人在上合组织领导人峰会上提出的建议，加快对上合组织国家的政府官员、企业家代表和青年的培训和能力建设，为"绿色丝绸之路"建设培养人才。

三是加快推动环保产能合作项目。通过充分吸引地方政府和企业的参与，积极申请外援项目和金融机构资金，优先推动固废处理、水处理领域的示范工程和技术合作等项目，推动国际产能合作。

附表　上合组织国家参与相关区域环保合作机制情况

		上合组织	独联体（CIS）	欧亚经济联盟（EEU）	亚洲开发银行"中亚区域经济合作机制"（CAREC）	联合国"中亚经济专门计划"（SPECA）	南亚区域合作联盟（SAARC）	南亚环境合作计划（SACEP）
1	成员	哈萨克斯坦	√	√	√	√		
2		中国			√			

续表

上合组织		独联体（CIS）	欧亚经济联盟（EEU）	亚洲开发银行"中亚区域经济合作机制"（CAREC）	联合国"中亚经济专门计划"（SPECA）	南亚区域合作联盟（SAARC）	南亚环境合作计划（SACEP）
3	成员	吉尔吉斯斯坦	√	√	√	√		
4		俄罗斯	√	√				
5		塔吉克斯坦	√	√	√	√		
6		乌兹别克斯坦	√		√	√		
7		印度					√	√
8		巴基斯坦			√		√	√
9	观察员	阿富汗			√	√	√	√
10		白俄罗斯	√	√				
11		伊朗						
12		蒙古			√			
13	对话伙伴	阿塞拜疆	√		√	√		
14		亚美尼亚	√	√				
15		柬埔寨						
16		尼泊尔					√	√
17		土耳其						
18		斯里兰卡					√	√

参考文献

［1］独立国家联合体（CIS）官方网站：http：//www. cis. minsk. by/。

［2］欧亚经济联盟（EEU）官方网站：http：//www. eurasiancommission. org/en/Pages/default. aspx。

［3］亚洲开发银行"中亚区域经济合作机制"（CAREC）官方网站：http：//www. carecpro-gram. org/。

［4］联合国"中亚经济专门计划"（SPECA）官方网站：www. unece. org/speca/welcome. html。

［5］南亚区域合作联盟（SAARC）官方网站：http：//www. saarc-sec. org/。

［6］南亚环境合作计划（SACEP）官方网站：http：//www. sacep. org。

欧洲经验对上海合作组织环保信息
共享平台建设的启示

王玉娟　国冬梅

欧洲环境局（EEA）通过利用欧洲共享环境信息系统（SEIS）在收集和提供环境信息等方面发挥了巨大作用，成为世界公认的、及时提供关于欧洲环境的数据、信息、知识和评估结果的权威机构，成为区域环保合作平台建设和共享服务领域的一个成功典范。

2013 年 11 月 29 日，在上海合作组织成员国总理第十二次会议上，李克强总理倡议 "各方应共同制定上合组织环境保护合作战略，依托中国 – 上合组织环境保护中心，建立环保信息共享平台"。

为此，本文对欧洲环境局（EEA）的信息共享服务模式进行了梳理和分析评价，并针对我国区域环保合作平台建设提出相应对策建议：①启动我国区域国际环保合作共享平台建设，分阶段、分步骤地实现区域环保信息的互联互通；②充分借鉴 EEA 的思路，明确我国区域国际环保合作共享平台定位；③充分整合国内外已有环境信息系统和环境机构相关信息，为我国区域国际环保合作共享平台提供全面可靠的环保信息；④在每个成员国建立合作机构，专门支持平台建设，尤其是负责信息的收集与整理以及查询使用等；⑤依托我国区域国际环保合作共享平台建设，构建环保区域合作大格局，推动国内环境信息共享工作，服务国家外交战略和生态文明建设。

一　欧洲环境局概况

欧洲环境局（EEA）又名欧洲环境署，是欧盟建立的一个监测和分析欧洲环境的机构，总部设在丹麦首都哥本哈根。1990 年欧共体批准建立 EEA，其自 1994 年开始运作。筹备工作由设在布鲁塞尔的 EEA 工作委员会进行，EEA 是欧共体环境信息系统（CORINE）规划的继承者。

截至 2013 年 11 月，EEA 共有 33 个成员国和 6 个合作国家。其中 33 个成员国包括 28 个欧盟成员国和冰岛、挪威、列支敦士登、土耳其和瑞士，6 个合作国家包括阿尔巴尼亚、波斯尼亚和黑塞哥维那、前南斯拉夫马其顿共和国、黑山、塞尔维亚和科索沃。EEA 法规规定向那些能够承担其任务和责任的国家开放。

（一）目标和任务

EEA 的目标和任务是建立一个完善的环境信息系统，通过为成员国决策者和公众提供及时、可靠、有针对性的环境信息，将环境因素纳入经济政策，一方面使欧洲的环境得到明显改善，实现环境可持续发展；另一方面实现欧洲环境问题与经济政策一体化。

（二）服务对象

EEA 通过为其成员国及合作国家的决策者和公众提供独立可靠的环境信息，来提高各国环保意识，促进区域可持续发展。

EEA 的主要服务对象是欧盟机构——欧盟委员会、欧洲议会、欧盟理事会和 EEA 成员国。除了主要服务对象外，EEA 也服务于其他欧盟机构，包括经济和社会委员会、欧洲投资银行、欧洲复兴开发银行等。

在欧盟以外的框架下，商界、学术界、非政府组织和民间的其他群体也是重要的服务对象。EEA 试图实现与服务对象的双向沟通，一方面正确地确定客户的信息需求；另一方面确保客户能够理解和使用 EEA 提供的环保信息。

（三）服务内容和形式

EEA 初期优先领域包括大气质量、水质和水资源、土壤、动物、植物及其生境现状、土地利用及自然资源、废物管理、噪声污染、有毒化学物质、海岸保护。

EEA 以报告、简报、文章、新闻、在线产品和服务等形式提供评估结果和信息。内容覆盖环境状况、当前趋势和压力、经济和社会驱动力、政策有效性，EEA 还使用场景和其他技术，对未来发展趋势和问题进行识别。主要报告的摘要、各种文章和新闻稿通常被译为 EEA 成员国的官方语言，目前网站语言有 25 种。

EEA 通过互联网（官方网站为 eea. europa. eu）进行信息发布和产品订购，其官方网站成为最全面的一个公众环境信息服务网站和 EEA 最繁忙的信息通道。登载于网站的所有报告全文、摘要和文章都可以免费下载。与报告配套的数据和信息也都可以直接获取。为了方便更好地沟通，网站增加了越来越多的多媒体内容。

EEA 销售的硬拷贝出版物可从书店、欧盟国家出版社的销售代理处或者它们的网上书店（网址为 http://bookshop.europa.eu）订购。对于免费的硬拷贝材料，使用者可向 EEA 信息中心发送请求。

（四）组织机构

EEA 组织架构如图 9 - 1 所示。EEA 管理委员会是由每个成员国的一名代表、欧盟环境总署（司）和欧盟委员会研究总署（司）的两位代表和由欧洲议会指定的两名专家组成。管理委员会采用 EEA 的工作程序，任命执行董事和指定科学委员会成员。科学委员会是一个针对科学问题向管理委员会和执行董事提供建议的机构。

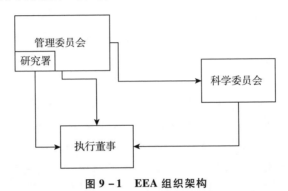

图 9 - 1　EEA 组织架构

执行董事负责管理委员会的工作方案实施和日常运行。EEA 年度工作计划主要基于五年战略和多年工作计划，目前执行的是 2013～2020 年的第七个行动计划。

EEA 工作人员包括环境与可持续发展、信息管理和信息交流等方面的专家，他们一起收集、分析和解译来自各成员国的信息，并将这些信息传播给欧盟体制内或者体制外的利益相关者和普通公众。为了支持数据收集、管理和分析，EEA 建立了欧洲主题中心（ETCs），主要涉及 EEA 机制下主要的环境领域。欧洲主题中心分布在 EEA 成员国范围内。

（五）合作伙伴

EEA 的信息来源广泛。欧洲环境信息和观测网络（EIONET）的建设涉及欧洲 300 多个机构，EEA 负责开发该网络和协调其活动。要做到这一点，必须与一些国家级的协调点（NEPs）密切合作，如国家级典型环境机构或成员国环保部门，它们负责协调 EIONET 在国家层面的活动。

NEPs 的任务主要是开发和维护国家网络、识别信息来源，帮助 EEA 分析收集到的信息并协助 EEA 将信息传送给各成员国最终用户。

其他重要的合作伙伴和信息来源包括一些欧洲区域组织和国际组织，如欧盟统计局和欧洲委员会联合研究中心（JRC）、经济合作与发展组织（OECD）、联合国环境规划署（UNEP）、粮食及农业组织（FAO）和世界卫生组织（WHO）等。

（六）EEA 资金运转

从 2013 年 EEA 经费收支预算来看，运行经费主要来自欧盟补贴、欧洲自由贸易协会和新成员国的贡献。

二 欧洲环境信息共享模式分析评价

欧洲环境局通过与微软合作开发基于 Windows Azure "云"服务操作系统的 Eye On Earth 平台、高清 Bing 地图等服务模式，在协调 EIONET、利用 SEIS 收集和提供环境信息等方面发挥了巨大作用，成为世界公认的、及时提供关于欧洲环境的数据、信息、知识和评估结果的权威机构，成为区域环保合作平台建设和共享服务领域的一个成功典范。

（1）依托 EIONET，通过监管 NEPs，构建五个 ETCs，将欧盟成员国环境信息有机地联系在一起，以支撑可持续信息共享。

EIONET 是 EEA 下的 600 个合作机构的网络，它包括研究机构、大学、部委、非政府机构等。EEA 还与 WHO 及大量非政府机构合作来实现它的目标。通过这个网络，EEA 能够收集信息，包括温室气体排放、空气质量、水质以及物种多样性信息。机构正在拓展至其他领域，如农业、林业、能源和交通，这些都对环境有巨大影响。EEA 可以使用这些在别的地方难以获得的优质数据，向公众传递信息。为了帮助决策者制定具有价值以及高效的决策，EEA 不仅关注环境统计以及其趋势，而且收集个人的反馈信息。通过使用最新科技，EEA 想要使欧洲的水和空气质量信息容易被访问到，并且 EEA 能够提供工具，使成员国对气候变化做出更高效的回应。

（2）建立 SEIS，实现各成员国环境信息子系统与 EEA 中央数据库之间的共享和互通，形成真正意义上的环境信息共享，这为区域范围内环境质量综合分析提供了良好数据基础。

EEA 早在 1985 年就建立了 SEIS，该系统经过了三个阶段的演化：1985 ~ 1995 年为"独立"的信息系统阶段；1995 ~ 2005 年属于"报告式"的环境信息阶段，即欧盟各成员国向欧洲环保署上报本国的环境信息；2005 年至今逐步形成真正意义的环境信息共享，各成员国的环境信息子系统之间与 EEA 的中央数据库之间可以共享和互通环境信息，该信息系统的创建目的是为非政府组织、研究机构、大学以及对环境感兴趣的公众方便和自由地获取环境信息创造条件，这种信息共享制度也为区域范围内环境质量综合分析提供了良好的数据基础。

针对 SEIS 的公共服务系统，奥地利政府已经在"数字奥地利"的基础上成立了一个专门针对环境信息的电子政府工作小组，建立环境信息的一站式服务体系；德国也在 20 世纪 70 年代开始环境信息资源平台的建立，其中环境规划信息系统及综合的公众环境信息系统为公众了解国家的环境监测计划、获取环境参考文献及环境质量的相关数据信息搭建了一个平台，便于公众及时了解环保信息动态，同时公众也可以将自己的建议通过该平台反馈给政府。

（3）基于 Windows Azure "云" 服务操作系统的 Eye On Earth 这个双向通信平台可以实现在一个地方收集不同来源的重要信息，并允许公众积极通过其强有力的、用户友好的网站来交换信息。

Eye On Earth 于 2009 年发布。该网络基于云计算，提供协作网络服务以共享和发现环境数据，促进公共数据访问。Eye On Earth 网络使得各机构在增强型安全的中心位置管理其他地理空间环境内容。它利用了 Esri 的 ArcGIS 网络云服务、Windows Azure 以及 Microsoft SQL Azure。该网络的用户界面实现了对基于地图服务的简易创建和分享，能将复杂的科学数据转换为可访问的、交互的虚拟网络服务。利用 Eye On Earth，用户能在机构内创建并共享地图，或公开部分内容。

Eye On Earth 网络可提供 Water Watch、Air Watch 和 Noise Watch 三种服务。Water Watch 利用 EEA 的环境数据来监测和显示欧洲公共游泳池的水质；Air Watch 则显示欧洲空气质量评级；Noise Watch 能测量欧洲 164 个城市的噪音。

通过 Eye On Earth，EEA 给欧洲的公民带来了最先进的环境模式，并鼓励人们参与其中。这些数据会提供给感兴趣的机构，如城市交通管制机构、旅游业或者卫生保健系统，能够帮助机构和公民发布气候变化的相关消息。

第一，丰富的功能和用户友好的接口提高了公民的参与性。

Eye On Earth 支持 25 种欧洲语言。在屏幕上输入一个位置，应用程序不仅能辨别出 32 个国家内的城市或者城镇，还能提供更多详细的地图信息，在地图上以彩色标记的形式来显示信息。用户也可以看到所有 Air Watch 和 Water Watch 的监测站，或者选择某个位置，放大建筑物图像，在建筑物上拖放一个图钉，便能够立即查看到空气质量数据，并可对空气质量评分。

每个人都可以参与，其功能是独立于设备的。使用 IE 和火狐浏览器的 Windows 用户、使用 Safari 浏览器的 Macintosh 用户以及 Linux 用户都可以访问。

Eye On Earth 对社交网站，如 Facebook、Twitter、Windows Live Spaces 的连通性，使得人们可以快速而简便地分享信息。

第二，灵活的技术帮助 EEA 更有效地管理应用程序。

Windows Azure "云" 服务操作系统的支持，使 EEA 能与现有的基础设施无缝结合，帮助开发者快速使用新特性。基于服务的架构和 "云" 操作系统提供了与企业数据中心同级别的可靠性，以及更高的敏捷灵活性，确保信息能够快速拓展，来满足数据和通信方面需求的快速增长；这个基于服务的架构和 "云" 操作系统帮助 EEA 将基础设施花费降到最低。Windows Azure 灵活的现收现付模式也帮助 EEA 节省开销，另外，利用微软数据中心在 "云" 端存储来自 EEA 的数据，减少了硬件与计算机的投资。

企业版 Bing 地图提供了欧洲以及其他地区的高分辨率卫星图像和空中摄影图像，并且容易被定制，EEA 可以很容易地将它的环境数据融入地图技术中。

数据每小时会被送入微软 SQL Azure——一个基于 "云" 数据库服务、构建于微软 SQL Server 数据管理软件。强大的数据库支持高速的信息检索，使得 Eye On Earth 能够实时处理和发布数据。另外，微软 Silverlight 3 浏览器插件提供了一个无缝的媒体体验，使得用户获得强大的交互性，该插件还带有较好的缩放功能。

短信聚合器也被加入系统，用来支持从移动设备访问信息。短信聚合器使得更多的移动用户可以使用 Eye On Earth，通过包含空气质量和水质的文字短信，为公民快速提供环境变化的信息。除了短信接收到的信息外，移动用户还能查询当前的环境数据。

三 启示与借鉴

通过对 EEA 信息服务模式的分析，结合我国区域国际环保合作的实际情况，本文提出以下对策和建议。

（一）建立我国区域国际环保信息共享平台，分阶段、分步骤地实现环保信息的互联互通

随着区域环保合作的不断发展，为满足周边外交工作的需要，建立区域国际环保信息共享平台，分阶段、分步骤实现环保信息的互联互通是推动我国与周边国家开展务实环保合作的基础和重要模式。

区域国际环保信息共享平台，具体包括中亚、东北亚、南亚等周边国家，可包括上合组织环保信息共享平台、东北亚环保信息共享平台、东南亚环保信息共享平台、南亚环保信息共享平台等分平台，并采取分阶段、分步骤的方式实现整个大平台所涵盖区域的环保信息共享。

平台下各分平台的建设，采取"成熟一个，建设一个，应用一个"的原则。分平台建设要从地域层次上开展示范平台的逐级推广。对内，首先实现在我国典型地区的示范应用，然后逐渐实现与成员国环境信息的互联互通；对外，视其他成员国意愿，由各成员国各自完成本国其他环境数据信息的补充，坚持"一个平台，分别建设"的原则，开展环境信息库的完善工作；随着平台的日益推广，平台涵盖区域可以逐渐扩展到观察员国、对话伙伴国或一些合作伙伴。

（二）从平台整体定位来看，要充分借鉴 EEA 思路，明确我国区域国际环保合作平台定位

建设一个共享服务平台，首先要明确其建设目标、涵盖范围、服务对象、服务内容等概念性思路，充分借鉴 EEA 成熟的理念，明确我国区域国际环保合作平台定位。

建设目标，即实现成员国环保信息的互联互通，为各成员国掌握环境状况提供数据支撑；促进成员国间环境管理政策、技术和经验等方面的交流和合作；为特需用户提供数据专题产品加工定制服务。

涵盖区域范围，即早期涵盖范围以成员国为主体，并逐渐扩展到观察员国、对话伙伴国或其他合作伙伴。

服务对象首先是成员国环保政府机构，其次是环保行业用户以及商界、学术界、非政府组织和民间组织等。

服务内容以报告、简报和文章、新闻、在线产品和服务等形式呈现。内容覆盖环保相关的各类信息及服务，并使用场景和其他技术，对未来发展趋势、展望和问题进行识别。主要报告的摘要、各种文章和新闻稿通常译为成员国的官方语言。

组织结构可借鉴 EEA 的机构合作模式，在区域合作机制下成立环保信息共享机构。作为对外的国际平台，要从"大环保"的概念出发，不仅要包括我国国内环保部及相关机构，必要时也要包括水利、林业、国土等其他部门和机构的环境信息。

此外，在平台可视化方面，借鉴 Eye On Earth 的友好界面形式，增强平台可视化；在共享技术方面，充分利用目前高端共享技术，提高平台信息的共享效率和质量。

（三）充分整合国内外已有环境信息系统和环境机构各类信息，为信息共享服务平台提供全面可靠的环保信息

我国区域环保信息共享平台建设要充分借鉴 EEA 的成功经验，在信息内容、形式和来源方面，充分整合国内外已有环境信息系统和环境机构各类信息，为信息共享服务平台提供全面可靠的环保信息。

平台涵盖信息具体包括环保基础信息、环保空间信息两大类。环保基础信息具体包括国内外环保最新资讯，涉及上合组织成员国动态新闻、环境发展规划、研究报告、国内外环保法律法规、政策、标准、法律解释以及国际公约等原始文本；环保空间信息主要涉及各类地理信息数据，其中包括基础地理数据、专题空间数据、遥感影像数据、元数据和各类环保主题数据等。

平台信息形式尽量涵盖各类多媒体形式，做到各类信息直观形象，提高信息的可读性。信息形式具体可以包括报告、简报、文章、新闻、在线产品和服务、视频等。

从平台信息来源来看，一方面充分整合目前国内外已有的环境系统和环保机构信息，使其信息资源可以共享；另一方面充分发挥公众的积极性，在平台信息建设过程中，加强公众参与性，公众不仅可以通过平台查看关注的环境信息，还可以上传相关的重要环境信息，并可以对查看的信息进行评价。

（四）在平台运行方面，以"大平台"为核心，在每个成员国建立一个信息中心，专门负责对各成员国平台的信息支持

在平台建设过程中，以"大平台"为核心，在每个成员国建立一个信息中心，专门负责对各成员国平台的信息支持。各成员国所形成的环境信息子系统与大平台的中央数据库之间可以相互访问、共享和互通环境信息。

（五）借鉴 EEA 经验，以外促内，推动环境保护信息共享

1. 以外促内推动国家环保信息横向整合

数据是一切环境信息产品的基础，SEIS 中丰富的环境信息产品有大量基础数据作为支撑。但目前国内环境管理的条块分割之势显著，环保、林业、海洋、水利、农业、国土等多部门均有所涉及，且部门间信息共享机制严重缺位，难以为信息共享平台建设提供强有力的底层数据支撑。

我国政府高度重视周边外交工作，李克强总理在上合组织成员国第十一次总理会议上提出建立"上海合作组织环境信息共享平台"，希望环境保护能够在周边外交中发挥积极作用。环保部门应以此为契机，积极推动国家层面建立环境信息共享机制，实现环保、林业、海洋、水利、农业、国土等部门环境信息资源的横向整合。

2. 规范整合现有环境管理信息化资源，做好顶层设计

为满足环境管理的需要，国内各省（区、市）甚至部分地市的环保部门均建立了服务于环境管理的信息平台，强化环境信息（以环境监测信息为主）集成与应用，为国家层面建设区域环境信息共享"大平台"打下了一定基础。但国家层面对地方信息平台建设并未发布明确规定与技术规范，而环保部相关业务司和直属单位国家层面的统一归口管理缺位，导致各地信息平台建设与管理差异性显著，整合利用好现有的信息化资源至关重要。

建议环保部抓紧加强环境信息平台建设的顶层设计工作，出台明确的技术规范，统一建设标准，设立专门机构，负责全国环境信息共享平台建设工作，强化对各级信息平台建设的业务指导，构建国家、省（区、市）、市、县四级环境信息同步共享的一体化格局，实现地方至中央环境信息的互联互通，为区域环境信息共享"大平台"的建设打下坚实基础。此外，要做好环保部本级各类业务平台的整合工作，避免重复建设。

中哈对接"绿色桥梁"与"绿色丝路"的可行性研究

李　菲　国冬梅

目前,"一带一路"国家战略正在加速推进,加强生态环保合作,共建"绿色丝路"成为我国落实"一带一路"国家战略的重要任务,成为实现可持续"走出去"的内在要求,成为沿线国家和国际社会高度关注的重要领域。中哈作为"一带一路"建设的重要合作伙伴,两国已经进行了很好的发展规划和具体合作项目对接。2014年12月14日,中哈总理共同签署《中哈总理第二次定期会晤联合公报》,双方"鼓励两国环保机构就制定并协调'绿色桥梁'伙伴计划联合实施步骤以及加强清洁技术领域合作的可能性进行探讨";2014年12月15日,李克强总理在上海合作组织总理会上提出制订"绿色丝路使者计划"倡议。2015年2月4~6日,在哈萨克斯坦召开的中哈环保合作委员会第四次会议上,双方表示"希望中哈两国共同推动环保合作向更宽领域、更高层次迈进"。这对中哈未来环保合作提出了新的战略要求。

为此,本文对哈萨克斯坦"绿色桥梁"伙伴计划的背景、内容和管理模式进行研究,提出三点建议:一是推动"绿色桥梁"与"绿色丝路"对接、交流与合作,推动中哈环保合作更好地服务"一带一路"战略;二是借助区域合作平台,促进中哈环保合作实现互利共赢;三是抓住机遇,推动环保技术与产业合作,促进中哈环保合作转型。

一　"绿色桥梁"伙伴计划的相关背景

2010年9月,在阿斯塔纳召开的第六届亚太地区国家环境与发展部长级会议上,哈萨克斯坦提出"绿色桥梁"倡议。

2011年9月,在联合国大会期间哈萨克斯坦总统纳扎尔巴耶夫提出"绿色桥梁"伙伴计划。计划一经提出便得到了联合国亚洲及太平洋经济社会委员会(UNESCAP)和联合国欧洲经济委员会(UNECE)的支持。

在 2012 年 6 月全球可持续发展"里约 + 20"峰会期间，所有国家表示，支持纳扎尔巴耶夫总统提出的"绿色桥梁"伙伴关系计划和《能源与环境全球战略》。

2013 年 9 月，"绿色桥梁"伙伴计划国际会议在阿斯塔纳召开。会后，即有 8 个国家签署了《"绿色桥梁"伙伴计划章程》。截至目前，已有 12 个国家（哈萨克斯坦、俄罗斯、吉尔吉斯斯坦、格鲁吉亚、德国、蒙古、白俄罗斯、黑山、拉脱维亚、阿尔巴尼亚、芬兰、匈牙利）成为该章程的签署国。另外，保加利亚、亚美尼亚、西班牙、瑞典和泰国也表示有意愿加入该计划。

2014 年 10 月 23 ~ 24 日，以"未来能源：减少二氧化碳排放"为主题的 2017 年世博会国际论坛在阿斯塔纳举行。论坛期间召开了题为"'绿色桥梁'伙伴计划：前景和方法"的小组会议，介绍了关于成立"绿色桥梁"伙伴计划协会和"绿色桥梁"研究所的方案。

二 "绿色桥梁"伙伴计划简介

(一) "绿色桥梁"伙伴计划的宗旨

"绿色桥梁"伙伴计划旨在借助重要国际机构和私营部门，建立中亚国家间的紧密联系，保障区域可持续发展。其宗旨在文件中表述为："通过开展国际合作、促进技术及知识交流、加强资金支持，实现中亚地区绿色经济增长。"

"绿色桥梁"伙伴计划主要是为了实现绿色增长。绿色增长有五大结构要素：研究、技术、知识、资金、研究所。

(二) "绿色桥梁"伙伴计划的任务和目标

"绿色桥梁"伙伴计划的主要任务是保障区域绿色增长措施的落实。

"绿色桥梁"伙伴计划的目标主要分为研究、技术和资金三方面。

目标 1 研究：支持与国际专家、机构开展联合研究，将研究成果应用到整个中亚地区。

"绿色桥梁"伙伴计划将是一个促进学习和交流的知识中心。

研究：开展科研工作，研究科技和教学文献，收集和准备与绿色增长问题有关的数据。

教育：通过培训和专业教学来宣传绿色增长理念。该中心将引进决定政治和经济发展方针的关键人物、专家以及私营部门代表。

信息交换：该中心开展的培训及其他活动将在整体上促进国有和私营

部门之间、产业之间以及国家之间的信息交换；将建立门户网站，保障人员之间与项目之间的协作。

目标 2 技术：保障技术交流，促进试验设计、技术研发和生产工作的开展，推动国际合作、区域创新发展及商业孵化。

"绿色桥梁"伙伴计划将是发明及转让环境无害技术的参与者和区域纽带。

技术转让："绿色桥梁"伙伴计划将努力加强技术改造的能力建设，在地区内开展技术宣传，促进市场改革和法律基础的完善，保障良好的政治环境。

创新："绿色桥梁"伙伴计划将作为研究和制定环境无害技术的区域龙头、中间纽带和积极参与者。创新方式还将运用到服务机制及支持绿色增长的合作项目中。

商业孵化："绿色桥梁"伙伴计划将支持地方企业的一些新理念，包括支持科学研究和试验设计工作、商业规划咨询，为科学试验和技术研究提供场所，为理念的商业化和市场运作提供资金支持。

目标 3 资金：整合资金手段，促进已有项目的开展；提供技术支持、资助和风险融资。

针对重要经济部门中重要项目的新型投资决策是绿色经济稳定增长的关键所在。

投资形成：通过审定投资项目、支持项目制定，为扩大绿色增长投资消除最主要的障碍，为各领域的可靠项目提供技术及资金支持。

资金支持：通过对项目的优化评级、综合审查支持项目开展，吸引国有及私营部门的投资；为吸引投资，"绿色桥梁"伙伴计划还将支持一些新的商业理念。

降低风险手段："绿色桥梁"伙伴计划吸引各类资金来支持项目开展。具体方式包括抵押贷款、优惠贷款和商业贷款、价格支持、资助、政治或信用风险担保。

（三）"绿色桥梁"伙伴计划的指导原则

为成为绿色增长的可靠参与者，"绿色桥梁"伙伴计划必须有反映其宗旨及活动方式的指导原则。

（1）伙伴关系："绿色桥梁"伙伴计划的基础是中亚国家及国际社会间的高效伙伴关系，计划还将与私营部门、科学界以及绿色增长领域现有的倡议合作。

（2）创新：解决绿色增长问题需要在技术、方法和实践上进行创新。为创新提供条件是"绿色桥梁"伙伴计划的关键要素。

（3）独立：为使"绿色桥梁"伙伴计划做到全面开放，必须要有独立、成功的管理；参与方可以施加一定的影响，但最后的决策权还是在计划本身。

（4）可持续发展："绿色桥梁"伙伴计划是一项对环境负责的倡议，所有的投资和项目标准都遵循可持续发展原则。

（5）高效性：通过衡量活动结果和活动资金来调节价格和质量的最佳比例，在衡量过程中需采用透明、公开的机制。

（四）"绿色桥梁"伙伴计划的主要合作领域

"绿色桥梁"伙伴计划根据各国共同的发展需求，确立了五个优先合作领域，它们是保障绿色增长的奠基石。

（1）水资源管理：保障供水稳定，监督水污染，用技术手段解决水资源的利用与水环境保护问题。

（2）可持续能源：使用可再生能源，在公平和平等的基础上高效利用能源。

（3）粮食安全和农业：发展稳定、高效的农业，保障农产品及食物供应。

（4）稳定的城市化体系：建设绿色基础设施，制定人类环境规划，包括"智慧城市"技术和环保规划。

（5）应对气候变化：降低气候风险和自然灾害风险，应对气候变化带来的影响，包括采用风险管理系统、保险等。

三 "绿色桥梁"伙伴计划的管理模式

"绿色桥梁"伙伴计划是一个独立管理、遵循自愿加入和自愿投资原则的国际平台。"绿色桥梁"伙伴计划下的伙伴关系有两种：投资伙伴和非投资伙伴。

"绿色桥梁"伙伴计划最主要的两个机构是"绿色桥梁"机关和"绿色桥梁"研究所。其主要活动领域如图 10-1 所示。

这两个机构之间将保持紧密的联系，但管理和财政是各自独立的。"绿色桥梁"机关可以得到如欧盟、亚洲开发银行等国际组织和私营部门的支持，还可以从国家财政获取资金。"绿色桥梁"机关中拟设立三个独立基金：①促进基金，为技术援助、赠款和风险分担工具提供资金支持；②直接投资基金，用于管理和使用股份；③基础设施基金，用于保障项目的贷款融资。"绿色桥梁"研究所起步阶段的资金源于哈萨克斯坦政府用于开展

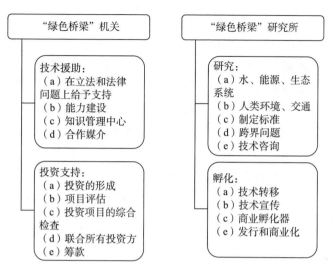

图10-1 "绿色桥梁"伙伴计划主要活动领域

研究的资金，以及技术、产品和服务商业化带来的收益。

这两个机构的运作将由管理委员会协调，而"绿色桥梁"伙伴计划的日常工作则由秘书处负责。从各方筹集来的资金拟交由被委托方处理，由被委托方根据需要给两个机构进行资金分配。

"绿色桥梁"伙伴计划管理模式如图10-2所示。

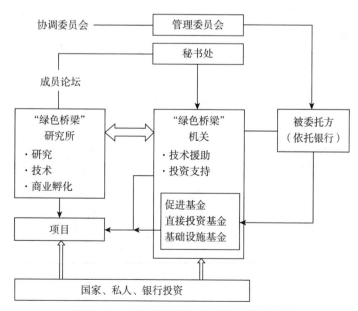

图10-2 "绿色桥梁"伙伴计划管理模式

169

管理委员会成员包括伙伴国和投资"绿色桥梁"伙伴计划的国际机构，委员会可自行任命私营或国营部门代表为补充成员。在必要时，可成立科学委员会，负责确立"绿色桥梁"伙伴计划的科学技术活动。

协调委员会成员包括政坛领导、绿色经济方面的专家、科学界的领军人物、技术方面的高级专家、国际机构、商业界代表。协调委员会负责协调"绿色桥梁"伙伴计划中技术操作方面的问题，其任务也包括扩大"绿色桥梁"伙伴计划活动在国际、个人以及投资方中的影响力。

成员论坛由秘书处组织召开，每年举办一次，组织成员共同讨论"绿色桥梁"伙伴计划的活动成果，收集活动反馈。参与论坛的是非投资国、国际组织、国内社会的政府及私人代表。

四 "绿色桥梁"伙伴计划对中哈环保合作的启示

（一）有序推动"绿色丝路"和"绿色桥梁"的对接、交流与合作，服务"一带一路"国家战略

近年来，哈萨克斯坦对绿色经济领域高度关注。2013 年 5 月 30 日，哈萨克斯坦共和国第 577 号总统令批准《哈萨克斯坦共和国向绿色经济转型构想》（以下简称《构想》）；2015 年 7 月 31 日，颁布《〈哈萨克斯坦共和国向绿色经济转型构想〉2013～2020 年行动计划》。《构想》提出，哈萨克斯坦要在 2050 年之前实现向绿色经济成功转型，并对水资源、农业、能源、电能、废物管理、大气污染六个领域提出了具体要求和发展目标。这六个领域与"绿色桥梁"伙伴计划的五个优先合作领域基本契合。

2014 年 5 月 30 日，哈萨克斯坦成立直属于总统的绿色经济转型委员会，并在新成立的哈萨克斯坦能源部（主管环保）设有专门研究绿色经济发展的绿色经济司。

"绿色桥梁"伙伴计划体现了哈萨克斯坦发展绿色经济的决心，是哈萨克斯坦高层主动推动经济转型的重要抓手，与我国推动"一带一路"规划、建设"绿色丝绸之路"任务的主要目标基本一致。目前，中哈两国已就哈方"光明大道"和中方推动的"丝绸之路经济带"建设进行了对接，就共同推动基础设施建设达成一致；2014 年 12 月 14 日，中哈总理共同签署《中哈总理第二次定期会晤联合公报》，双方"鼓励两国环保机构就制定并协调'绿色桥梁'伙伴计划联合实施步骤以及加强清洁技术领域合作的可能性进行探讨"；在 2014 年 12 月 14～15 日的上海合作组织总理会上李克强总理提出，中方正在制订"绿色丝路使者计划"。

因此，中哈环保合作要考虑定位于服务国家"一带一路"战略，积极落实两国领导人达成的倡议，启动"绿色桥梁"和"绿色丝路"的对接、交流与合作，推动生态文明理念和环保产业"走出去"，丰富中哈环保合作内容，推动中哈环保合作转型，努力打造"一带一路"双边环保合作典范，打造利益共同体、责任共同体和命运共同体。

（二）借助区域合作平台，促进中哈环保合作实现互利共赢

自独立以来，哈萨克斯坦在解决中亚地区环境问题过程中，一直表现积极。哈萨克斯坦认为，仅凭一国之力难以实现向绿色经济转型，需要各国采取共同行动转变现有经济模式，解决单个国家解决不了的问题。作为中亚地区大国，哈萨克斯坦在绿色经济发展方面有着较为先进的经验和技术，可为中亚其他国家提供支持和帮助，克服各国经济和技术局限，解决中亚地区在绿色增长方面的一些共同问题。哈萨克斯坦认为，"绿色桥梁"伙伴计划可帮助吸引更多投资方加入到绿色经济发展进程中，为绿色经济发展创造有利条件。

"绿色桥梁"伙伴计划将是各国信息交换和学习的平台、技术交流和技术转移的平台，是一个信息、知识和技术交流的平台，促进中亚国家建立伙伴关系。计划将建立门户网站，保障人员交流以及项目开展。这与我国上合组织环保信息共享平台建设的内容和目标基本相同。更重要的是，我国可利用这一平台推动生态文明建设"走出去"，合作共建"绿色丝路"，推动上合组织环保信息共享平台建设，切实把领导人的要求落实到位，提升我国对区域环境保护合作的影响力，树立我国的环保形象。

目前，"绿色桥梁"伙伴计划在中亚地区，乃至国际社会的影响力较大。因此，中哈可以积极探索，联合推动上合组织环保信息共享平台建设和"绿色桥梁"伙伴计划，开展务实合作，互相促进，推动区域生态环境改善，促进经济转型升级，实现中哈两国环保合作的互利共赢。

（三）抓住机遇，促进转型，推动环保技术和产业合作

"绿色桥梁"伙伴计划的一项重要内容是实现技术转让，推动环保技术和理念的商业化。目前，我国有良好的环保理念、先进的环保技术和丰富的环保经验，可为中亚国家提供很好的支持和帮助。我国可借助"绿色桥梁"伙伴计划，积极引导哈方拓展环保合作，增加双方在生物多样性保护、应对气候变化、技术和人员交流等领域的合作，从而帮助哈方提高水资源使用效率、改善水环境质量，从另一个角度降低哈方对我国上游来水的水量、水质两方面的过高诉求，增强互信与合作，为中哈环保合作谈判减轻压力。同时，要以加强"绿色丝路"与"绿色桥梁"交流、合作为契机，积极宣传我国生态文明建设等环保理念和环保产品，推动我国环保产业技术、环保产品及环保理念"走出去"，服务国家"走出去"战略。

中哈界河伊犁河流域生态环境
演变研究

王玉娟　国冬梅　高彦华

在水资源日益紧张的形势下，跨界河流水资源利用和生态保护问题变得异常敏感。中哈界河伊犁河下游的巴尔喀什湖入湖水量减少，出现湖泊水位下降、周围生态环境恶化等问题。哈萨克斯坦及国际上一些专家认为，这主要是中国在伊犁河上游大量使用水资源造成的。实际上，对于巴尔喀什湖及其三角洲生态环境恶化的责任界定，中哈持有不同观点，这影响各自权利和义务的判断，国内外学者针对这个流域生态环境的演变及其原因做了大量研究。

为了更有针对性地进行谈判，中国－东盟（上海合作组织）环境保护合作中心［以下简称东盟（上合组织）环保中心］也开展了大量基础研究工作，首先通过文献调研和分析，对伊犁河流域生态环境演变规律、自然和人为因子变化、生态环境演变和驱动力相互关系等方面的研究成果进行了梳理和归纳；在文献调研和分析基础上，东盟（上合组织）环保中心与环保部卫星环境应用中心开展联合研究，基于遥感数据，对巴尔喀什湖1977年以来的湖泊面积动态变化及周边生态环境现状进行了遥感监测。研究发现，监测结果与文献调研结论基本一致。主要结论和建议如下。

（1）气候变化是引起流域生态系统变化的主要原因，而人类的活动只是加剧了这一变化。

（2）哈萨克斯坦境内的大型水利工程建设、农业资源开发等人类活动是加剧巴尔喀什湖及其三角洲生态环境恶化的主要因素；巴尔喀什湖周边分布着不同规模的城市，且存在不同规模、不同类型的工矿企业，它们对巴尔喀什湖的水质有潜在的影响。

（3）中国对伊犁河流域水资源开发利用程度较低，有限的开发在一定程度上对下游生态环境影响不大；且中国充分考虑流域生态需求，在节水灌溉、生态环保等方面做了大量工作。

一 伊犁河流域生态环境演变

（一）伊犁河流域概况

伊犁河是中国与哈萨克斯坦间的跨界河流，发源于天山西部的哈萨克斯坦境内，流经中国新疆伊犁地区后注入哈萨克斯坦境内的巴尔喀什湖。流域面积为 15.12 万平方公里，其中哈萨克斯坦境内为 9.30 万平方公里，中国境内为 5.82 万平方公里。河流全长 1236.5 公里，三道河子出境水文断面雅马渡站以上为上游，在中国境内，河道长 558.5 公里；三道河子至哈萨克斯坦的伊犁村为中游，河道长 278 公里；伊犁村至巴尔喀什湖为下游，河道长 400 公里。

上中游山地降水较为丰富，年均降水量为 600~1000 毫米，有冰川和高山积雪，因此伊犁河流域上中游山区是伊犁河流域内主要的径流补给区。而伊犁河流域的下游和三角洲地区降水稀少，年均降水只有 150 毫米左右，几乎不产生径流，且该地区存在大量的荒漠、戈壁，河川径流被大量蒸发消耗。因此伊犁河流域下游及河口三角洲地区是流域主要的水资源消耗区，土地利用类型以中低覆盖度林草地、灌木林地为主，农田较少。

（二）伊犁河流域土地利用/覆被变化

多项基于多期遥感影像分析的研究表明，该地区土地利用变化特征如下。

1. 伊犁河流域以耕地和天然植被为主，耕地面积变化呈现"增加—减少—恢复性增长"的趋势，天然植被面积总体基本稳定

1960~1990 年，随着伊犁河中下游地区水利工程和大型灌区的建设，巴尔喀什湖流域的灌溉面积持续增加，20 世纪 90 年代前后达到最大值；苏联解体后，由于灌溉条件不足，巴尔喀什湖流域灌溉面积减少；从 21 世纪开始，巴尔喀什湖流域灌溉面积又有所增加。

天然植被中高覆盖度林草地呈现出持续减少的态势；中覆盖度林草地先增加后减少，总体呈现增加趋势；低覆盖度林草地经历了减少—增加—减少的变化过程，总体呈现减少趋势。其他土地利用类型，如水库坑塘和未利用地面积总体趋于增加，建设用地面积持续增加，湖泊和沼泽先增加后减少，总体呈现增加趋势。

2. 中国境内土地利用变化波动幅度较小，其中农田面积持续增加，天然植被面积持续缩小

哈萨克斯坦境内土地利用类型的变化主要源于其政治、经济体制改革，

其境内土地利用类型变化明显，相比之下中国境内伊犁河流域的开发利用政策较为稳定，土地利用类型变化波动幅度也较小。2001～2009年，伊犁河上中游产流区内中国境内农田面积相对境外持续增加，而天然植被面积相对境外持续缩小。在相同气候条件下，两国间土地利用变化的差异将导致中国境内较哈萨克斯坦径流产生量减少，蒸发量增加，农业生产过程耗水增加；而哈萨克斯坦境内径流产生量较中国有所增加，天然植被生态耗水量增加。

（三）伊犁河流域水利工程建设

在中国境内，截至2012年，伊犁河流域按照规划已建成5座水电站，分别是特克斯河干流上的恰甫其海水电站，巩乃斯河支流恰甫河上的三级、四级水电站，喀什河吉林台一级水电站，托海水电站。另有包括特克斯河干流上的特克斯河山口水电站等7座水电站在建。中国在伊犁河流域的水电开发还仅限于支流，且多以发电为主，兼顾灌溉和防洪，调蓄能力较低，现有引水能力仅占中国境内实控径流量的33%，大部分水量流入哈萨克斯坦。

哈萨克斯坦在伊犁河干、支流上修建了大量水利工程。新疆水利厅的研究表明，巴尔喀什湖流域中下游水资源开发利用量大，主要水利工程有卡普恰盖水库，大阿拉木图供水工程，小型电站、中小型水库110多座。其中，卡普恰盖水库于20世纪60年代初开始兴建，1970年建成开始蓄水。水库建设前库区周围的农业不发达，随着水库的建成，水库北岸开发了钦基利德灌区，水库下游修建了阿克达拉大渠，开发了阿克达拉灌区。卡普恰盖水库连续蓄水结束后不久，卡普恰盖水库左岸支流进行了大规模的引水开发，使得卡普恰盖水库尽管保持低水位运行，其出库水量仍然比正常年份小，巴尔喀什湖水位持续下降，在1987年逼近历史实测最低水位。小型水电站和中小型水库大部分为沿河道拦河式梯级建造，用于当地灌溉、养鱼，向居民点及工业企业供水。

伊犁河中下游是巴尔喀什湖流域最为重要的人类活动区和用水区，阿拉木图州（市）是伊犁河中下游的用水主体。

（四）伊犁河三角洲生态环境退化

针对伊犁河三角洲生态环境问题，国内相关研究结论如下。

第一，洪水过程消失，洪水期滩地得不到洪水泛滥时的水源补给，水系萎缩，水面面积和沼泽面积急剧减少，湿地生态环境受到很大的破坏，林地面积减少，引起土地大面积荒漠化。

第二，下游河道的水热状态及河流与湖泊热量交换过程改变，夏季河道水温降低，冬季河道水温升高，造成长距离河道不能封冻，改变了水生生物的生存条件，对下游河道生态有较大的影响。

第三，伊犁河水生植物和水生动物的生存条件改变，鱼类的产卵、育肥、洄游条件受到了很大的影响，导致伊犁河和巴尔喀什湖鱼的种类减少，传统经济鱼类产量下降。

（五）巴尔喀什湖自然生态环境演变趋势

1. 降水量：近 70 年呈显著上升趋势

从年际变化看，20 世纪 30 年代后期至 20 世纪 50 年代降水量偏少，20 世纪 60 年代降水量偏多，20 世纪 70 年代降水量又偏少，20 世纪 80 年代至 21 世纪初降水量有所增加。

从年内分配看，70% 的降水集中在 4 ~ 7 月、10 ~ 12 月。伊犁地区气候变化与全疆的变化趋势基本保持一致，年降水量在 1986 年和 1997 年发生了突变，突变点以前降水量呈现减少趋势，突变点以后降水量呈现增加趋势，增加趋势不显著。

2. 气温：年均气温总体呈上升趋势

1936 ~ 2005 年，巴尔喀什湖流域年均气温总体呈上升趋势。气温上升的倾向率从南向北、从东向西逐渐降低；年均气温距平值由负变正，变动幅度逐渐增大。以阿拉木图市为例，其年最高、最低气温均呈上升趋势，且未来年极端气温将呈持续上升趋势，未来年最低气温上升持续性强。

3. 水位：具有明显丰枯周期变化

针对巴尔喀什湖百余年（1879 ~ 2000 年）来的湖水水位变化，对伊犁河干流水位变化情况进行分析，比较了卡普恰盖水库建成蓄水前后水库下游河道径流的变化。主要结论如下。巴尔喀什湖水位具有明显的丰枯周期变化规律，第一次枯水位发生于 1884 年，该年为有记录以来最低水位，为 340.52 米。第二次枯水位出现于 1946 年，最低达到 340.7 米。第三次枯水位发生于 1987 年，最低水位为 340.68 米，此次枯水时间较长，从 1984 年的 340.97 米开始，直到 2000 年水位才达到 341.5 米。两次丰水过程，一次发生于 20 世纪初，一次发生于 20 世纪 60 年代。

4. 湖泊面积：大幅减少又稍有恢复

与卫星中心联合研究的监测结果表明：1977 年至今巴尔喀什湖面积缩减了 279 平方公里，1977 ~ 1998 年湖区面积减少尤为明显，平均每年减少约 28.3 平方公里（见图 11 - 1）。主要原因在于始建于 20 世纪 70 年代的卡普恰盖水库建成并投入使用，以及工业发电和农田灌溉使用了大量的水资源。1998 年后，巴尔喀什湖进入一个丰水期，湖泊面积有逐步增加的趋势。

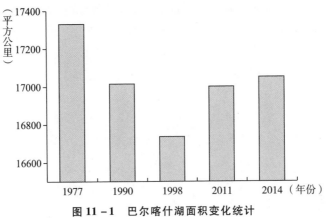

图 11 - 1 巴尔喀什湖面积变化统计

二 伊犁河流域生态环境演变的影响因子研究

（一）气候条件和河流来水量等自然因素是土地利用/覆被变化主要驱动力

1970～1987 年巴尔喀什湖流域内的各主要河流同步进入枯水期，入湖水量减少，湖水水位由 342.9 米持续下降至 340.68 米。事实上，这一时期伊犁河上游地区水资源开发利用程度也很低，虽然开垦了一些农田，但多以河滩地为主，除夺取了一部分河滩林草地生态用水外，新增耗水量并不大。因此，气候变化的影响是更主要因素。

沼泽等土地利用/覆被类型主要分布在伊犁河河道两岸和三角洲地区，其变化主要由气候条件和河流来水量等自然因素驱动。研究区 20 世纪的年降水总量呈波浪式增长趋势，20 世纪 90 年代前期略有减少，随后逐渐上升；年均气温总体呈上升趋势，正向一个较暖时期过渡，并大致有 10～23 年的周期性。同时，根据研究区内及周边的 4 个气象站和 6 个水文站的观测数据，该区域近 40 年处在一个总体暖湿的时期。沼泽面积在 20 世纪 70 年代开始逐年减少，20 世纪 90 年代末达到最小值，随后一直保持增长趋势，对气温和降水的年际变化有较好的响应。

此外，哈萨克斯坦卡普恰盖水库蓄水后，拦蓄了所有的伊犁河春季洪水期水量，使得河流下游河滩地上的大片植被枯萎，这可能也是导致 20 世纪 70 年代至 90 年代沼泽面积减少的一个重要因素。

（二）三角洲和巴尔喀什湖生态系统受哈萨克斯坦人为因素影响

三角洲和巴尔喀什湖生态环境演变主要受哈萨克斯坦人为因素影响，主要表现在卡普恰盖水库修建、阿拉木图运河及卡普恰盖水库左岸 7 条河流水资源的过度开发利用、三角洲内大规模的水田开发三个方面。

卡普恰盖水库修建。卡普恰盖水库 1970 年建成，总蓄水量为 281.4 亿立方米，正常水位为 480.0 米。1970~1980 年水库持续 10 年蓄水水位仅为 478.5 米，造成 10 年蓄水期间湖水水位下降了 1.5 米，入湖水量减少了 297.7 亿立方米。1975 年水库水面蒸发为 12.97 立方千米，由于蓄水量减少，水域面积减少，2007 年水面蒸发减少为 8.52 立方千米。卡普恰盖水库造成下游河道洪水过程消失，洪水期滩地得不到洪水泛滥时的水源补给，两岸湿地面积变小，生态条件恶化。三角洲河道也发生了很大的变化，原有的几十条入湖分汊河道消失，只剩三条主要河道，且只有库加雷河常年有水。

阿拉木图运河及卡普恰盖水库左岸 7 条河流水资源的过度开发利用。卡普恰盖水库左岸有 7 条河流，径流量达 42.36 亿立方米，占卡普恰盖水库入库水量的 30%。为发展哈萨克斯坦伊犁山北坡山前平原的灌溉农业和解决阿拉木图市的供水问题，苏联在 1982~1985 年建成了阿拉木图运河，该运河在奇利克河上建有巴尔托盖水库，库容为 3.5 亿立方米，向西穿过众多河流；7 条河流流域共建成 3 座山区水库、130 余座平原水库，水库总面积约为卡普恰盖水库的 1/2，控制灌溉面积 26.7 万公顷，7 条河流均被拦截，其水资源利用率从 45% 增加到了 80%，大大减少了卡普恰盖水库左岸河流的入库水量。这也是巴尔喀什湖水位在 1987 年逼近历史实测最低水位的重要原因。

三角洲内大规模的水田开发。1967 年苏联在卡普恰盖水库坝址以下 72 公里处建设了卫河道引水工程阿克达拉大渠，引水量约为 10 亿立方米。从下游三角洲 2000 年前后和 20 世纪 70 年代的遥感影像图来看，三角洲水田面积在 20 世纪 70 年代已经初具规模，约为 3.6 万公顷，20 世纪 70 年代至 90 年代水田面积增加较多，2000 年前后与 20 世纪 90 年代相比，相差不大，约为 5.7 万公顷。根据 2007 年遥感数据解译分析，阿克达拉灌区灌溉面积为 4.1 万公顷，河道有 2 处引水口，引水量为 5.67 亿立方米，灌区水稻面积占 42%。下游三角洲大规模种植水稻，除农田耗水外，灌溉引水还引起农田周边的沼泽耗水，仅此两项就增加近 10 亿立方米的耗水量，给下游生态环境造成极为不利的影响。

三　结论与建议

本文主要基于国内专家的研究成果，难免受立场和出发点的影响，但现有科研成果支持以下结论。

（一）气候变化是引起巴尔喀什湖水位变化的主要原因，而人类活动只是加剧了巴尔喀什湖水位的变化过程

通过对巴尔喀什湖生态水位变化统计分析发现，巴尔喀什湖的最低水位出现于几乎完全天然状态的 19 世纪，这说明即使在无人类活动的条件下，巴尔喀什湖水位在连续干旱情况下也会出现枯水位。

作为与咸海几乎同步开发的巴尔喀什湖，其水位在 1879～2000 年发生了周期性的丰枯变化，但并未发生类似咸海的生态危机。巴尔喀什湖水位的丰枯变化，尤其是在 20 世纪 80 年代哈萨克斯坦人类活动达到顶峰时期的枯水位仍不是 122 年来的历史最低点，这说明人类活动并不是现今巴尔喀什湖水位变化及生态问题的决定性因素，但卡普恰盖水库的兴建和伊犁河中下游水资源的过度开发利用，对入湖水量和水位产生的重大影响，特别是对原河道流量过程的巨大改变，加剧了巴尔喀什湖水位下降和三角洲生态环境恶化。

（二）哈萨克斯坦人类活动是加剧巴尔喀什湖及其三角洲生态环境恶化的主观因素

苏联在巴尔喀什湖流域进行的大规模水利工程建设和农牧业灌溉，造成该区域用水量剧增、巴尔喀什湖水位急剧下降、水质恶化和咸化，伊犁－巴尔喀什湖流域的生态问题不断凸显。特别是 1970 年卡普恰盖水库蓄水，不但给伊犁河三角洲的自然生态造成了严重影响，也导致巴尔喀什湖水面面积减少了几千平方公里，破坏了一直以来为鸟类和鱼类提供栖息地的巴尔喀什湖湿地。1987 年湖水水位下降到历史最低点，湖周围形成了几千平方公里的盐滩，湖区的渔业和养殖业受到很大影响。苏联解体后，随着哈萨克斯坦经济衰退和农业灌溉面积的减少，流域用水量减少，入湖径流量增加，巴尔喀什湖水位开始上涨，由水量问题引起的生态问题得到了缓解。

同时，基于卫星遥感数据及相关地图资料，对巴尔喀什湖周边污染源现状进行初步监测，结果表明，巴尔喀什湖周边分布的不同规模城市不少于 18 个，其中紧邻巴尔喀什湖的巴尔喀什市的城市规模较大。湖泊周边的工矿企业不少于 6 处，其中紧邻巴尔喀什市的一处工矿企业规模较大。城市及工矿企业对巴尔喀什湖的水量及水质具有一定的影响，具体的城市及工矿企业的规模与分布需进一步应用高分遥感进行监测。

（三）中国对伊犁河流域水资源的开发利用对下游影响不大

1970 年以前，我国伊犁河境内水资源开发利用程度较低，伊犁河上游有限的水资源开发利用，在一定程度上对下游影响不大。原因如下：一是伊犁河上游为典型的河谷型地形，河道内引水增加，河道水位降低，造成河谷一部分植被蒸腾量相应减少，且河谷两侧地下水补给增加；二是部分新增耕地位于河滩地，将一些天然林草地耗水改变成为农田耗水，其耗水净增量不大。因此，耕地面积的扩大，对流域耗水量影响不明显。

同时，中国充分考虑了邻国利益和河流湖泊的生态需求，在节水灌溉、生态环境保护和防汛减灾等方面做了大量工作。

《俄罗斯联邦 2012～2020 年国家环境
保护规划》研究

李　菲　国冬梅

　　2016 年是"十三五"规划的开局之年。中共十八届五中全会强调，实现"十三五"时期发展目标，破解发展难题，厚植发展优势，必须牢固树立并切实贯彻"创新、协调、绿色、开放、共享"的发展理念。为此，本文对《俄罗斯联邦 2012～2020 年国家环境保护规划》（以下简称《规划》）进行研究并提出有关建议，供决策参考。

　　《规划》由俄罗斯自然资源与生态部起草，于 2012 年通过，2014 年进行修订，是俄罗斯解决生态问题的基础性文件，明确了俄罗斯 10 年内在环境保护领域的发展目标、任务和具体措施。

　　《规划》旨在提高俄罗斯生态安全水平，保护自然生态系统。《规划》分为 5 个子规划和 2 个联邦专项规划，主要包括四个方面的内容：环境质量改善、生物多样性保护、水文气象与环境监测体系发展和南极科考工作的保障。俄联邦政府将为此投入约 2890 亿卢布（约合 271 亿元人民币），其中 50% 以上的资金用于改善环境质量和发展环境监测体系。

　　实施《规划》的主要措施有 53 项，分为八个方向：一是完善环保法规与政策体系，严格环境执法监管；二是加强环保科技支撑；三是推进重点区域环境保护；四是加强环保工作的信息保障；五是加强环保部门的能力建设；六是调动各联邦主体参与规划的实施；七是各部门协同推进环保工作；八是积极履行国际义务，加强国际环境合作。

　　《规划》的特点如下。一是总体目标明确，任务指标细化。《规划》确立了 81 项具体指标，且每年都有对应的指标值，各项成果得到量化。例如，到 2020 年，俄罗斯空气污染严重或极其严重的城市数量将减至 50 个，每百万卢布 GDP 固定污染源大气污染物排放量将下降至 0.29 吨，每百万卢布 GDP 产生的废弃物量减少至 73.4 吨，自然保护区面积扩大到国土面积的13.5%。二是细化部门分工和责任。在《规划》的 53 项措施中，每项都有具体的负责部门、落实期限、预期成果，明确了各部门的分工和责任。三是明确地方政府的任务和要求。《规划》要求各联邦主体参与大气污染防治、废弃物处理、自然保护区建设等方面的工作，同时也为联邦主体制定了6项具体成果指标，包括大气污染物排放和处理情况、废弃物排放总量和处理情况、自然保护区面积占比等。四是重视法律调控手段，完善环保政策与法规。为落实《规划》，俄罗斯政府及相关部门将出台或修改52条法律法规和部门规章。五是重点关注大气污染防治、废弃物处理和生态保护领域的工作。从整个规划来看，无论是落实措施和成果指标，还是资金投入，都集中在这三个领域，这也是俄罗斯目前环保工作的重点方向。

本文通过研究《规划》文本，对我国编制相关环保规划及对俄环保合作提出以下几点建议。一是借鉴俄罗斯环保规划编制经验，为我国环保规划提供参考。建议我国将"十三五"环保规划和专项规划作为一个整体进行审批和实施，更好地统筹相关部门，明确地方政府具体环保任务和成果指标，推动地方政府环保履责；建立统一的环境监测体系，促进环境信息公开，引导公众参与环保工作。二是结合俄罗斯重点环保工作，拓展中俄环保合作领域。根据俄罗斯目前的环保工作重点，结合已有的对俄合作基础，可优先拓展与俄罗斯在废弃物处理、自然保护区管理方面的经验交流与合作。三是高度关注俄罗斯环保规划的各项新要求，避免"一带一路"建设对俄罗斯生态环境造成不利影响。俄罗斯是我国实施"一带一路"建设的重点国家，其生态环境保护意识不断加强，也曾抱怨我国在境外投资的建设项目对其生态环境造成破坏。建议在"一带一路"建设过程中，高度关注俄罗斯环保各项新要求，避免对生态环境产生不利影响，从而为中蒙俄经济走廊建设提供支撑和服务。

一　《规划》的相关背景

《规划》由俄罗斯自然资源与生态部编制完成，并参考了其他相关部门、各联邦主体的意见。《规划》最早于2012年12月通过，后又进行了修订。修订后的版本于2014年4月15日由俄罗斯联邦政府第326号决议通过。

《规划》编制的依据是俄罗斯联邦已通过的国家发展政策、安全战略及相关文件，包括2012年4月30日通过的《俄罗斯联邦2030年前生态发展国家政策基础》、2009年5月12日通过的《2020年前俄罗斯联邦国家安全战略》、2009年12月17日通过的《俄罗斯联邦气候学说》、2010年9月3日通过的《2030年前水文气象及其相关领域活动战略（结合气候变化因素)》、2010 年 10 月 30 日通过的《2020 年前以及更长远时期俄罗斯联邦南极活动发展战略》、2011 年 12 月 22 日通过的《2020 年前联邦级特殊自然保护区系统发展构想》、2013 年 1 月 31 日通过的《2018 年前俄罗斯联邦政府主要活动方向》等。

《规划》的实施期限为 2012～2020 年，主要由俄罗斯自然资源与生态部负责实施，俄罗斯工业与贸易部、能源部、建筑与住宅公用事业部、财政部、自然资源利用监督局、水文气象与环境监测局、水资源局、渔业局、矿业局、宇航局等相关部门参与。

二 《规划》的主要内容

(一)《规划》的总体结构

《规划》的内容主要包括四个方面：提高环境质量、保护生物多样性、发展水文气象与环境监测体系、保障南极科考。《规划》共分为 5 个子规划和 2 个联邦专项规划。

《规划》文本包括正文和附件两部分。正文对《规划》总体及各项子规划进行了简要介绍，包括实施机构、目标、任务、预期效果和资金保障等。附件包含实施《规划》的相关指标信息、主要措施清单、法律调控措施、联邦财政资金保障和各联邦主体应达到的指标信息（见表 12－1）。

表 12－1 《规划》的主要内容

项目	内容
子规划	《环境质量控制》
	《俄罗斯的生物多样性》
	《水文气象与环境监测》
	《南极科研工作的组织与保障》
	《〈俄罗斯联邦 2012～2020 年国家环境保护规划〉实施保障》
联邦专项规划	《2012～2020 年贝加尔湖保护与贝加尔湖自然区域的社会经济发展》
	《2008～2015 年建立并优化俄罗斯联邦国土地球物理状况监测系统》（绝密，未公开）
附件	《规划》的相关指标信息
	《规划》的主要措施清单
	为达到《规划》目标和预期效果而采取的法律调控措施
	实施《规划》的联邦财政资金保障
	针对各联邦主体的《规划》指标信息

考虑到子规划 1《环境质量控制》与环境质量改善密切相关，更具参阅价值，本文附件节选了该子规划的相关内容，供读者参考。

（二）《规划》的目标、任务和预期效果

《规划》的总体目标在于提高俄罗斯生态安全水平，保护自然生态系统。其主要任务包括：①通过提高经济的生态效益，降低人类活动对自然的总体压力；②保护和恢复俄罗斯的生物多样性；③提高水文气象与环境监测系统的运行效率；④组织并保障南极科研工作。《规划》文件同时明确了各子规划和联邦专项规划的具体目标（见表 12 - 2）。

表 12 - 2 子规划和联邦专项规划的具体目标

项目	目标
子规划 1《环境质量控制》	通过提高经济的生态效益，降低人类活动对自然的总体压力
子规划 2《俄罗斯的生物多样性》	保护和恢复俄罗斯的生物多样性
子规划 3《水文气象与环境监测》	保障个人、社会和国家利益，避免遭受危险自然现象和气候变化的影响；保障国家和人民获取水文气象和环境信息；为保障生态安全提供信息支持
子规划 4《南极科研工作的组织与保障》	组织并保障南极科研工作
子规划 5《〈俄罗斯联邦 2012 ~ 2020 年国家环境保护规划〉实施保障》	保证国家环保机关的工作效率
联邦专项规划《2012 ~ 2020 年贝加尔湖保护与贝加尔湖自然区域的社会经济发展》	保护贝加尔湖，让贝加尔湖自然区域免受人类活动、人为和自然因素的不利影响

俄罗斯政府期望通过实施《规划》，有效降低污染物和废弃物排放总量，改善居住地的环境状况；建立健全国家环境管理和生态安全保障体系；开发环保技术和服务市场；发展自然保护区体系。具体预期效果如表 12 - 3 所示。

表 12 - 3 《规划》预期效果

质量方面	数量方面
建立有效的国家环保调控和生态安全保障体系；鼓励各类机构实施生产环保现代化和区域生态修复的项目；研发并采用高效的环保新技术，以降低排污系数；	单位 GDP 固定污染源有害（污染）物质排放量下降 54.5%；空气污染严重和极其严重的城市数量下降 63.0%；

续表

质量方面	数量方面
发展环保技术和服务市场； 创造生态安全与舒适的居住、工作和休闲环境，降低因环境状况较差而引起的疾病发病率，延长城市人口寿命； 缩小特殊自然保护区的地区差异，恢复珍稀和濒危动植物的种群数量； 提高个人、社会和国家抵御自然灾害、应对气候变化、维护生存权益的能力（保障水文气象安全）； 满足公民、国家机关、经济部门获取环境信息的需求； 深化对气候变化的科学认识，为制定国家环保政策奠定科学基础	目前生活在空气污染严重和极其严重的城市（空气污染指数大于7）的3610万俄罗斯居民的居住地生态条件得到改善； 单位GDP产生的各类危险级别的废物总量下降37.5%； 生活在受以往经济等活动的负面影响、生态环境恶化地区的70多万俄罗斯居民的居住地生态条件得到改善； 俄罗斯联邦各级特殊自然保护区总面积占国土面积比例提高到13.5%

注：以上数据均是以2007年的相关数据为比较基准。

（三）实施《规划》的主要措施

《规划》的主要措施清单上共有53项具体措施，主要包括以下几个方面。

1. 完善环保法规与政策体系，严格环境执法监管

完善环境保护、大气污染防治、废弃物处理、生物多样性保护、土壤修复等方面的法规和政策；制定污染物排放、消耗臭氧层物质的使用等方面的标准；严格环境执法监管，取缔环境违法行为。

完善环境经济政策。制定减少环境污染的经济激励措施，其中包括建立环境污染付费机制。

同时，俄罗斯将在《规划》颁布后的短时间内出台或修改52条相关的联邦法律、政府决议和部门规章，以保障《规划》的实施。其中，将修改有关限制环境不良影响、环境损害赔偿、废弃物处理、环境审计、水文气象等的联邦法律。

2. 加强环保科技支撑

开展科研工作，夯实环保法律法规与政策标准制定的科学基础，提升环境科技基础研究和应用能力；推进实验室、研究中心、专家队伍建设，更新科研设备；开展环保方法和技术研究、模型模拟等，提升环境监测水平和自然灾害监测预警能力。

3. 推进重点区域环境保护

加强对重点区域，即贝加尔湖流域生态环境的保护，与布里亚特共和国、后贝加尔边疆区和伊尔库茨克州等地方政府配合实施《2012～2020 年贝加尔湖保护与贝加尔湖自然区域的社会经济发展》联邦专项规划。

4. 加强环保工作的信息保障

发展俄罗斯信息保障系统，利用及时有效的信息，为管理决策提供支持；建立统一的国家生态监测系统和数据库，整合各部门的信息资源；保障政府部门与社会大众获取有关环境信息。

5. 加强环保部门的能力建设

优化环保部门职能和岗位设置，提高环保部门的履职能力和效率；开展部门人员培训，提升环境管理者与工作人员的业务水平。

6. 调动各联邦主体参与《规划》的实施

吸引各联邦主体主动参与污染物减排、生物多样性保护、自然保护区建设、区域环境监测系统发展等方面的工作，让它们为实现预期指标做出重要贡献。

7. 各部门协同推进环境保护工作

《规划》的实施涉及俄罗斯联邦自然资源与生态部、工业与贸易部、能源部、建筑与住宅公用事业部、财政部、自然资源利用监督局、水文气象与环境监测局、水资源局、渔业局等十几个部门。《规划》在强调各部门各司其职的同时，提倡加强部门间协作，共同推进环境保护工作。

8. 积极履行国际义务，加强国际环境合作

大力推进国际环境公约的履约工作，完善国内协调机制；与中国、美国、蒙古国等邻国签订有关国际协议，建立跨界自然保护区；积极准备将国家自然保护区纳入世界自然遗产名录；加强国际合作，借鉴国际环保经验。

（四）实施的具体项目

《规划》拟优先实施一批项目，旨在消除累积的环境损害，主要包括如下内容。

（1）2012～2014 年，恢复利用恰帕耶夫斯克市原中伏尔加化学制品厂股份公司厂区土地。

（2）2012～2016 年，消除法兰士约瑟夫地群岛上过去造成的环境损害。

（3）2012～2019 年，实施国际复兴开发银行项目"发展统一国家生态监测系统"。

（4）2012年，向托木斯克市废弃物处理厂股份公司注资，提高其接收和处理不可再利用有毒工业废物的能力。

（5）2012年，在圣彼得堡市科尔皮诺建设国有企业"红松林"废弃物处理厂，以消除圣彼得堡和列宁格勒州的有毒废物。

（6）2012~2016年，在下诺夫哥罗德州实施废弃物无害化处理项目，包括：关闭"伊古姆诺沃"生活垃圾处理厂，关闭无组织的深层掩埋工业废水的"黑洞"工业废弃物填埋场，停用白海泥渣收集器。

三 《规划》的相关指标

《规划》细化了2012~2020年的各项成果指标，其中包括：到2020年，俄罗斯空气污染严重或极其严重的城市数量将减至50个；每百万卢布GDP固定污染源大气污染物排放量将下降至0.29吨；每百万卢布GDP产生的废弃物量减少至73.4吨；生态条件恶劣区的人口数量降至2110万人；自然保护区面积扩大到国土面积的13.5%等。以下列举一些重要指标。

（一）大气污染防治方面

大气污染防治重要指标如表12-4所示。

表12-4　大气污染防治重要指标

序号	指标名称	单位	指标数值			
			2007年	2012年	2016年	2020年
1	每百万卢布GDP固定污染源大气污染物排放量	吨	0.45	0.39	0.35	0.29
2	空气污染严重或极其严重的城市数量	个	135	128	112	50
3	生态条件恶劣地区（空气污染严重或极严重的城市，或空气污染指数大于7）的人口数量	百万人	57.2	54.1	47.4	21.1
4	固定污染源污染物中截留的和经无害化处理的大气污染物所占比例	%	74.8	74.3	76	77.4
5	有害（污染）物质排放总量中超标排放的大气有害（污染）物质所占比例	%	5	5	1	1
6	与2007年相比固定污染源大气污染物排放情况	%	100	95.12	93.4	91.4
7	与2007年相比燃料能源综合体中固定污染源大气污染物排放量	%	100	98.6	71.4	59.5

序号	指标名称	单位	指标数值			
			2007 年	2012 年	2016 年	2020 年
8	与2007年相比冶金工业固定污染源大气污染物排放量	%	100	89.7	71.7	60.1
9	与2007年相比汽车排放的大气有害（污染）物情况	%	100	88.63	82.64	71.89
10	十万人口以上城市空气污染监测网络的覆盖范围	%	—	83	84.5	85

（二）水环境保护与监测方面

水环境保护与监测重要指标如表12－5所示。

表 12－5 水环境保护与监测重要指标

序号	指标名称	单位	指标数值			
			2007 年	2012 年	2016 年	2020 年
1	污染废水排放总量中主要用水主体排放的污染废水所占比例	%	60	55	50	45
2	被检查的水资源利用者中已减少有害（污染）废水排放量的水资源利用者所占比例	%	12.4	9.2	9.2	9.2
3	为监测世界大洋、北极海域与大陆架资源开发区水域状况及其污染程度而开展的海洋考察次数	次	—	2	2	2
4	进入贝加尔湖自然区域水体的污染废水排放量减少情况	%	—	100	78.9	31.6

（三）土壤环境保护方面

在土壤环境保护方面，《规划》提及的内容相对较少，主要强调推进重点地区污染场地和土壤修复。相关指标包括：到2020年，累计遭受环境损害的土地总面积下降至16.65万公顷，比2012年减少6800公顷。

（四）废弃物处理方面

废弃物处理重要指标见表12－6。

表 12 - 6　废弃物处理重要指标

序号	指标名称	单位	指标数值			
			2007 年	2012 年	2016 年	2020 年
1	每百万卢布 GDP 产生的所有危险级别的废弃物总量	吨	85.4	100.2	81.2	73.4
2	与 2007 年相比废弃物总量	%	100	41.36	45.16	48.27
3	累计废弃物总量中清除的废弃物及其他污染物所占比例	%	—	0	0.3	6
4	危险等级为 I～IV 级的废弃物中再利用和经无害化处理的废弃物所占比例	%	36.6	77.1	80.8	82
5	与 2007 年相比未经无害化处理和再利用的危险等级为 I～IV 级的废弃物量	%	100	13.14	13.68	13.74
6	产生的固体废弃物中再利用和经无害化处理的生活垃圾所占比例	%	26.75	30.47	34.19	37.91

（五）生态保护方面

生态保护重要指标见表 12 - 7。

表 12 - 7　生态保护重要指标

序号	指标名称	单位	指标数值			
			2007 年	2012 年	2016 年	2020 年
1	联邦级、地区级、地方级特殊自然保护区占国土面积的比例	%	13	11.7	12.6	13.5
2	联邦级特殊自然保护区占国土面积的比例	%	2.5	2.8	2.9	3
3	地区级和地方级特殊自然保护区占国土面积的比例	%	10.5	8.9	9.7	10.5
4	俄罗斯联邦主体中已发布红皮书的联邦主体所占比例	%	—	86	95	100
5	纳入《俄罗斯联邦红皮书》的哺乳动物中生长在联邦级特殊自然保护区的物种所占比例	%	60	65	71	77
6	纳入《俄罗斯联邦红皮书》的鸟类中生长在联邦级特殊自然保护区的鸟类所占比例	%	85	89	93	97

（六）水文气象与自然灾害监测预警方面

水文气象与自然灾害监测预警重要指标见表 12-8。

表 12-8　水文气象与自然灾害监测预警重要指标

序号	指标名称	单位	指标数值			
			2007 年	2012 年	2016 年	2020 年
1	危险自然（水文气象）现象风暴预警的准确性	%	89	88	90～91	90～91
2	短期、中期与长期太空天气预报的准确性	%	—	91	91	91
3	雪崩危险预报的准确性	%	96	95	95	95
4	24 小时天气预报的准确性	%	94.6	92	93	93

四　《规划》的资金保障

根据《规划》内容，2012～2020 年俄罗斯联邦政府将投入约 2890 亿卢布（约合 271 亿元人民币）的财政资金，用于保障《规划》的实施（不含未公开的联邦专项规划 2）。2012～2020 年，财政资金基本呈逐年递增趋势（见图 12-1）。

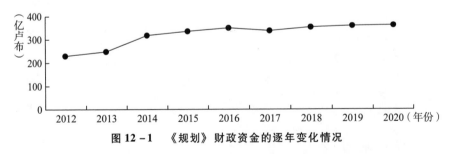

图 12-1　《规划》财政资金的逐年变化情况

根据国家的总体政策要求和工作重点，《规划》中 50% 以上的联邦财政资金主要用于改善环境质量和发展环境监测体系，其中水文气象与环境监测方面的投入最大，约为 930 亿卢布（约合 87 亿元人民币），占总金额的 32.2%。值得注意的是，用于保护贝加尔湖生态系统的资金也占了 16.7%（见表 12-9）。

此外，按照该《规划》中的指标，俄罗斯整体环境保护方面的支出将逐年增加，到 2020 年，将增至 2007 年的 2.2 倍。

表 12 - 9　《规划》资金的分布情况

单位：卢布，%

序号	规划名称	联邦财政资金	占总资金的比重
1	子规划1《环境质量控制》	70863352600	24.5
2	子规划2《俄罗斯的生物多样性》	55625285000	19.2
3	子规划3《水文气象与环境监测》	93021478600	32.2
4	子规划4《南极科研工作的组织与保障》	11687714000	4.1
5	子规划5《〈俄罗斯联邦 2012～2020 年国家环境保护规划〉实施保障》	9523887200	3.3
6	联邦专项规划《2012～2020 年贝加尔湖保护与贝加尔湖自然区域的社会经济发展》	48301800000	16.7

五　《规划》的特点分析

《俄罗斯联邦 2012～2020 年国家环境保护规划》在形式和内容上均有其特点。

（一）总体目标明确，任务指标细化

《规划》的总体目标和每个子规划的预期效果都非常明确，使每项工作有的放矢。且《规划》确立了81项具体指标，每年都有对应的指标值，以考核《规划》的实施效果。相比之下，我国《国家环境保护"十二五"规划》中仅列出了6项主要指标。

《规划》中有30项指标涉及子规划1《环境质量控制》，主要是大气污染防治和废弃物处理方面的指标。例如，与 2007 年相比，到 2020 年，固定污染源大气污染物排放量将下降至91.4%，废弃物总量下降至48.27%等。

（二）细化部门分工和责任

为落实《规划》，文件中共列举了53项具体措施和52项法律调控措施，并规定了每项措施的实施单位、落实期限、预期效果和资金额度。这就明确了各部门在《规划》实施过程中应承担的责任，为进行责任追究提供了必要的依据；同时，也能提高各部门的工作效率，加强各部门间的配合。

（三）明确地方政府的任务和要求

根据《规划》，俄罗斯各联邦主体将在大气污染防治、废弃物处理、

自然保护区建设等方面发挥重要作用。《规划》针对各联邦主体还制定了6项具体指标，包括：固定污染源污染物中截留的和经无害化处理的大气污染物所占比例、危险等级为 I～IV 级的废弃物中再利用和经无害化处理的废弃物所占比例、与 2007 年相比固定污染源大气污染物排放情况、与 2007 相比废弃物总量、地区级和地方级特殊自然保护区占国土面积的比例等。

根据各个联邦主体的发展特点和需求，给各联邦设立的指标值也有所区别。例如，到 2020 年，莫斯科市的固定污染源大气污染排放量将下降至 2007 年的 90.1%，但莫斯科州整体的排放量将上升到 2007 年的 110.3%；2020 年列宁格勒州的废弃物总量将增加到 2007 年的 103.4%，而圣彼得堡市的废弃物总量将降至 2007 年的 48.3%。

（四）重视法律调控手段，完善环保政策和法规

为更好地落实《规划》的各项措施，俄罗斯政府和相关环保部门将不断完善环保方面的法律法规，其中包括 8 条联邦法律、24 条政府决议和 19 条部门规章。

（五）重点开展大气污染防治、废弃物处理和生态保护方面的工作

从《规划》的相关指标、具体措施和资金投入来看，俄罗斯政府环保工作的优先领域主要包括大气污染防治、废弃物处理、生态保护和环境监测体系的发展，这也是各联邦主体参与度较高的领域。

六 经验借鉴及启示

《规划》是俄罗斯在环境保护领域的一项长期规划，不仅反映出俄罗斯政府在编制规划方面的特点，还体现了俄罗斯环保工作的重点。本文通过研究该《规划》，得出以下启示和建议。

（一）借鉴俄罗斯经验，加强我国环保规划统筹

1. 加强我国环保规划的统筹

俄罗斯环保规划不仅统筹中央和地方、统筹各个强势部门，还统筹生态环保各个领域，同时突出重点区域（如贝加尔湖），突出中央事权，这值得借鉴。

2. 强化地方政府环保职责

俄罗斯在《规划》中明确了地方政府的环保任务，以及地方在污染减排、废弃物处理、生态保护方面的成果指标。我国新的《环境保护法》规定，地方各级人民政府应当根据环境保护目标和治理任务，采取有效措施，改善环境质量。因此，可借鉴俄罗斯经验，结合地方特点，在规划中明确各地方政府具体任务和成果指标。

3. 建立统一的环境监测体系，推动环境信息共享

俄罗斯《规划》中的一个优先项目就是发展统一的国家生态监测体系和数据库，数据库的使用人数也成为衡量《规划》实施效果的一项重要指标。在互联网时代，要推动环境治理，必须加强环境信息公开，整合环保系统内部各业务部门信息资源，尽快实现环境信息集中统一管理、发布和共享。这既是加强环境管理、支持政府决策的需要，又是促进环境信息向社会公开、引导公众参与环保工作的要求。

（二）结合俄罗斯重点环保工作，拓展中俄环保合作领域

1. 开展废弃物处理方面的经验交流与合作

根据《俄罗斯2025年前生态安全战略》，俄罗斯国内累计有约400亿吨的生活垃圾，但其处理率不超过5％，剩下的都堆放在露天场地或违规的垃圾厂。从《规划》的内容来看，俄罗斯目前高度重视国内废弃物处理方面的工作，积极建立废弃物处理厂；同时，俄政府也在开展废弃物处理方面的国际合作，积极与哈萨克斯坦、日本、巴西、欧洲等国探讨合作可能。因此，可抓住机遇，与俄罗斯开展在废弃物处理方面的经验技术交流，丰富中俄环保合作内容，促进政府、科研机构、企业之间的合作，推动环保技术"走出去"和"引进来"。

2. 继续加强自然保护区合作与交流

俄罗斯一直重视自然保护区的建设，子规划2《俄罗斯的生物多样性》明确提出，要与中国等邻国签订协议，保护边境地区的景观和生物多样性。目前，我国与俄罗斯已建立了跨界自然保护区，保护区之间结对开展合作，取得了一定成效。建议在中俄总理定期会晤委员会环保合作分委会框架下，进一步加强跨界自然保护区和生物多样性保护方面的合作；同时，推动边境地区开展地方合作，形成从中央到地方的全面务实环保合作，重点是交流管理经验，尽量避免划定跨界自然保护区。

（三）高度关注俄罗斯环保规划的各项新要求，避免影响"一带一路"建设

俄罗斯一直高度重视贝加尔湖流域的生态环境保护，《规划》中专门拨出16.7％的资金用于实施保护贝加尔湖流域的联邦专项规划。近期，俄罗斯布里亚特共和国卡班斯基区市政办公厅致信我国，认为中国在蒙古国投资建设的额根河水电站严重破坏贝加尔湖的生态系统，违背《世界遗产公

约》和《拉姆萨尔公约》。这给我国"一带一路"建设过程中的生态环境保护工作敲响了警钟。为避免此类事件再次发生，我国应高度重视"一带一路"战略实施过程中的生态环境保护工作，开展前期环保研究，识别生态环境敏感区和脆弱区，加强对重大投资项目的环境管理，避免境外项目工程实施、资源开采、投资等对俄罗斯生态环境造成不利影响，为中蒙俄经济走廊建设提供支撑和服务，为"一带一路"战略的实施营造良好的国际舆论氛围。

参考文献

［1］《国家环境保护"十二五"规划》（国发〔2011〕42 号）。

［2］Государственная программа Российской Федерации "Охрана окружающей среды" на 2012 – 2020 годы，http：//www. mnr. gov. ru/regulatory/detail. php?ID = 134258.

［3］Проект Стратегии экологической безопасности Российской Федерации на период до 2025 года，http：//www. mnr. gov. ru/regulatory/detail. php?ID = 134737.

附　件

《俄罗斯联邦 2012～2020 年国家环境保护规划》
子规划 1《环境质量控制》

目　录

一 子规划1《环境质量控制》概述

子规划执行负责单位：俄罗斯联邦自然资源与生态部。

子规划参与者：俄罗斯联邦工业与贸易部，俄罗斯联邦能源部，俄罗斯联邦财政部，联邦自然资源利用监督局。

子规划的目标：通过提高经济的生态效益，降低人类活动对自然的总体压力。

子规划的任务：根据最佳可得技术原则，实行环境不良影响定额制度；减少对大气的不良影响；消除以往的环境损害；减少生产与消费废物对环境的不良影响；保障国家对自然资源利用和环境保护领域俄罗斯联邦法律与国际法规执行的有效监督；限制和预防对环境的不良影响，保障国家生态鉴定体系有效运行。

子规划的目标系数和指标：指标1.1固定污染源污染物中截留的和经无害化处理的大气污染物所占比例；指标1.2危险等级为Ⅰ～Ⅳ级的废弃物中再利用和经无害化处理的生产与消费废弃物所占比例；指标1.3自然资源利用和环境保护领域披露的违法违规行为中被取缔的违法违规行为所占比例；指标1.4用于促进环境保护和自然资源合理利用的基础资本投资；指标1.5有害（污染）物质排放总量中超标排放的大气有害（污染）物质所占比例；指标1.6燃料能源综合体大气有害（污染）物质排放情况；指标1.7冶金工业大气有害（污染）物质排放情况；指标1.8现有环保方面的开支；指标1.9（固定污染源大气污染物排放总量中）接受联邦国家环境监督的经济主体大气有害（污染）物质排放量所占比例；指标1.10污染废水排放总量中主要用水主体排放的污染废水所占比例；指标1.11减少使用消耗臭氧层物质；指标1.12与2007年相比固定污染源大气污染物排放情况；指标1.13与2007年相比汽车大气有害（污染）物质排放情况；指标1.14累计遭受环境损害不利影响的土地总面积；指标1.15累积废弃物总量中清除的废弃物及其他污染物所占比例；指标1.16固体废弃物中再利用和经无害化处理的生活垃圾所占比例；指标1.17～1.21危险等级分别为Ⅰ～Ⅳ级的废弃物量；指标1.22～1.26未经无害化处理和再利用的危险等级分别为Ⅰ～Ⅳ级的废弃物量；指标1.27接受检查的水资源利用者中已减少有害（污染）废水排放量的水资源利用者所占比例；指标1.28接受检查的经济主体中已减少大气有害（污染）物质排放量的经济主体所占比例；指标1.29接受观察的企业中经济活动未经允许便对环境造成不利影响的企业所占比例；指标

1.30 所有国家生态鉴定结论中被司法程序取消的鉴定结论所占比例。

子规划实施期限：2012～2020 年。

子规划财政拨款额度：联邦财政提供的子规划实施资金保障额度为
70863352600 卢布。各年资金保障额度如附表 1 所示。

附表 1　各年资金保障额度

单位：卢布

年份	金额	年份	金额
2012	4498743100	2017	7357666900
2013	5836699200	2018	7534468200
2014	10726577400	2019	7509797600
2015	10273200300	2020	6844485400
2016	10281714500		

子规划实施的预期效果如下。

• 改善环境状况，降低过去和当前经济活动带来的生态风险。

• 利用现代环境调控体系，为俄罗斯经济现代化创造条件。

• 为环境影响微小的组织减少行政障碍。

• 为环境影响微小的经济主体取消国家环保调控措施。

• 降低因居住地不良环境条件，特别是城市大气污染以及累积环境损
害导致的居民发病率，延长寿命。

• 因过去经济活动受到污染地域的环境得到恢复。

• 发展生态产品服务市场，创造条件形成生产生活垃圾的利用和再利
用产业。

• 履行俄罗斯联邦在减少大气污染、保护海洋环境方面的国际义务。

• 固定污染源有害（污染）物质中截留的和经无害化处理的大气污染
物所占比例提高到 77.4%。

• 危险等级为 I～IV 级的废弃物中再利用和经无害化处理的生产与消费
废弃物所占比例较 2007 年提高 1.2 倍。

• 国家环境监督中发现的违法违规行为中被取缔的违法违规行为所占
比例保持在不低于 70% 的水平。

• 环境保护及自然资源合理利用基础资本投资（比价）较 2007 年提
高 31.2%。

二 子规划1《环境质量控制》相关指标信息

附表2 子规划1《环境质量控制》相关指标信息

指标名称	单位	指标数值										
		2007年	2011年	2012年	2013年	2014年	2015年	2016年	2017年	2018年	2019年	2020年
指标1.1 固定污染源污染物中截留的和经无害化处理的大气污染物所占比例	%	74.8	75.5	74.3	76	76	76	76	76.2	76.7	77.25	77.4
指标1.2 危险等级为Ⅰ～Ⅳ级的废弃物中再利用和经无害化处理的生产与消费废弃物所占比例	%	36.6	73.9	77.1	79.9	80.2	80.5	80.8	81	81.3	81.6	82
指标1.3 自然资源利用和环境保护领域披露的违法违规行为中被取缔的违法违规行为所占比例	%	61	77	70	70	70	70	70	70	70	70	70
指标1.4 用于促进环境保护和自然资源合理利用的基础资本投资	%	100	84.5	96.3	97.3	104.8	108.35	113.6	118.9	122.2	128.09	131.2
指标1.5 有害（污染）物质排放总量中超标排放的大气有害（污染）物质所占比例	%	5	5	5	5	3	2	1	1	1	1	1
指标1.6 燃料能源综合体大气有害（污染）物质排放情况	%	100	93	98.6	84.3	79.3	74.4	71.4	68.4	65.4	61.5	59.5
指标1.7 冶金工业大气有害（污染）物质排放情况	%	100	91.9	89.7	83.9	79.2	75.2	71.7	68.7	66.2	63	60.1
指标1.8 现有环保方面的开支	%	100	125.6	134.8	137.1	149.1	161.1	173.1	185.1	197.1	209.1	221.1

续表

指标名称	单位	指标数值												
		2007 年	2011 年	2012 年	2013 年	2014 年	2015 年	2016 年	2017 年	2018 年	2019 年	2020 年
指标1.9（固定污染源大气污染物排放总量中）接受联邦国家环境监督的经济主体大气有害（污染）物质排放量所占比例	%	—	80	75	73	72	71	70	69	67	65	62
指标1.10 污染废水排放总量中主体排放的污染废水所占比例	%	—	60	55	53	52	51	50	49	48	47	45
指标1.11 减少使用消耗臭氧层物质	%	—	77	80	75	75	90	90	90	90	90	99.5
指标1.12 与2007年相比固定污染源大气污染物排放情况	%	100	92.85	95.12	93	93.1	93.2	93.4	93.5	92.9	92.7	91.4
指标1.13 与2007年相比汽车大气有害（污染）物质排放情况	%	100	89.32	88.63	87.61	86.59	85.37	82.64	79.91	77.19	74.46	71.89
指标1.14 累积遭受环境损害不利影响的土地总面积	千公顷	—	—	173.3	173.3	173.2	173.1	172.9	172.3	169.7	167.2	166.5
指标1.15 累积废弃物总量中清除的废弃物及其他污染物所占比例	%	—	—	0	0	0	0.2	0.3	1.1	2.5	4	6
指标1.16 固体废弃物中再利用和经无害化处理的生活垃圾所占比例	%	26.75	29.54	30.47	31.4	32.33	33.26	34.19	35.12	36.05	36.98	37.91
指标1.17 危险等级分别为Ⅰ～Ⅳ级的废弃物数量	%	100	40.58	41.36	42.34	43.38	44.42	45.16	45.92	46.69	47.47	48.27
指标1.18 与2007年相比废弃物（危险等级为Ⅰ级）量	%	100	85.12	86.75	88.8	90.99	93.16	94.73	96.31	97.93	99.57	101.24

续表

指标名称	单位	指标数值										
		2007年	2011年	2012年	2013年	2014年	2015年	2016年	2017年	2018年	2019年	2020年
指标1.19 与2007年相比废弃物（危险等级为II级）量	%	100	55.71	56.78	58.12	59.55	60.98	62	63.04	64.09	65.17	66.26
指标1.20 与2007年相比废弃物（危险等级为III级）量	%	100	150.18	153.06	156.67	160.54	164.37	167.13	169.93	172.78	175.68	178.62
指标1.21 与2007年相比废弃物（危险等级为IV级）量	%	100	36.1	36.79	37.66	38.59	39.51	40.17	40.85	41.53	42.23	42.94
指标1.22 未经无害化处理和再利用的危险等级为I～IV级的废弃物量	%	100	16.71	13.14	13.44	13.56	13.66	13.68	13.75	13.75	13.75	13.74
指标1.23 与2007年相比未经无害化处理和再利用的废弃物（危险等级为I级）量	%	100	70.2	67.97	65.91	63.79	61.47	58.59	55.6	52.5	49.27	41.75
指标1.24 与2007年相比经无害化处理和再利用的废弃物（危险等级为II级）量	%	100	63.42	62.94	62.7	62.47	55.56	57.66	54.87	51.98	48.97	45.85
指标1.25 与2007年相比未经无害化处理和再利用的废弃物（危险等级为III级）量	%	100	244.05	191.33	195.84	197.67	199.3	199.51	200.73	200.86	200.93	200.95
指标1.26 与2007年相比经无害化处理和再利用的废弃物（危险等级为IV级）量	%	100	29.7	23.29	23.84	24.06	24.26	24.28	24.43	24.45	24.46	24.46
指标1.27 接受检查的水资源利用者中已减少有害（污染）废水排放量的水资源利用者所占比例	%	—	12.4	9.2	9.2	9.2	9.2	9.2	9.2	9.2	9.2	9.2

续表

指标名称	单位	指标数值										
		2007 年	2011 年	2012 年	2013 年	2014 年	2015 年	2016 年	2017 年	2018 年	2019 年	2020 年
指标 1.28 接受检查的经济主体中已减少大气有害（污染）物质排放量的经济主体所占比例	%	—	14.7	11	11	11	11	11	11	11	11	11
指标 1.29 接受观察的企业中经济活动未经允许便对环境造成不利影响的企业所占比例	%	13.4	13.5	13.3	13	5	4	3	3	3	3	3
指标 1.30 所有国家生态鉴定结论中被认定法律程序取消的鉴定结论所占比例	%	—	—	0.5	0.5	0.5	0.5	0.5	0.5	0.5	0.5	0.5

三 子规划 1《环境质量控制》的主要措施清单

附表 3 子规划 1《环境质量控制》的主要措施清单

主要措施编号及名称	执行单位	实施期限		预期效果	主要实施方向	与国家规划（子规划）各指标的联系
		开始	结束			
1.1 为完善环保调控方法提供标准法令与科学保障	自然资源与生态部	2012 年	2020 年	为保障环境不利影响定额系统的有效运行制定标准法令草案；出台经济激励措施降低人为因素的不利影响；开展旨在提高环境质量、保障生态安全的科研工作，包括为制定国家政策提供科学保障，制定确定污染排放标准与影响经济法律激励机制、完善环境不利影响罚款缴纳机制的提案	编制标准法令草案，开展科学工作，以便为完善环保调控提供科学分析保障	主要措施影响子规划所有指标以及《规划》指标 1~5 的实现

续表

主要措施编号及名称	执行单位	实施期限 开始	实施期限 结束	预期效果	主要实施方向	与国家规划（子规划）各指标的联系
1.2 为完善环保调控提供信息分析保障	自然资源与生态部	2012年	2020年	整体上为提高生态安全质量提供信息分析保障，包括完善废弃物处理规范	自然资源与生态部所属的联邦国家政权机构开展信息分析专项工作（在完成国家任务框架内）	措施的实施影响所有子规划专项指标以及《规划》指标4
1.3 为履行国际义务提供标准法令和科学方法保障	自然资源与生态部	2012年	2020年	监督履行国际协议的义务；编制履行国际义务的国家报告	开展科学研究活动（包括海洋环境），以出台保护环境（国际义务）调控措施；为根据国家调查编制国家报告提供规范方法；为发展国际合作提供科学支撑	影响子规划所有指标
1.4 完善减少对大气不利影响方面的标准法令调控	自然资源与生态部	2012年	2020年	编制旨在减少对大气不利影响的标准法令草案	编制旨在减少对大气不利影响的标准法令草案；利用俄罗斯联邦自然资源与生态部中央机关活动资金保障主要措施的实施	影响《规划》专用指标1～3、子规划指标1.1、1.5～1.7的实现
1.5 在俄罗斯境内建立国家调控综合系统，调控破坏臭氧层物质及含有破坏臭氧层成分的产品的流转量	自然资源与生态部	2012年	2020年	采用破坏臭氧层物质消耗量计算系统；查明破坏臭氧层物质和含有破坏臭氧层物质的产品的生产与消耗需求；查明消耗（输入、输出、生产）破坏臭氧层物质的数量限制；制定技术条例和标准；促进使用对破坏臭氧层无害的物质的经济体制；建立国家监督破坏臭氧层物质的监督系统，以监督违反破坏臭氧层物质排放量；制定违反要求的问责措施	编制在俄罗斯境内建立国家调控综合系统，调控破坏臭氧层物质及含有破坏臭氧层成分的产品的流转综合系统及含有破坏臭氧层成分的产品，利用俄罗斯联邦自然资源活动机关中央措施的实施	保障子规划任务指标1.11的专项数值的实现

续表

主要措施编号及名称	执行单位	实施期限		预期效果	主要实施方向	与国家规划（子规划）各指标的联系
		开始	结束			
1.6 管理碳单位清单	自然资源与生态部	2012年	2015年	按照《京都议定书》和《联合国气候变化框架公约》的要求保障俄罗斯碳单位清单的编制	按照《京都议定书》和《联合国气候变化框架公约》的要求保障利用俄罗斯联邦自然碳资金保障主要措施与生态部活动资金保障主要措施的实施	影响子规划指标1.12
1.7 完善标准法令调控，消除过去造成的环境损害	自然资源与生态部	2012年	2020年	为消除过去的经济活动造成的环境损害，促进解决该问题的非财政投资投资等工作提供标准法令基础保障	保障标准法令草案的起草，消除俄罗斯联邦自然资源与生态保障金保障主要措施的实施	影响《规划》指标5，子规划指标1.14、1.15、21
1.8 恢复利用原中伏尔加化学制品厂股份公司厂区（恰帕耶夫斯克市）	工业和贸易部	2012年	2014年	编制重新利用遭受过去经济活动造成的环境损失的土地的预算草案	编制预算草案	影响《规划》指标5，20、21
1.9 消除法兰土约恶夫地群岛上过去造成的环境损害，实施其他经济活动造成的环境损害领域的优先项目	自然资源与生态部、能源部	2012年	2016年	复耕土地重新投入生产经营，消除对环境的不利影响，向已消除污染地区移民	实施消除法兰土约恶夫地群岛上过去造成的环境损害的工程项目	影响《规划》指标5，1.14、1.15
1.10 实施国际复兴开发银行"发展统一国家生态监测系统"项目	自然资源与生态部	2012年	2019年	采用建立统一国家生态监测系统的先进国际经验	筹划并实施国际复兴开发银行项目，该项目规定了建立国家生态监测数据库的方法和实施措施	影响子规划所有指标

续表

主要措施编号及名称	执行单位	实施期限 开始	实施期限 结束	预期效果	主要实施方向	与国家规划（子规划）各指标的联系
1.11 填埋工业废弃物（向托木斯克市废弃物处理厂股份公司注资）	自然资源利用监督局	2012 年	2012 年	提高废弃物处理厂再利用剧毒工业废弃物的能力，将有助于保障托木斯克州安全、生态环境的生态环境，降低有毒工业废弃物导致的生态环境损害风险	向托木斯克市废弃物处理厂股份公司注资	影响子规划指标 1.2、1.23～1.25
1.12 修建圣彼得堡市和列宁格勒州有毒废弃物处理厂（国有企业"红松林"位于圣彼得堡市科尔皮诺）废弃物处理厂位于圣彼得堡市科尔皮诺	自然资源利用监督局	2012 年	2012 年	实现对圣彼得堡市和列宁格勒州有毒废弃物的无害化处理	进行基建投资融资，修建圣彼得堡市和列宁格勒州有毒废弃物处理厂（国有企业"红松林"废物处理厂位于圣彼得堡市科尔皮诺）	影响子规划指标 1.2、1.23～1.25
1.13 实施废弃物利用无害化处理领域的各项工程	自然资源部、生态部，各联邦主体行政机关	2012 年	2016 年	实施废弃物无害化处理领域的各优先项目（关闭"伊古姆诺沃"生活垃圾处理厂，关闭深层掩埋工业废水处理厂和组织松散的"黑洞"工业废弃物填埋场，停用白海泥渣收集器）	在下诺夫哥罗德州实施废弃物再利用和无害化处理的实际项目（联邦财政资金投资），在其他俄罗斯联邦主体实施废弃物再利用和无害化处理的措施（利用俄罗斯联邦主体相应各层面预算资金）	影响《规划》指标 5 和子规划指标 1.2、1.22～1.26
1.14 开展国家综合生态监督、监督环境保护领域俄罗斯联邦各领域的执法律、国际准则的执行情况	自然资源利用监督局，各联邦主体行政机关	2012 年	2020 年	保障自然资源利用和环境保护领域的俄罗斯联邦法律得到遵守	要求联邦自然资源利用监督局的中央机构和地方机关组织、监督领域的审查，并评估国家生态监督的有效性	影响《规划》指标 1～4，子规划指标 1.3、1.27、1.28

续表

主要措施编号及名称	执行单位	实施期限		预期效果	主要实施方向	与国家规划（子规划）各指标的联系
		开始	结束			
1.15 为国家生态监督提供实验室保障、信息保障和物质技术保障	自然资源利用监督局	2012年	2020年	为国家生态监督提供实验室保障；由联邦国家开展环境不利影响赔偿工作；为国家生态监督提供生态信息保障；为在俄罗斯联邦内海和大陆架开展国家生态监督提供物质技术保障	俄罗斯联邦自然资源利用监督局所属的联邦国家财政机构实施为国家生态监督提供实验室保障、专家保障，信息保障和物质技术保障的措施	影响《规划》指标1～4，子规划指标1.3、1.27、1.28
1.16 为国家生态监督提供科学方法保障	自然资源利用监督局	2012年	2020年	丰富国家生态监督的科学方法保障	开展为国家生态监督提供科学方法保障的科研工作	影响《规划》指标1～4，子规划指标1.3、1.27、1.28
1.17 在限制技术因素对环境的不利影响方面，包括废弃物（放射性废弃物除外）处理方面，颁发许可证	自然资源利用监督局	2012年	2020年	限制技术因素对环境不利影响的国家调控	俄罗斯联邦自然资源利用监督局在限制技术因素对环境的不利影响方面，包括废弃物处理方面，履行颁发许可证职能	影响子规划指标1.29
1.18 开展联邦级国家生态鉴定	自然资源利用监督局	2012年	2020年	俄罗斯联邦公民可利用经营及其他活动产生的不利影响的预报，获取有利环境的宪法权利	开展联邦国家生态鉴定，包括相应的鉴定必要提供的科学分析保障	影响子规划指标1.30
1.19 消除经济活动造成的污染及其对环境的不利影响	自然资源利用生态部	2012年	2020年	恢复6800公顷土地地力，消除2013年清理查出的累积受环境损害的事物超过70万人的居住地生态环境	开展科研工作、研究（完善）消除累积环境损害的方法，评估遭受累积环境损害的影响，开展工作恢复由于过去经济活动遭遇到污染地区的地力和生态	影响子规划1.14、1.15和《规划》指标5

续表

主要措施编号及名称	执行单位	实施期限 开始	实施期限 结束	预期效果	主要实施方向	与国家规划（子规划）各指标的联系
1.20 消除在停产的煤炭工业组织中进行开采作业的生态后果和其他后果	能源部	2014年	2016年	将恢复地力的土地重新投入生产，降低停产的煤炭工业组织中废石场和矿井采作业对环境和居民的不利影响	恢复遭破坏土地的生产力，燃烧废石场灭火，装设净水场水设备	影响子规划指标1.14
1.21 保护多加湖和奥涅加湖的环境和资源	自然资源与生态部	2014年	2020年	环境状况得到改善，拉多加湖和奥涅加湖生物资源数量增加	要求制定并实施保护环境与拉多加湖和奥涅加湖各类资源的综合措施	影响子规划指标1.15、1.16

四 子规划1《环境质量控制》的法律调控措施

附表4 子规划1《环境质量控制》的法律调控措施

序号	法令类型	法令的主要规定	执行责任单位	通过时间
1	联邦法律	关于修改完善环保定额、运用经济措施激励经济主体采用最新技术领域的个别俄罗斯联邦法令，包括： 确定经济活动对象及其他污染物排放许可的种类，以便进行发放系统； 优化环保领域污染物排放许可的定额与发放系统，包括确定允许排放污染物的技术定额，并获取环境污染许可的事物，经济主体按制定允许排放污染物预计排放量 对于具有最大环境污染影响的事物，经济主体按照通知顺序提供污染物预计排放量信息； 对于环境影响不大的事物，经济主体按照通知顺序提供实际排放到环境中的污染物排放量信息；	自然资源与生态部、经济发展部、财政部、工业和贸易部、反垄断局	2014年

续表

序号	法令类型	法令的主要规定	执行责任单位	通过时间
1	联邦法律	根据对环境施加不利影响的事物种类确定生产生态监督的必然要求以及要求类别； 规定对具有极大污染可能性的事物以及其他事物实施实施联邦国家生态监督，而对其他环境影响较大的事物则按既定序制定的事物实施； 规定经营对象是具有极大污染可能性的经济主体，向联邦执行权力机关按既定程序提交废弃物处理报告及其堆放限量，并按既定定额和堆放限量提交报告； 规定经营对象环境影响报告，取消此类经济主体必须制定废弃物排放额和堆放限量的规定； 明确生产生态监督程序的统一要求	自然资源与生态部、经济发展部、财政部、工业和贸易部、反垄断局	2014 年
2	联邦法律	关于修改若干关于协调环境损害（包括与过去经济活动相关的环境损害）的赔偿（消除）问题的俄罗斯联邦法令	自然资源与生态部、经济发展部	2015 年
3	联邦法律	关于修改《关于生产与消费废弃物的俄罗斯联邦法令》及其他运用经济手段促进废弃物处理的俄罗斯联邦法令，包括： 废弃物堆放在不会对环境产生影响的废弃物堆积场所，免于支付环境影响费用； 规定产品生产商（进口商）使用有关去消费和更新生产（进口）产品属性的责任； 保障俄罗斯联邦主体国家权力机关建立并定期更新生产废弃物和消费废弃物产生和处理的个体生态监督网络； 对产生因其经济活动及其他活动产生废弃物而接受地区国家生态监督的个体企业和法人，联邦主体有权规定其废弃物产生定额与堆放限量，此应限制相关法律中自由矛盾之处应予排除； 取消必须与若干国家权力机关商议污染大气的废弃物保存填埋地点的要求；	自然资源与生态部、经济发展部、财政部、反垄断局、工业和贸易部	2014 年
4	联邦法律	关于修改《俄罗斯联邦关于区别对待废弃物处理行政违法行为的法令》	自然资源与生态部、经济发展部、财政部、反垄断局	2014 年

续表

序号	法令类型	法令的主要规定	执行责任单位	通过时间
5	联邦法律	关于生态审计、生态审计首任生态审计国家调控的俄罗斯联邦法令。生态审计旨在建立独立分析、评估任一活动的实际结果、制定降低对环境不利影响、提高环境管理质量的有效工具	自然资源与生态部、经济发展部	2015 年
6	联邦法律	关于修改《关于生态鉴定的联邦法律》，包括：确定国家生态鉴定对象清单；扩展国家生态鉴定期限从6个月缩减为3个月；取消国家生态鉴定肯定性结论有效期；确定地方自治机构组织的社会论证程序	自然资源与生态部、经济发展部	2015 年
7	俄罗斯联邦政府决议	关于组织实施联邦国家生态监督的程序	自然资源与生态部、经济发展部、国防部、农业部、渔业局、安全局、财政部	2014 年
8	俄罗斯联邦政府决议	《关于经济活动及其他活动的对象对环境产生的不利影响的标准（指标）》，依据此标准确定经济活动及其他活动的类别以进行国家生态监督	自然资源与生态部、经济发展部、农业部、技术和原子能监督、消费者权益保护和公益监督局、财政部	根据上述第1条联邦法律的通过时间确定
9	俄罗斯联邦政府决议	关于修改2009年7月16日俄罗斯联邦政府第584号决议《关于开始个别种类的企业活动的规定程序》，包括确定生产和消费废弃物活动的开始程序，终止此类活动的许可证制度	自然资源与生态部、经济发展部、财政部、反垄断局、工业和贸易部	根据上述第3条联邦法律的通过时间确定
10	俄罗斯联邦政府决议	关于修改2004年7月30日俄罗斯联邦规章和修改2004年7月22日俄罗斯联邦政府第370号政府决议，包括取消俄罗斯联邦自然资源利用监督局废弃物堆积设施、协调废弃物处理生产监督，颁发许可证的权力	自然资源与生态部、经济发展部、财政部、反垄断部	根据上述第3条联邦法律的通过时间确定
11	俄罗斯联邦政府决议	关于确定利用各类丧失消费属性的制成产品和商品（包装）的程序	自然资源与生态部	根据上述第3条联邦法律的通过时间确定

续表

序号	法令类型	法令的主要规定	执行责任单位	通过时间
12	俄罗斯联邦政府决议	关于强化俄罗斯联邦破坏臭氧层物质消耗与流转国家调控的措施	自然资源与生态部、经济发展部、工业和贸易部	2014年
13	俄罗斯联邦政府决议	关于最佳可用信息技术手册编写修订程序	自然资源与生态部、工业和贸易部、技术和原子能监督局	根据上述第1条联邦法律的通过时间确定
14	俄罗斯联邦政府决议	关于最佳可行技术应用领域清单	自然资源与生态部、工业和贸易部、能源部、财政部	根据上述第1条联邦法律的通过时间确定
15	俄罗斯联邦政府决议	关于建立对环境产生不利影响的事物清单以及清单使用规范的程序	自然资源与生态部、经济发展部、工业和贸易部	根据上述第1条联邦法律的通过时间确定
16	俄罗斯联邦政府决议	关于确定环境不利影响赔偿计算与缴纳赔偿缴纳是否足值与及时的监督规程，制定环境不利影响赔偿规范	自然资源与生态部、经济发展部、财政部	根据上述第1条联邦法律的通过时间确定
17	俄罗斯联邦政府决议	关于编制污染物详尽清单，包括对其排放采取国家调控措施和禁止排放到环境中的污染物	自然资源与生态部、财政部、反垄断局、工业、技术和原子能监督局、工业和贸易部	根据上述第1条联邦法律的通过时间确定
18	俄罗斯联邦政府决议	关于确定根据对环境产生不利影响的经济活动和其他活动对象的类别采取的生产生态监督的强制性要求	自然资源与生态部、经济发展部、反垄断局、工业和贸易部	根据上述第1条联邦法律的通过时间确定
19	俄罗斯联邦政府决议	关于固定污染源大气有害污染物质排放量计算方法的制定与确认程序	自然资源与生态部、消费者权益保护和公益监督局、能源部、工业和贸易部	根据上述第1条联邦法律的通过时间确定

续表

序号	法令类型	法令的主要规定	执行责任单位	通过时间
20	俄罗斯联邦政府决议	关于将经济活动及其他活动的对象确定为 B、C、D 类以便实现环保领域的国家调控	自然资源与生态部、经济发展部、消费者权益保护和公益监督局	根据上述第 1 条联邦法律的通过时间确定
21	俄罗斯联邦政府决议	关于批订、审核与确定环保质量定额的程序	自然资源与生态部、经济发展部、消费者权益保护和公益监督局	根据上述第 1 条联邦法律的通过时间确定
22	俄罗斯联邦政府决议	关于确定排放来源种类清单和有害污染物质清单、大气有害污染物质排放量及其浓度核算的自动测量手段	自然资源与生态部、经济发展部、工业和贸易部	根据上述第 1 条联邦法律的通过时间确定
23	俄罗斯联邦政府决议	关于确定颁发综合生态许可证及修改、重新办理和审核的程序	自然资源与生态部、经济发展部、消费者权益保护和公益监督局、地区发展部	根据上述第 1 条联邦法律的通过时间确定
24	俄罗斯联邦政府决议	关于确定对以下手段的要求：大气有害污染物质排放量及其浓度的自动测量手段、将测量结果信息提交国家生态监测（国家环境监测）数据库的技术手段	自然资源与生态部、技术控制与计量部、工业和贸易部	根据上述第 1 条联邦法律的通过时间确定
25	俄罗斯联邦政府决议	对于采用最佳可得技术时投入使用的主要技术设备，纳税人有权采用不高于 2 的特别折旧系数，以确保与主要折旧标准相适应	自然资源与生态部、经济发展部、能源部、财政部	根据上述第 1 条联邦法律的通过时间确定
26	技术和原子能监督局命令	2007 年 8 月 15 日俄罗斯联邦技术和原子能监督局第 570 号命令《关于对危险废弃物登记造册工作的组织》失效（取消经济主体须在联邦执行权力机构废弃物处理部门办理废弃物危险等级证明的强制要求）	技术和原子能监督局、自然资源与生态部	2014 年
27	交通部命令	关于确定按照废弃物的种类和危险等级分运输垃圾的要求	交通部、自然资源与生态部、经济发展部	根据上述第 3 条联邦法律的通过时间确定

续表

序号	法令类型	法令的主要规定	执行责任单位	通过时间
28	自然资源与生态部命令	关于制定天然气清洁装置运营规范	自然资源与生态部	根据上述第1条联邦法律的通过时间确定
29	自然资源与生态部命令	关于登记固定排放来源、大气有害污染物质排放情况及其调整情况，关于所得数据的文件编制与保存	自然资源与生态部	根据上述第1条联邦法律的通过时间确定
30	自然资源与生态部命令	关于向国家清单提交对环境产生不利影响的事物信息的格式，包括带有电子数字签名的电子文档形式	自然资源与生态部	根据上述第1条联邦法律的通过时间确定
31	自然资源与生态部命令	关于通过制订环保措施计划的方法实施监督的程序	自然资源与生态部	根据上述第1条联邦法律的通过时间确定
32	自然资源与生态部命令	关于确定环境不利影响赔偿申报程序和申报格式	自然资源与生态部、财政部	根据上述第1条联邦法律的通过时间确定
33	自然资源与生态部命令	关于为对环境产生不利影响的事物编码的程序	自然资源与生态部	根据上述第1条联邦法律的通过时间确定
34	自然资源与生态部命令	关于鉴定工序、设备、技术、方法、手段、工具是否为最佳可得技术的方法	自然资源与生态部、经济发展部、工业和贸易部、能源部、消费者权益保护和公益监督局	根据上述第1条联邦法律的通过时间确定
35	自然资源与生态部命令	关于生产生态监督的组织与实施结果报告格式，包括带有电子数字签名的电子文档和填写建议的形式	自然资源与生态部、工业和贸易部	根据上述第1条联邦法律的通过时间确定
36	自然资源与生态部命令	关于确定技术标准制定规范	自然资源与生态部、能源部	根据上述第1条联邦法律的通过时间确定
37	自然资源与生态部命令	关于确定环境不利影响申报格式及其填写程序，包括带有电子数字签名电子文档形式	自然资源与生态部	根据上述第1条联邦法律的通过时间确定

续表

序号	法令类型	法令的主要规定	执行责任单位	通过时间
38	自然资源与生态部命令	关于获取综合生态许可的申请形式以及综合生态许可的形式	自然资源与生态部	根据上述第26条联邦政府决议的通过时间确定
39	自然资源与生态部命令	关于通过制定计划采用最佳可得技术的方法建议	自然资源与生态部	根据上述第1条联邦法律的通过时间确定

五 实施子规划1《环境质量控制》的联邦财政资金保障

附表5 子规划1《环境质量控制》的联邦财政资金保障

单位：千卢布

主要措施名称	执行单位	支出								
		2012年	2013年	2014年	2015年	2016年	2017年	2018年	2019年	2020年
子规划1《环境质量控制》	总计	4498743.1	5836699.2	10726577.4	10273200.3	10281714.5	7357666.9	7534468.2	7509797.6	6844485.4
	自然资源与生态部	978983.8	1946897.8	5378787	5508269.9	5526269.9	3975372.3	4016881.8	3851507.7	3039864
	工业和贸易部	141398.1	282300	327778.5	—	—	—	—	—	—
	能源部	—	—	1300000	1300000	1300000	—	—	—	—
	自然资源利用监督局	3378361.2	3607501.4	3646861.9	3391780.4	3382294.6	3382294.6	3517586.4	3658289.9	3804621.4
	财政部	—	—	73150	73150	73150	—	—	—	—

续表

主要措施名称	执行单位	支出								
		2012 年	2013 年	2014 年	2015 年	2016 年	2017 年	2018 年	2019 年	2020 年
	总计	44505.2	54706.1	125498.5	130498.5	130498.5	57348.5	59642.4	62028.1	64509.2
1.1 为完善环保调控提供标准法令与科学方法保障	自然资源与生态部	44505.2	54706.1	52348.5	57348.5	57348.5	57348.5	59642.4	62028.1	64509.2
	财政部	—	—	73150	73150	73150	—	—	—	—
1.2 为完善环保调控提供信息分析保障	自然资源与生态部	16147	23471	18308.7	18848.1	18848.1	18848.1	19602	20386.1	21201.5
1.3 为履行国际义务提供标准法令与科学方法保障	自然资源与生态部	21900	16581.9	12582.2	12582.2	12582.2	12582.2	13085.5	13608.9	14153.3
1.4 完善减少对大气不利影响方面的标准法令调控	自然资源与生态部	—	—	—	—	—	—	—	—	—
1.5 在俄罗斯境内建立国家调控综合系统，调控破坏环境臭氧层物质及含有破坏臭氧层成分的产品的流转量	自然资源与生态部	—	—	—	—	—	—	—	—	—
1.6 管理碳单位清单	自然资源与生态部	—	—	—	—	—	—	—	—	—
1.7 完善标准法令调控，消除过去造成的环境损害	自然资源与生态部	—	—	—	—	—	—	—	—	—

续表

主要措施名称	执行单位	支出								
		2012年	2013年	2014年	2015年	2016年	2017年	2018年	2019年	2020年
1.8 恢复利用原中伏尔加化学制品厂股份公司厂区（恰帕耶夫斯克市）	工业和贸易部	141398.1	282300	327778.5	—	—	—	—	—	—
1.9 消除法兰士约瑟夫地群岛上过去造成的环境损害，实施其他经济活动造成的环境损害等领域的先进项目	总计	890000	703000	688940	688940	688940	—	—	—	—
	自然资源与生态部	150000	—	—	—	—	—	—	—	—
		740000	703000	688940	688940	688940	—	—	—	—
1.10 实施国际复兴开发银行"发展统一国家生态监测系统"项目	总计	12863.2	55031	955240	2058000	2094000	1893187	1969103.8	1630969.2	—
	自然资源与生态部	6431.6	27515.5	477620	1029000	1047000	946593.5	984551.9	815484.6	—
		3215.8	7487.3	143620	308700	314100	309344.3	321749	335636.7	—
		3215.8	20028.2	334000	720300	732900	637249.2	662802.9	479847.9	—
1.11 填埋工业废物（向托木斯克市废物处理厂股份公司注资）	自然资源利用监督局	8600	—	—	—	—	—	—	—	—
1.12 修建圣彼得堡州和列宁格勒州有毒废弃物处理厂（国营企业"红松林"废物处理厂位于圣彼得堡市科尔皮诺）	自然资源利用监督局	42400	—	—	—	—	—	—	—	—

续表

主要措施名称	执行单位	支出								
		2012年	2013年	2014年	2015年	2016年	2017年	2018年	2019年	2020年
1.13 实施废弃物利用和无害化处理领域的各项工程	自然资源与生态部	—	1121623.3	1188987.6	761551.1	761551.1	—	—	—	—
1.14 开展国家综合生态监督，监督俄罗斯邦环境保护领域联邦法律、国际准则的执行情况	总计	2481442.5	2562390.9	2619834.3	2585086.4	2575600.6	2575600.6	2678624.6	2785769.6	2897200.3
	自然资源利用监督局	2026003.9	2114076.2	2208198.2	2209010.8	2209010.8	2209010.8	2297371.2	2389266	2484836.6
		409870.8	402822.7	365709.7	330149.2	320663.4	320663.4	333489.9	346829.5	360702.7
		27345	27367	25998.9	25998.9	25998.9	25998.9	27038.9	28120.5	29245.3
		18222.8	18125	19927.5	19927.5	19927.5	19927.5	20724.6	21553.6	22415.7
1.15 为国家生态监督专家实验室保障、信息保障和物质技术保障提供	总计	667936	814695.2	854718.5	660125	660125	660125	686530	713991.2	742550.8
	自然资源利用监督局	646516.9	788797.5	830115.7	635522.2	635522.2	635522.2	660943.1	687380.8	714876
		21419.1	25897.7	24602.8	24602.8	24602.8	24602.8	25586.9	26610.4	27674.8
1.16 为国家生态监督科学方法保障提供	总计	62983.1	11689	63059	51568.8	51568.8	51568.8	53631.6	55776.9	58008
	自然资源利用监督局	51426	11689	51568.8	51568.8	51568.8	51568.8	53631.6	55776.9	58008
		11557.1	—	11490.2	—	—	—	—	—	—
1.17 在限制技术因素对环境的不利影响方面，包括废弃物（放射性废弃物除外）处理方面，颁发许可证	自然资源利用监督局	—	—	—	—	—	—	—	—	—

续表

主要措施名称	执行单位	支出									
		2012 年	2013 年	2014 年	2015 年	2016 年	2017 年	2018 年	2019 年	2020 年
1.18 开展联邦级国家生态鉴定	自然资源利用监督局	114999.6	218726.3	109250.1	95000.2	95000.2	95000.2	98800.2	102752.2	106862.3
1.19 消除经济活动造成的污染及其他对环境的其他不利影响	自然资源与生态部	—	—	2940000	2940000	2940000	2940000	2940000	2940000	2940000
1.20 消除在停产的煤炭工业组织中进行开采作业的生态后果和其他后果	能源部	—	—	1300000	1300000	1300000	—	—	—	—
1.21 保护加湖和奥涅加湖的环境和资源	自然资源与生态部	—	—	—	—	—	—	—	—	—

六 子规划 1《环境质量控制》针对各联邦主体的指标信息

附表 6 子规划 1《环境质量控制》针对各联邦主体的指标信息

单位：%

联邦主体	指标数值										
	2010 年	2011 年	2012 年	2013 年	2014 年	2015 年	2016 年	2017 年	2018 年	2019 年	2020 年
指标 1.1 固定污染源污染物中截留的和经无害化处理的大气污染物所占比例											
别尔哥罗德州	85.2	85.4	86.4	86.4	86.4	86.4	86.4	86.4	86.4	86.4	86.4

续表

联邦主体	指标数值										
	2010年	2011年	2012年	2013年	2014年	2015年	2016年	2017年	2018年	2019年	2020年
布良斯克州	94.1	92.8	93	94.1	94.1	94.1	94.1	94.1	94.1	94.1	94.1
弗拉基米尔州	28.3	28.8	29.3	29.8	30.3	30.8	31.3	31.8	32.3	32.8	33.3
沃罗涅日州	39.6	41.6	38.2	43.5	43.6	43.6	43.7	43.8	44.5	45.1	46.1
伊万诺沃州	41.2	39.5	41.4	83	85	86	87	88	89	90	90
卡卢加州	91.7	91.4	91.2	92.6	92.8	93	93	93	93	93	93
科斯特罗马州	45.7	40.2	35.8	45.7	45.7	45.7	45.7	45.7	45.7	45.7	45.7
库尔斯克州	48.9	52.6	49.8	52.6	52.6	52.6	52.6	52.6	52.6	54.2	56.2
利佩茨克州	75.5	77.7	80.7	80.7	80.7	80.7	80.7	80.7	80.7	80.7	80.7
莫斯科州	81	81.7	83.3	83.3	83.3	83.3	83.3	83.3	83.3	83.3	83.3
奥廖尔州	20.2	22.2	32.2	32.2	32.2	32.2	32.2	32.2	32.2	32.2	32.2
梁赞州	80.1	80.6	79	80.6	80.6	80.6	80.6	80.6	80.6	80.6	80.6
斯摩棱斯克州	69.9	65.3	65.8	69.9	69.9	69.9	69.9	69.9	69.9	69.9	69.9
坦波夫州	18	18.6	18.3	18.6	18.6	18.6	20	22	25	30	30
特维尔州	33.4	25.5	27.9	39	40	40.0	41.5	42.5	43	44	44.5
图拉州	78.1	77.6	75.9	78.1	78.1	78.1	78.1	78.1	78.1	78.1	78.1
雅罗斯拉夫州	39.7	36.1	37.1	42.5	42.5	42.5	42.5	42.5	42.5	42.5	42.5
莫斯科市	54	52.2	39.6	54	54	54	54	54	54	54	54
卡累利阿共和国	56.4	52.9	46.7	56.4	56.4	56.4	56.4	56.4	56.4	56.4	56.4
科米共和国	37.9	32.1	37.5	37.9	37.9	37.9	37.9	37.9	37.9	37.9	37.9

续表

联邦主体	指标数值										
	2010 年	2011 年	2012 年	2013 年	2014 年	2015 年	2016 年	2017 年	2018 年	2019 年	2020 年
阿尔汉格尔斯克州	55.8	63.8	70.5	70.5	70.5	70.5	70.5	70.5	70.5	70.5	70.5
沃洛格达州	78.9	77.4	76.7	79	80	80	81	81	81	81	81
加里宁格勒州	30.2	34.2	27.6	70	70	70	70	70	70	70	70
列宁格勒州	81.2	81.4	80.3	81.4	81.4	81.4	81.4	81.4	81.4	81.4	81.4
摩尔曼斯克州	88.6	87.2	86.1	88.6	88.6	88.6	88.6	88.6	88.6	88.6	88.6
诺夫哥罗德州	66.2	70	71	71	71	71	71	71	71	71	71
普斯科夫州	27.4	29	36.2	36.2	36.2	36.2	36.2	36.2	36.2	36.2	36.2
圣彼得堡市	65.8	64	62.4	65.8	65.8	65.8	65.8	65.8	65.8	65.8	65.8
阿迪格格共和国	56.5	50	45	56.5	56.5	56.5	56.5	56.5	56.5	56.5	56.5
卡尔梅克共和国	4.9	3.2	5.1	50	55	60	65	70	75	80	85
克拉斯诺达尔边疆区	83.4	80.1	86.7	86.7	86.7	86.7	86.7	86.7	86.7	86.7	86.7
阿斯特拉罕州	10.7	8.8	8.7	14.2	14.3	14.5	14.7	14.7	14.7	14.7	14.7
伏尔加格勒州	53.5	53	55.2	62	65	65	65	65	65	65	70
罗斯托夫州	83.2	85.1	84.6	85.1	85.1	85.1	85.1	85.1	85.1	85.1	85.1
达吉斯坦共和国	7.9	7.9	7.8	7.8	7.8	7.8	7.8	7.8	7.8	7.8	7.8
印古什共和国	0.6	3.2	2	21	21	21	21	21	21	21	21
卡巴尔达－巴尔卡尔共和国	41.1	33.9	35.1	41.1	41.1	41.1	41.1	41.1	41.1	41.1	41.1
卡拉恰伊－切尔克斯共和国	93.8	93	93.2	96	96	96	96	96	96	96	96
北奥塞梯－阿兰共和国	97.4	98.1	98	98.1	98.2	98.8	98.8	98.8	98.8	98.8	99

续表

联邦主体	指标数值										
	2010 年	2011 年	2012 年	2013 年	2014 年	2015 年	2016 年	2017 年	2018 年	2019 年	2020 年
斯塔夫罗波尔边疆区	51	46.5	46.9	51.5	52	52.5	53	53.5	54	54.5	55
巴什科尔托斯坦共和国	56.1	56.1	54.5	56.1	56.1	56.1	56.1	56.1	56.1	56.1	56.1
马里埃尔共和国	23.9	24.6	22.3	25.6	26.1	26.6	27.1	27.6	28.1	28.6	29.1
摩尔多瓦共和国	93	93.3	92.1	93.3	93.4	93.5	93.6	93.7	93.8	93.9	94
鞑靼斯坦共和国	55.6	53.7	51.8	65	65.5	66	66.5	67	67.5	68	68.5
乌德穆尔特共和国	15.2	16.1	5.9	27	28	29	30	31	32	33	34
楚瓦什共和国	30.3	28.6	23.4	39.5	39.5	39.5	39.5	39.5	39.5	39.5	39.5
彼尔姆边疆区	78.7	77.4	72.7	78.7	78.7	78.7	78.7	78.7	78.7	78.7	78.7
基洛夫州	56.3	50.6	54.4	56.3	56.3	56.3	56.3	56.3	56.3	56.3	56.3
下诺夫哥罗德州	62.2	60.2	41.8	64.6	65.4	66.4	67.4	68.9	70.9	72.9	75
奥伦堡州	55.4	50.9	45	55.4	55.4	55.4	55.4	55.4	55.4	55.4	55.4
奔萨州	49.3	38.3	54.3	65.6	65.6	65.6	65.6	65.6	65.8	65.8	65.8
萨马拉州	54.3	60.9	61.9	61.9	61.9	61.9	61.9	61.9	61.9	61.9	61.9
萨拉托夫州	84.1	80.8	76.8	95	95	95	95	95	95	95	95
乌里扬诺夫斯克州	81.5	82.5	67.3	84.3	84.3	84.3	84.3	84.3	84.3	84.3	84.3
库尔干州	73.3	70.9	68.7	73.3	73.3	73.3	73.3	73.3	73.3	73.3	73.3
斯维尔德洛夫斯克州	89	89.6	89.5	89.6	89.6	89.6	89.6	89.6	89.6	89.6	89.6
秋明州	23.5	24.6	31.3	31.8	31.8	31.8	31.8	31.8	31.8	31.8	31.8
车里雅宾斯克州	86.2	84.9	85.1	86.2	86.2	86.2	86.2	86.2	86.2	86.2	86.2

续表

联邦主体	指标数值										
	2010年	2011年	2012年	2013年	2014年	2015年	2016年	2017年	2018年	2019年	2020年
汉特－曼西斯克自治区	0.3	0.3	0.1	0.3	0.3	0.3	0.3	0.3	0.3	0.3	0.3
亚马尔－涅涅茨自治区	0.1	—	—	0.1	0.1	0.1	0.1	0.1	0.1	0.1	0.1
阿尔泰共和国	26.9	56.4	62.5	56.4	56.4	56.4	56.4	56.4	56.4	56.4	56.4
布里亚特共和国	87.5	87.8	87.5	87.8	87.8	87.8	87.8	87.8	87.8	87.8	87.8
图瓦共和国	58.7	51.7	53.1	58.7	58.7	58.7	58.7	58.7	58.7	58.7	58.7
哈卡斯共和国	63.7	61.6	66.6	66.6	66.6	66.6	66.6	66.6	66.6	66.6	66.6
阿尔泰边疆区	78.9	77.8	79.2	79.2	79.2	79.2	79.2	79.2	79.2	79.2	79.2
后贝加尔边疆区	78.1	78.5	79.6	79.6	79.6	79.6	79.6	79.6	79.6	79.6	79.6
克拉斯诺亚尔斯克边疆区	78.3	78.3	72.4	78.3	78.3	78.3	78.3	78.3	78.3	78.3	78.3
伊尔库茨克州	82.5	82.9	81.9	82.9	82.9	82.9	82.9	82.9	82.9	82.9	82.9
克麦罗沃州	77.4	82	79.7	82	82	82	82	82	82	82	82
新西伯利亚州	81.5	79.5	82.5	82.5	82.5	82.5	82.5	82.5	82.5	82.5	82.5
鄂木斯克州	88.6	88.2	88.8	89	89	89	89	89	89	89	89
托木斯克州	54	48.1	50.2	52.5	53	53	53	53	53	53	53
萨哈共和国（雅库特）	71.4	72.7	72.9	72.9	72.9	72.9	72.9	72.9	72.9	72.9	72.9
堪察加边疆区	13	11.9	9.7	14.7	14.9	15.1	15.3	15.5	15.7	16	16.8
滨海边疆区	91.7	91.9	91.1	91.9	92	92	92	92	92	92	92
哈巴罗夫斯克边疆区	84.7	83.7	84.8	84.8	84.8	84.8	84.8	84.8	84.8	84.8	84.8
阿穆尔州	70.6	70.6	71.7	71.7	71.7	71.7	71.7	71.7	71.7	71.7	71.7

续表

联邦主体	指标数值										
	2010年	2011年	2012年	2013年	2014年	2015年	2016年	2017年	2018年	2019年	2020年
马加丹州	67.4	64.2	60.9	67.4	67.4	67.4	67.4	67.4	67.4	67.4	67.4
萨哈林州	80.2	81.2	76	81.2	81.2	81.2	81.2	81.2	81.2	81.2	81.2
犹太自治州	86.7	85.8	86	86.7	86.7	86.7	86.7	86.7	86.7	86.7	86.7
楚科奇自治区	58.1	56.6	58.3	58.3	58.3	58.3	58.3	58.3	58.3	58.3	58.3
指标1.2 危险等级为Ⅰ～Ⅳ级的废弃物中再利用和经无害化处理的生产与消费废弃物所占比例											
沃罗涅日州	41.934	46.741	51.548	56.355	61.162	65.969	70.776	75.583	80.39	85.197	90.004
伊万诺沃州	55.2	55.6	55.9	56.3	56.7	57.1	57.2	57.3	57.3	57.3	57.3
卡卢加州	52	54	56	58	58.5	60	62.5	65.5	67	69.5	70
库尔斯克州	18	19	19.5	20	20.5	21	25	28	30	32	35
利佩茨克州	88.5	88.6	88.7	88.8	88.9	89	89.1	89.2	89.3	89.4	89.5
梁赞州	38.55	42	46	50	54	58	62	66	70	75	80
坦波夫州	22	24	26	26	28	30	32	34	34	35	40
特维尔州	3	3	3.1	3.2	3.3	3.4	3.5	3.6	3.7	3.8	3.9
雅罗斯拉夫州	43	45	47	48	50	50	50	50	50	50	50
莫斯科市	16.12	17.12	20.58	24.06	24.06	24.06	24.06	24.06	24.06	24.06	24.06
科米共和国	20	18	18	18	20	25	26	27	28	29	30
沃洛格达州	70	70	70	72	72	73	73	74	74	75	75
加里宁格勒州	1	2	3	5	5	5	5	5	5	5	5
普斯科夫州	35.7	35.7	35.7	35.7	35.7	35.7	35.7	35.7	35.7	35.7	35.7

续表

联邦主体	指标数值										
	2010 年	2011 年	2012 年	2013 年	2014 年	2015 年	2016 年	2017 年	2018 年	2019 年	2020 年
涅涅茨自治区	16.3	20	25	30	30	30	30	30	30	30	30
卡尔梅克共和国	75	76	77	78	79	81	82	83	84	85	85
阿斯特拉罕州	39	39	39	58.4	58.4	60.7	60.7	60.8	60.8	60.9	61
伏尔加格勒州	43	45	48	55	60	60	60	70	72	73	75
卡巴尔达－巴尔卡尔共和国	3.2	4	4.5	4.5	5.8	8	10	12	15	15	15.5
卡拉恰伊－切尔克斯共和国	14	14.5	14.8	14.8	15	15	15	15	15	15	15
北奥塞梯－阿兰共和国	35.5	35.5	36	36	37	37	37.5	38	39	40	42
巴什科尔托斯坦共和国	23.8	24	24.5	24.8	25.2	25.6	26.2	27	27.5	28	28.5
鞑靼斯坦共和国	23.25	23.25	23.27	23.29	23.3	23.3	23.31	23.32	23.32	23.33	23.33
乌德穆尔特共和国	12	15	18	21	24	27	30	33	36	39	42
楚瓦什共和国	63	63	63	63	63	63	63	63	63	63	63
彼尔姆边疆区	30.3	30.3	30.3	30.6	31	32	32	32	32	32	32
基洛夫州	34	34	34.1	34.3	34.5	39.5	45	50	55	60	65
奔萨州	33.9	33.9	33.9	33.9	33.9	34	34	34	34.1	34.1	34.2
萨拉托夫州	20.8	23	26	29	32	35	38	40	45	50	55
乌里扬诺夫斯克州	4	5	8	10	15	17	20	25	30	35	40
库尔干州	53	54	55	58	60	60	60	63	65	70	70
汉特－曼西斯克自治区	64	65	66	67	68	69	70	71	72	73	75
图瓦共和国	99.6	99.6	99.6	99.6	99.6	99.6	99.6	99.6	99.6	99.6	99.6

续表

联邦主体	指标数值										
	2010 年	2011 年	2012 年	2013 年	2014 年	2015 年	2016 年	2017 年	2018 年	2019 年	2020 年
阿尔泰边疆区	26.2	26.2	26.7	26.9	27.4	27.8	28.3	28.5	29	29.5	30
克拉斯诺亚尔斯克边疆区	87	87	87	87	87	87	87	87	87	87	87
克麦罗沃州	52.63	53	53	54	55	55	55	55	55	55	55
鄂木斯克州	88	86	84	82	80	79	78	77	76	75	74
托木斯克州	47.1	47.15	47.2	47.44	47.68	47.92	48.16	48.4	48.64	48.88	48.9
萨哈共和国（雅库特）	25	25	25	26	27	27.5	28	28	29	29	30
堪察加边疆区	19.5	20.5	21.6	21.9	22.2	22.5	22.8	23.1	23.2	23.3	23.4
阿穆尔州	2	2	2	42	43	43	45	45	45	45	45
萨哈林州	93.7	93.7	93.8	93.8	93.8	93.9	93.9	93.9	93.9	93.9	93.9
犹太自治州	12	12	12	12	20	20	30	30	40	59	60
指标 1.7 冶金工业大气有害（污染）物质排放情况											
别尔哥罗德州	106.83	108.52	108.09	107.7	107.3	106.9	106.5	106.1	105.7	105.3	104.9
布良斯克州	73.35	77.41	81.91	72.9	72.9	72.9	72.9	72.9	72.9	72.9	72.9
弗拉基米尔州	112.29	112.13	101.05	110.9	110.9	110.9	110.9	110.9	110.9	110.9	110.9
沃罗涅日州	108.45	101.3	110.49	100	100	99	98	98	97	97	96
伊万诺沃州	83.97	83.9	67.42	67.05	67.05	67.05	67.05	67.05	67.05	67.05	67.05
卡卢加州	96.07	100.24	103.26	100	100	100	100	100	100	100	100
科斯特罗马州	85.65	80.53	83.62	87.5	86.5	85.5	84.5	83.5	82.5	81.5	80.5
库尔斯克州	151.05	153.06	151.4	119.8	119.7	119.6	119.5	119.4	119.3	119.2	119

续表

联邦主体	指标数值										
	2010年	2011年	2012年	2013年	2014年	2015年	2016年	2017年	2018年	2019年	2020年
利佩茨克州	96.14	90.2	88.58	88.7	88.7	88.7	88.7	88.7	88.7	88.7	88.7
莫斯科州	125.87	118.33	116.22	114.4	113.8	113.2	112.6	111.9	111.3	111	110.3
奥廖尔州	188.21	192.46	91.66	91.7	91.7	91.7	91.7	91.7	91.7	91.7	91.7
梁赞州	98.96	89.84	91.33	97.6	97.6	97.6	97.6	97.6	97.6	97.6	97.6
斯摩棱斯克州	131.04	131.34	124.82	130.5	130.5	130.5	130.5	130.5	130.5	130.5	130.5
坦波夫州	92.79	95.85	103.46	104	100	98	98	95	95	95	95
特维尔州	87.64	97.31	92.02	91.7	91.7	91.7	91.7	91.7	91.7	91.7	91.7
图拉州	102.58	118.29	121.38	121.5	121.9	122.2	122.5	122.7	122.8	122	120.7
雅罗斯拉夫州	103.59	100.37	99.11	100	102.6	102.6	102.6	102.6	102.6	102.6	102.6
莫斯科市	79.67	77.55	90.71	92	91.9	90.1	90.1	90.1	90.1	90.1	90.1
卡累利阿共和国	89.93	80.01	88.83	89	89	89	89	89	89	89	89
科米共和国	90.84	108.8	105.11	108.4	107.8	107.5	107.5	107.5	107.5	107.5	107.5
阿尔汉格尔斯克州	135.39	92.62	67.2	92.6	92.6	92.6	92.6	92.6	92.6	92.6	92.6
沃洛格达州	102.35	101.3	102.24	103.7	103.7	103.7	103.2	103	102.8	102.8	102.8
加里宁格勒州	82.86	69.18	70.56	69	69	69	68.6	68.2	67.8	67.5	67.3
列宁格勒州	95.44	91.22	96.76	90.7	90.7	90.7	90.7	90.7	90.7	90.7	90.7
摩尔曼斯克州	97.39	89.1	87.65	89.1	89.1	89.1	89.1	89.1	89.1	89.1	89.1
诺夫哥罗德州	93.58	87.31	93.24	87.3	87.3	87.3	87.3	87.3	87.3	87.3	87.3
普斯科夫州	135.35	169.2	167.62	167.3	167.3	167.3	167.3	167.3	167.3	167.3	167.3

续表

联邦主体	指标数值										
	2010 年	2011 年	2012 年	2013 年	2014 年	2015 年	2016 年	2017 年	2018 年	2019 年	2020 年
圣彼得堡市	123.32	150.64	149.99	123	123	123	123	123	123	123	123
涅涅茨自治区	195.03	109.3	47.91	60	60	60	60	60	60	60	60
阿迪格格共和国	127.16	149.42	221.42	231.4	241.4	251.4	261.4	271.4	281.4	291.4	301.4
卡尔梅克共和国	63.04	64.35	65.98	70	75	75	80	80	81.7	83.3	83.3
克拉斯诺达尔边疆区	97.19	112.83	150.88	97.2	97.2	97.2	97.2	97.2	97.2	97.2	97.2
阿斯特拉罕州	97	102.11	104.33	104.3	104.3	104.3	104.3	104.3	104.3	104.3	104.3
伏尔加格勒州	88.65	78.57	75.31	75.29	75.29	75.29	75.29	75.29	75.29	75.29	75.29
罗斯托夫州	107.7	94.3	122.62	119.2	119.2	119.2	119.2	119.2	119.2	119.2	119.2
达吉斯坦共和国	109.99	102.66	111.47	102.7	102.7	102.7	102.7	102.7	102.7	102.7	102.7
印古什共和国	40.55	10.22	15.17	40.6	40.6	40.6	40.6	40.6	40.6	40.6	40.6
卡巴尔达-巴尔卡尔共和国	109.27	94.53	102.18	90	90	90	90	90	90	90	88
卡拉恰伊-切尔克斯共和国	100.85	127.66	111.22	110	110	110	110	110	110	110	110
北奥塞梯-阿兰共和国	107.99	75.03	81.45	88	88	88	88	88	88	88	88
车臣共和国	27.81	22.43	21.01	22.4	22.4	22.4	22.4	22.4	22.4	22.4	22.4
斯塔夫罗波尔边疆区	94.91	98.06	100.01	98.1	98.1	98.1	98.1	98.1	98.1	98.1	98.1
巴什科尔托斯坦共和国	95.32	99.96	99.07	98.97	98.97	98.97	98.97	98.97	98.97	98.97	98.97
马里埃尔共和国	117.95	103.57	124.53	103.5	103.5	103.5	103.5	103.5	103.5	103.5	103.5
摩尔多瓦共和国	106.61	107	156.27	106.6	106.5	106.5	106.5	106.4	106.4	106.3	106.3
鞑靼斯坦共和国	98.73	104.39	108.25	99.9	99.1	98.3	97.9	97.5	97.15	96.78	96.42

续表

联邦主体	指标数值										
	2010 年	2011 年	2012 年	2013 年	2014 年	2015 年	2016 年	2017 年	2018 年	2019 年	2020 年
乌德穆尔特共和国	84.25	86.59	143.83	73.3	71.7	70	68.3	66.7	65	63.3	61.7
楚瓦什共和国	109.78	96.44	114.41	102.1	102.1	102.1	102.1	102.1	102.1	102.1	102.1
彼尔姆边疆区	82.12	94.91	86.94	86.7	86.3	86.1	86.1	86.1	86.1	86.1	86.1
基洛夫州	109.31	105.71	108.63	108.6	108.6	108.6	108.6	108.6	108.6	108.6	108.6
下诺夫哥罗德州	104.96	95.77	98.22	95.8	95.8	95.8	95.8	95.8	95.8	95.8	95.8
奥伦堡州	76.65	81.75	94.17	80	76.7	76.7	76.7	76.7	76.7	76.7	76.7
奔萨州	88.01	144.06	85.2	89.3	91	91	91	91	91	91	91
萨马拉州	94.98	90.04	84.83	86.8	86.7	86.6	86.5	86.4	86.3	86.2	86.1
萨拉托夫州	58.63	67.38	79.09	79	79	79	79	79	79	79	79
乌里扬诺夫斯克州	91.59	99.33	80.86	72.8	72.8	72.8	72.8	72.8	72.8	72.8	72.8
库尔干州	111.35	95.16	82.87	95.2	95.2	95.2	95.2	95.2	95.2	95.2	95.2
斯维尔德洛夫斯克州	95.79	89.43	92.52	96	96	96	96	96	96	96	96
秋明州	139.1	126.9	131.9	131.9	133.7	136.1	138.3	138.3	138.3	138.3	138.3
车里雅宾斯克州	77.18	71.5	69.87	69.9	69.9	69.9	69.9	69.9	69.9	69.9	69.9
汉特－曼西斯克自治区	73.24	80.93	83.57	65	64.3	64	63.6	63.6	63.6	63.6	63.6
亚马尔－涅涅茨自治区	80.92	76.21	89.52	96	96	96	76.2	76.2	76.2	76.2	76.2
阿尔泰共和国	53.41	76.27	79.3	55.5	55.5	55.5	55.5	55.5	55.5	55.5	55.5
布里亚特共和国	104.91	99.27	109.94	86.1	86.1	86.1	86.1	86.1	86.1	86.1	86.1
图瓦共和国	105.24	89.35	91.27	89.4	89.4	89.4	89.4	89.4	89.4	89.4	89.4

续表

联邦主体	指标数值										
	2010 年	2011 年	2012 年	2013 年	2014 年	2015 年	2016 年	2017 年	2018 年	2019 年	2020 年
哈卡斯共和国	102.76	95.88	100.39	100.42	100.42	100.42	100.42	100.42	100.42	100.42	100.42
阿尔泰边疆区	96.4	94.72	100.69	90.8	90.4	89.9	89.5	89	88.6	88.1	87.7
后贝加尔边疆区	100.95	95.65	92.93	92.85	92.85	92.85	92.85	92.85	92.85	92.85	92.85
克拉斯诺亚尔斯克边疆区	99.62	100.65	103.29	91.5	89.5	87.5	85.5	83.5	81.5	79.5	77.5
伊尔库茨克州	107.86	112.22	130.1	107.8	107.8	107.8	107.8	107.8	107.8	107.8	107.8
克麦罗沃州	97.03	95.61	93.57	91.5	92	92	92	92	92	92	92
新西伯利亚州	110.1	112.79	108.25	108.45	108.45	108.45	108.45	108.45	108.45	108.45	108.45
鄂木斯克州	116.33	119.34	121.51	122	123	124	124	124	124	124	124
托木斯克州	107.99	118.52	100.91	96.6	96.6	96.6	96.6	96.6	96.6	96.6	96.6
萨哈共和国（雅库特）	99.16	96.37	99	99	99	99	99	99	99	99	99
堪察加边疆区	100.68	84.26	93.95	88	87.5	87.1	86.5	86.1	85.5	85.1	85
滨海边疆区	102.33	98.88	91.76	91.9	91.9	91.9	91.9	91.9	91.9	91.9	91.9
哈巴罗夫斯克边疆区	91.83	88.31	90.04	98.8	98.8	98.8	98.8	98.8	98.8	98.8	98.8
阿穆尔州	101.41	114.59	108.52	109	109	109	109	109	109	109	109
马加丹州	89.34	88.39	102.5	102.5	103	104	105	105	105	105	105
萨哈林州	100.95	92.91	86.94	64.1	63	63	63	63	63	63	63
犹太自治州	92.87	102.81	102.87	84.6	84.6	84.6	84.6	85	85	85	85.4
楚科奇自治区	80.94	83.03	78.61	82.1	82.1	82.1	82.1	82.1	82.1	82.1	82.1

续表

联邦主体	指标数值										
	指标1.21 与2007年相比废弃物（危险等级为IV级）量										
	2010年	2011年	2012年	2013年	2014年	2015年	2016年	2017年	2018年	2019年	2020年
别尔哥罗德州	39.6	40.6	41.4	42.3	43.4	44.4	45.2	45.9	46.7	47.5	48.3
布良斯克州	39.6	40.6	41.4	42.3	43.4	44.4	45.2	45.9	46.7	47.5	48.3
弗拉基米尔州	39.6	40.6	41.4	42.3	43.4	44.4	45.2	45.9	46.7	47.5	48.3
沃罗涅日州	39.6	40.6	41.4	42.3	43.4	44.4	45.2	45.9	46.7	47.5	48.3
伊万诺沃州	35.8	35.8	35.8	35.8	35.8	35.8	35.8	35.8	35.8	35.8	35.8
卡卢加州	122.5	128.7	134.8	141.8	148.7	156.4	164.1	172.6	181	190.3	199.5
科斯特罗马州	39.6	40.6	41.4	42.3	43.4	44.4	45.2	45.9	46.7	47.5	48.3
库尔斯克州	136.1	140.8	143.2	145.5	147.9	152.5	157.2	161.9	164.3	166.6	169
利佩茨克州	67.5	67.5	67.5	67.5	67.5	67.5	67.5	67.5	67.5	67.5	67.5
莫斯科州	39.6	40.6	41.4	42.3	43.4	44.4	45.2	45.9	46.7	47.5	48.3
奥廖尔州	39.6	40.6	41.4	42.3	43.4	44.4	45.2	45.9	46.7	47.5	48.3
梁赞州	156.6	156.8	157.4	157.9	158.4	158.4	158.4	158.4	158.4	158.4	158.4
斯摩棱斯克州	39.6	40.6	41.4	42.3	43.4	44.4	45.2	45.9	46.7	47.5	48.3
坦波夫州	39.6	40.6	41.4	42.3	43.4	44.4	45.2	45.9	46.7	47.5	48.3
特维尔州	1281.3	1281.3	1281.3	1281.3	1281.3	1281.3	1281.3	1281.3	1281.3	1281.3	1281.3
图拉州	39.6	40.6	41.4	42.3	43.4	44.4	45.2	45.9	46.7	47.5	48.3
雅罗斯拉夫州	95.2	95.2	95.2	95.2	95.2	95.2	95.2	95.2	95.2	95.2	95.2
莫斯科市	39.6	40.6	41.4	42.3	43.4	44.4	45.2	45.9	46.7	47.5	48.3

续表

联邦主体	指标数值										
	2010 年	2011 年	2012 年	2013 年	2014 年	2015 年	2016 年	2017 年	2018 年	2019 年	2020 年
卡累利阿共和国	39.6	40.6	41.4	42.3	43.4	44.4	45.2	45.9	46.7	47.5	48.3
科米共和国	39.6	40.6	41.4	42.3	43.4	44.4	45.2	45.9	46.7	47.5	48.3
阿尔汉格尔斯克州	39.6	40.6	41.4	42.3	43.4	44.4	45.2	45.9	46.7	47.5	48.3
沃洛格达州	79.1	79.1	79.1	81.4	81.4	81.4	82.9	82.9	82.9	86.7	86.7
加里宁格勒州	319.5	319.5	319.5	319.5	319.5	319.5	319.5	319.5	319.5	319.5	319.5
列宁格勒州	103.4	103.4	103.4	103.4	103.4	103.4	103.4	103.4	103.4	103.4	103.4
摩尔曼斯克州	39.6	40.6	41.4	42.3	43.4	44.4	45.2	45.9	46.7	47.5	48.3
诺夫哥罗德州	39.6	40.6	41.4	42.3	43.4	44.4	45.2	45.9	46.7	47.5	48.3
普斯科夫州	88.5	88.5	88.5	88.5	88.5	88.5	88.5	88.5	88.5	88.5	88.5
圣彼得堡市	39.6	40.6	41.4	42.3	43.4	44.4	45.2	45.9	46.7	47.5	48.3
涅涅茨自治区	222.9	222.9	233	243.2	243.2	243.2	243.2	243.2	243.2	243.2	243.2
阿迪格共和国	39.6	40.6	41.4	42.3	43.4	44.4	45.2	45.9	46.7	47.5	48.3
卡尔梅克共和国	1473.7	1736.8	1789.5	1947.4	2052.6	2000	2052.6	2157.9	2210.5	2210.5	2210.5
克拉斯诺达尔边疆区	39.6	40.6	41.4	42.3	43.4	44.4	45.2	45.9	46.7	47.5	48.3
阿斯特拉罕州	119.9	127.9	127.9	127.9	127.9	127.9	127.9	127.9	135.9	135.9	135.9
伏尔加格勒州	97.6	115.3	133	124.2	115.3	106.4	97.6	88.7	79.8	70.9	62.1
罗斯托夫州	39.6	40.6	41.4	42.3	43.4	44.4	45.2	45.9	46.7	47.5	48.3
达吉斯坦共和国	39.6	40.6	41.4	42.3	43.4	44.4	45.2	45.9	46.7	47.5	48.3
印古什共和国	39.6	40.6	41.4	42.3	43.4	44.4	45.2	45.9	46.7	47.5	48.3

续表

联邦主体	指标数值										
	2010 年	2011 年	2012 年	2013 年	2014 年	2015 年	2016 年	2017 年	2018 年	2019 年	2020 年
卡巴尔达-巴尔卡尔共和国	119.6	126.9	130.1	131.3	132.6	134.8	136.4	138	139.6	142.8	152.3
卡拉恰伊-切尔克斯共和国	18.9	18.9	18.9	18.9	18.9	18.9	18.9	18.9	18.9	18.9	18.9
北奥塞梯-阿兰共和国	369.7	379.1	379.1	379.1	379.1	379.1	379.1	379.1	379.1	379.1	379.1
车臣共和国	107142.9	107142.9	107142.9	107142.9	107142.9	107142.9	107142.9	107142.9	107142.9	107142.9	107142.9
斯塔夫罗波尔边疆区	39.6	40.6	41.4	42.3	43.4	44.4	45.2	45.9	46.7	47.5	48.3
巴什科尔托斯坦共和国	173.4	178.7	186.3	190.1	193.9	195.4	197	198.5	200	201.5	203
马里埃尔共和国	39.6	40.6	41.4	42.3	43.4	44.4	45.2	45.9	46.7	47.5	48.3
摩尔多瓦共和国	74.8	74.2	74.1	74	73.9	73.8	73.7	73.6	73.5	73.4	73.3
鞑靼斯坦共和国	60.8	60.8	60.8	60.8	60.8	60.8	60.8	60.8	60.8	60.8	60.8
乌德穆尔特共和国	110.1	111.9	113.7	115.5	117.3	119.1	120.9	122.7	124.5	126.3	128.1
楚瓦什共和国	54	54	54	54	54	54	54	54	54	54	54
彼尔姆边疆区	92	93	94	95.4	96.4	96.9	98	99.3	100.3	101.3	101.7
基洛夫州	593.5	593.5	593.5	593.5	593.5	593.5	593.5	593.5	593.5	593.5	593.5
下诺夫哥罗德州	39.6	40.6	41.4	42.3	43.4	44.4	45.2	45.9	46.7	47.5	48.3
奥伦堡州	39.6	40.6	41.4	42.3	43.4	44.4	45.2	45.9	46.7	47.5	48.3
奔萨州	90.7	90.7	93.3	93.3	93.3	95.9	95.9	95.9	98.5	98.5	98.5
萨马拉州	39.6	40.6	41.4	42.3	43.4	44.4	45.2	45.9	46.7	47.5	48.3
萨拉托夫州	104.9	104.9	105.2	105.2	105.5	105.5	105.8	105.8	105.8	106.2	106.2
乌里扬诺夫斯克州	704.1	704.1	704.1	704.1	704.1	704.1	704.1	704.1	704.1	704.1	704.1

续表

联邦主体	指标数值										
	2010年	2011年	2012年	2013年	2014年	2015年	2016年	2017年	2018年	2019年	2020年
库尔干州	90.4	90.4	90.4	90.4	97.3	97.3	97.3	104.3	104.3	111.2	111.2
斯维尔德洛夫斯克州	39.6	40.6	41.4	42.3	43.4	44.4	45.2	45.9	46.7	47.5	48.3
秋明州	39.6	40.6	41.4	42.3	43.4	44.4	45.2	45.9	46.7	47.5	48.3
车里雅宾斯克州	39.6	40.6	41.4	42.3	43.4	44.4	45.2	45.9	46.7	47.5	48.3
汉特－曼西斯克自治区	118.2	121.7	125.4	129.1	133	137	141.1	145.3	149.7	154.2	158.8
亚马尔－涅涅茨自治区	39.6	40.6	41.4	42.3	43.4	44.4	45.2	45.9	46.7	47.5	48.3
阿尔泰共和国	39.6	40.6	41.4	42.3	43.4	44.4	45.2	45.9	46.7	47.5	48.3
布里亚特共和国	39.6	40.6	41.4	42.3	43.4	44.4	45.2	45.9	46.7	47.5	48.3
图瓦共和国	110	119.9	120	130	135	140.2	144.9	150	154.2	155.8	163.6
哈卡斯共和国	39.6	40.6	41.4	42.3	43.4	44.4	45.2	45.9	46.7	47.5	48.3
阿尔泰边疆区	112.6	112.6	112.8	113.5	113.9	114.4	113.7	113.3	112.6	112.1	111.4
后贝加尔边疆区	39.6	40.6	41.4	42.3	43.4	44.4	45.2	45.9	46.7	47.5	48.3
克拉斯诺亚尔斯克边疆区	130.4	130.4	130.4	130.4	130.4	130.4	130.4	130.4	130.4	130.4	130.4
伊尔库茨克州	39.6	40.6	41.4	42.3	43.4	44.4	45.2	45.9	46.7	47.5	48.3
克麦罗沃州	82.7	82.7	82.7	82.5	81.4	81.4	81.3	81.3	81.3	81.3	81.3
新西伯利亚州	39.6	40.6	41.4	42.3	43.4	44.4	45.2	45.9	46.7	47.5	48.3
鄂木斯克州	39.6	40.6	41.4	42.3	43.4	44.4	45.2	45.9	46.7	47.5	48.3
托木斯克州	77.7	82.9	85.4	90.6	93.2	98.4	101	103.6	106.2	108.8	111.3
萨哈共和国（雅库特）	132.8	139.1	139.1	145.5	145.5	151.8	151.8	158.1	158.1	164.4	164.4

联邦主体	指标数值										
	2010 年	2011 年	2012 年	2013 年	2014 年	2015 年	2016 年	2017 年	2018 年	2019 年	2020 年
堪察加边疆区	47	44.9	43	41.7	39.2	38.2	37.5	35.9	35.4	33.8	33.3
滨海边疆区	39.6	40.6	41.4	42.3	43.4	44.4	45.2	45.9	46.7	47.5	48.3
哈巴罗夫斯克边疆区	39.6	40.6	41.4	42.3	43.4	44.4	45.2	45.9	46.7	47.5	48.3
阿穆尔州	2746.8	2746.8	2746.8	2755.9	2755.9	2846.8	2846.8	2846.8	2846.8	2846.8	2846.8
马加丹州	39.6	40.6	41.4	42.3	43.4	44.4	45.2	45.9	46.7	47.5	48.3
萨哈林州	2070.6	1948.8	1948.8	1827	1827	1827	1705.2	1705.2	1705.2	1705.2	1583.4
犹太自治州	263.2	263.2	263.2	263.2	263.2	394.7	394.7	526.3	526.3	526.3	526.3
楚科奇自治区	39.6	40.6	41.4	42.3	43.4	44.4	45.2	45.9	46.7	47.5	48.3

俄罗斯联邦生态安全战略报告

李 菲 国冬梅 涂莹燕 谢 静

2015 年 6 月 4 日俄罗斯联邦自然资源与生态部在其官网发布了《俄罗斯联邦生态安全战略 (2025)》（草案）（以下简称《战略》）。《战略》是发展俄生态安全系统的基础文件，旨在维护国内经济领域的生态安全，保障国家长期稳固发展，维护国家利益，保障自然环境安全以及个人权益，规避自然或人为活动可能带来的危险。《战略》分析了俄生态安全现状及潜在的威胁，制定了应对威胁的方针措施，确立了预期发展指标，计划到 2025 年污染物的总排放量比 2014 年减少 15%～25%，污水排放量减少 30%，二氧化碳排放量减少 35%，20% 的企业将完全采用环保新技术等。为此，本文进行了详细分析并提出有关建议。

一 俄罗斯生态安全现状及面临的威胁

（一）俄罗斯生态安全现状

《战略》认为，当前俄罗斯居民聚居区的生态安全状况不尽如人意。有关专家和权威机关的评估表明，近十年来，该状况并未得到改善。

俄境内约有 200 个地区的生态状况极不合格，15% 的领土生态状况不尽如人意。初步评估结果显示，受采矿、电力、化工、金属冶炼、石油开采以及加工等企业长期运营的影响，国内 340 个大型区域的生态遭受损失，并影响着附近的自然环境及城市环境。

俄生活垃圾的处理率不超过 5%，剩下的都堆放在露天场地或是违规的垃圾场。国内累计共有约 400 亿吨的固体生活垃圾，通过自然降解后，会造成大气、土壤及地下水污染。

俄国内，特别是工业城市的大气污染物浓度稳步升高。不少污染物已经严重超标，其中也包括一些对居民和生物体危害极大的物质。目前，俄罗斯空气污染程度高或极高的城市超过 126 个，而 60% 的城市居民就生活在这些城市。大气污染的主要成分是发动机燃料燃烧的产物，其在大气污染物中的占比已接近 45%，而在人口聚集的城市，这一比率超过 50%。在 50 万~150 万人口的大城市中，汽车尾气在大气污染物中的占比为 55%~70%，而在数百万人口的超大型城市中，这一比率高达 85%。

俄境内有 7500 万公顷被污染的经济活动用地，其中，有 6000 万公顷的土地被用来排放污染物，堆放生活垃圾和采矿、金属冶炼、石油化工、石油开采等的废料。航拍数据显示，俄罗斯工业区的污染物扩散区域达 1800 万公顷。俄陆军、空军、海军驻扎地污染面积约为 1300 万公顷，最主要的污染物是润滑油剂，其覆盖面积超过 5 万公顷。

俄境内大部分地表水体状况堪忧。由于污水未经处理就排放到水体中，水中出现各种有机和无机污染物，导致水生生态系统衰退，其水源也无法用于经济活动或饮用。不少污染物已经严重超标，其中也包括一些对居民和生物体危害极大的物质。地表水污染导致超过 40% 的居民缺乏充足的饮用水。

在气候变化的背景下，生物多样性减少和环境质量下降的趋势出现。气象灾害的数量持续增加。2014 年俄境内发生 569 起气象灾害，是近 16 年来气象灾害最多的一年，2014 年的大型气象灾害比 2013 年多 24 起。

到目前为止，俄罗斯没有形成生态安全管理的法律基础，缺乏有偿使用自然资源的经济管理体制。

不良的环境状况是人口健康状况恶化和死亡率升高的推手。在工业中心、靠近工厂的地区和大型城市，情况更糟糕。在这些地区，与呼吸系统、神经系统、造血器官和消化器官有关的疾病发病率升高，过敏、肿瘤以及免疫缺陷等病症增加，贫困地区更甚。这对弱势群体（儿童、育龄妇女、残疾人和老人）造成重大伤害。

根据专家评估，每年环境质量下降及与之相关的经济因素造成的国内生产总值损失为 4%~6%。俄罗斯每年将国内生产总值的 0.8% 用于改善环境质量和维护生态安全，这一比例比大多数发达国家都低。

邻国（波罗的海沿岸国家、乌克兰）在俄边境附近的采矿作业，也威胁着俄罗斯的生态安全，可能导致边境地区的地下水水质变差、生物多样性减少。

中国工业企业的事故不止一次导致地表水体遭到污染，而这些水又流入俄罗斯境内。

但是，在维护本国生态安全方面，俄罗斯比绝大多数国家都有优势：俄罗斯未受经济活动破坏的土地面积超过 1100 万平方公里，约占国土面积的 65%。

（二）俄罗斯生态安全面临的威胁

从长远来看，俄罗斯生态安全面临的威胁主要有以下四个方面。

1. 世界经济变化给生态安全带来的威胁

俄罗斯生态安全面临的威胁主要来自以下方面。

（1）投资、商品、劳动力市场及管理和创新体系等领域的全球竞争愈发激烈。

（2）现代生产技术发展水平提高，创新在经济发展中的作用增强，许多传统增长因素失去价值。

（3）人才作为经济发展的基本要素，其作用显著提升。

（4）世界自然资源枯竭，尤其是土地资源、森林资源和水资源。

这些威胁可能会造成以下后果。

（1）俄罗斯资金外流，对相关领域、企业及机构的投入减少，不利于研制并应用创新环保节能技术和设备、解决环境损害问题、培养维护生态安全的人才队伍。

（2）形成各种壁垒，不利于俄罗斯引进旨在提高生态安全水平和经济效率的环保新技术、材料和设备。

（3）进口一些给环境和居民造成更大威胁的商品或非消费品。

（4）外国或者跨国企业在俄境内开展非法经济活动、盗猎、滥用俄罗斯自然资源、非法放置有毒和放射性废弃物。

（5）试图抢占俄罗斯固有的土地、水域和自然资源。

（6）俄生态安全方面的专业人才流失。

2. 生态安全面临的全球性威胁

威胁俄生态安全的全球性因素有：温室气体、破坏臭氧的气体以及其他气体的浓度增加导致的气候变化、地表反射率变化以及陆地水循环破坏。

气候变化导致气候现象异常，进而引发突发事件。同时，气候变化会导致地带偏移、陆地和水生生态系统改变、生物多样性破坏。一些地区会发生草原和森林群落荒漠化，出现一些热带病的病原体、森林害虫、农业害虫等。北极冰川的加速融化破坏北极地区生物链，导致一些本土物种濒临灭绝。

除气候变化外，威胁俄罗斯生态安全的因素还有：在气流和洋流的长期作用下，包括辐射物质在内的污染物从中欧和东欧国家转移到俄罗斯境内；地震（海啸）、火山喷发、陨石陨落、剧烈的太阳活动、流行疾病暴发等自然灾害。

3. 生态安全面临的地区性威胁

俄邻国境内开展的经济及其他活动，特别是邻近俄罗斯南部和西部边境的活动，会对俄生态安全形成一系列威胁。这些威胁包括以下几点。

（1）在边境采矿，导致饮用水或工业用水水源地的跨境地下水污染，破坏在两国境内迁移的陆地生物种群的居住环境。

（2）跨境地区发生火灾，导致俄境内森林和陆地生物资源消失。

（3）污水排放或人为突发事件，导致跨境河流和湖泊污染。

（4）跨界水体水量再分配，致使流入俄境内的水量减少。

（5）跨界水体上的设施建设，阻碍两国水生生物资源的自由迁徙。

（6）猎杀或捕捉在两国境内迁移的陆地动物，以及季节性栖息在俄境内的候鸟。

（7）携带病菌的生物体或各类病原体进入俄罗斯。

（8）降低俄罗斯联邦生态安全水平的蓄意行为（生态恐怖主义）。

4. 生态安全面临的内部威胁

俄罗斯自然经济发展的历史特殊性，以及苏联时期遗留的生态问题产生了一系列威胁俄生态安全的内部因素。最主要的几个内部威胁来源如下。

（1）不考虑俄罗斯历史、自然气候以及其他特殊性而加速向国外生态标准转变，导致本国环保管理体系瓦解。

（2）国家环保体系运行效果甚微，导致生态违法犯罪行为增多。

（3）城市大气污染程度高，特别是大部分城市，不少污染物已超出卫生保健标准。

（4）很多经济领域的能源和资源消耗高，每个生产环节都对环境产生很大影响。

（5）排放未经处理或处理不当的废水，导致大多数地表水体的水质不合格。

（6）不合理利用水资源，供水系统中浪费严重，是水资源储量丰富地区饮用水缺乏和水质下降的罪魁祸首。

（7）无组织的建设工作、化学污染和腐蚀致使大面积农业和城市用地的状况不尽人意。

（8）大量的生产生活垃圾，包括危险化学品废物和具有辐射的废物、不符合标准的废物；废物加工处理业（无害化处理、回收利用）不发达。

（9）企业活动对生态造成的累积损害。

（10）生产技术老化且不环保，生产基金消耗快。

（11）自然风险管理系统效率低下，导致自然灾害或事故发生。

（12）森林资源的管理不合理，自然或人为突发状况（森林火灾、森林虫害入侵）的发生，导致可使用森林资源匮乏。

（13）陆地和水生生物多样性减少，动植物种群的基因遭到破坏。

（14）特殊自然保护区的组织工作不到位。

（15）联邦、地区及企业对环保及生态安全问题的资金投入不高。

二 俄罗斯保障生态安全的对内与对外政策

（一）俄罗斯 2025 年前保障生态安全的优先领域

俄境内有很多大型的陆地和水生、自然和半自然生态系统，在一定程度的人为压力下能够保持生态系统的稳定性，当这种压力减小时，能实现内部的潜在发展，保持良好的自然和人类居住环境，保证俄经济社会的稳固发展及国家安全。

俄生态系统的存在和稳定运转是衡量生态安全状况的重要指标。因此，在维护生态安全方面，国家和社会应优先保障如下几点。

（1）保护并修复自然生态系统，以维持良好的人类居住环境，保障经济和其他活动的开展。

（2）在不断增长的人为和自然压力影响下，保持生物多样性。

（3）查明并预防自然和经济活动中的生态安全威胁。

（4）合理利用、恢复和保护自然资源。

（二）俄罗斯保障生态安全的对内政策

根据保障生态安全的优先领域，对内政策的基本目标如下。

（1）保持俄境内自然和半自然生态系统的稳定，在人为负荷不断变化的条件下，维持人类良好的生存条件，保证经济活动的进行，并应对各种自然现象产生的影响。

（2）创建并维持自然资源合理利用系统，促使居民能够长久使用各种必需的自然资源。

根据基本目标，应完成以下基本任务。

（1）形成、发展并完善联邦、地区和城市的管理系统，减少或消除经济或其他活动对自然环境产生的不良影响，合理利用可再生和不可再生自然资源，预防自然灾害并消除其影响。

（2）针对各类经济活动制定和实施相关措施，包括采用生态无害、节约资源和能源的工艺及设备，减少对自然环境的人为影响，合理利用自然资源。

（3）建立并巩固特殊自然保护区体系，将其作为保护生物多样性和景观多样性的基础。

（4）发展环境监测体系，并充实国家环境监测数据库，将其作为环保决策的基础。

（5）拓宽执法范围，特别是边境地区执法范围，保护自然资源，尤其是俄罗斯境内的生物资源。

（6）保证社会组织以及群众广泛参与到环境保护工作中，包括给群众提供真实可靠的环境信息，以及开展各种活动，提高群众环保意识。

为达成上述目标，应当遵守以下原则。

（1）"污染者付费"（"破坏者付费"）原则：所有预防并消除损害环境影响的花费都应该算到破坏环境的资源使用者身上。

（2）长期原则：自然资源利用产生的不良后果不仅会立刻显示出来，而且会留下长期影响。

（3）相互依存原则：要考虑的不仅是对生态系统的影响，还有对与生态系统有关的所有事物的影响。

（4）预防原则：预防不良影响可能产生的后果。

为达成基本目标，应采取以下措施。

（1）完善联邦、地区和城市的环保机构体系，使执行机构之间的权力分配与现有的内部威胁完全适应。

（2）制定工作方法依据，评估风险，评估内部现有的生态安全威胁对生态和经济社会造成的后果，草拟降低威胁及消除其后果的措施清单。

（3）形成开放式信息库，该信息库包含最好的技术资讯以及消除环境损害的技术方法，适用于不同经济领域的企业，将对环境造成的人为影响降到最低。

（4）发展国家科研实验室和科研中心网络，开展环境保护和自然资源合理利用工作，研发有竞争力的技术和知识密集型产品来保障生态安全。

（5）针对国家环保部门的工作人员，包括特殊自然保护区的工作人员，开发并完善人才培训系统。

（6）收集并完善信息资源，促使社会团体和群众参与监督资源利用者的经济和其他活动，并参与监督浪费自然资源及损害生态系统行为。

（7）开发生产的环境监控体系、水生和陆地生物资源监测体系，以了解人为因素与环境状况、生物多样性状况之间的关系。

（三）俄罗斯保障生态安全的对外政策

根据保障生态安全的优先领域，对外政策的基本目标如下。

（1）创造条件，以预防和减少其他国家在俄境内从事经济活动时对生态系统以及俄公民生存环境产生的不良影响。

（2）创造条件，以保证俄可以无阻碍地使用国际水域内的自然资源。

根据基本目标，应完成以下基本任务。

（1）积极参与由国际履约秘书处、其他涉及俄罗斯利益的国际和国内组织举行的有关环境保护和自然资源利用的活动。

（2）倡导新的多边和双边国际条约，以降低对自然环境的不良影响，提高俄境内陆地和水生自然生态系统的安全性，保护生物和景观多样性。

（3）积极与国际社会的环保组织合作，以保护俄境内良好的自然环境，确保自然资源不枯竭，维护俄罗斯的国家利益。

为达成基本目标，应采取以下措施。

（1）为保护生物和景观多样性，巩固加强国家自然保护区、领土和水域，特别是边境区域的保护水平，并为这些区域的保护和发展赢取国际支持。

（2）保证履行与邻国签订的双边协议，使用不同国际法律机制预防或减小对边境地区陆上和水生生物资源的危害。

（3）与他国交换生物材料（种子、动植物生物体），恢复或增加俄境内的生物多样性。

（4）在俄境内外组织科普展览、科学教育等活动，减少对自然环境产生的不良影响，保护国家的自然资源。

三　应对生态安全威胁的行动方针

生态安全是国家安全最为重要的组成部分。为应对生态安全威胁，国家行政机关、商业机构、企业、社会组织以及群众需要通力协作。

（一）应对世界经济变化给生态安全带来的威胁

应对世界经济变化给生态安全带来的威胁需要采取以下行动。

（1）加大对各领域内研发和应用环保新技术的投资力度，将国家生产技术提升到国际先进水平。

（2）增加对科学研究和应用中心的拨款，研发技术和设备，用于加工处理（无害化处理、回收利用）废料、净化废水和污染物、消除累积的环境损害，并以此来吸引国内外人才加入到环保行业中。

（3）对从事环境保护、自然资源与可再生能源合理利用、生物资源保护、环保服务的企业和机构加大支持力度，吸引国内外人才参与解决国家环保问题。

（4）对在俄境内开展经济活动、使用国内自然资源的外国和跨国企业进行监督，防止其不合理利用自然资源或在俄境内非法放置有毒和放射性废弃物。

（5）加强国防能力，预防抢占俄罗斯固有领土、水域或将国内自然资源放到国际上共享的行为。

（二）应对生态安全面临的全球性威胁

应对气候变化及自然灾害带来的威胁必须采取如下行动。

（1）与国外及国际组织共同监测气候变化引起的自然现象及会对俄罗斯环境带来灾难性改变的现象。

（2）确定气候变化及自然灾害影响的评估方法。

（3）政府和企业提供资金，以制定联邦、地区、城市和企业应对气候变化及自然灾害的战略。为防止污染物及放射性物质跨境转移到俄罗斯境内，须采取措施，迫使污染物排放企业履行国际条约。

（三）应对生态安全面临的地区性威胁

应对生态安全面临的地区性威胁必须采取如下行动。

（1）采取措施，迫使向跨境水体排放污染物、限制两国生物资源跨界迁徙以及在俄罗斯边境附近采矿的企业履行有关国际多边和双边条约。

（2）采取措施阻止有害生物体及病原体入侵俄罗斯。

（3）监测边境地区的火灾风险，采取措施预防火灾越境蔓延。

（4）采取措施，预防旨在降低俄联邦生态安全级别的恐怖主义行为。

（四）应对生态安全面临的内部威胁

应对生态安全面临的内部威胁必须采取如下行动。

（1）在将国内环保法规与发达国家接轨时，要考虑俄罗斯的历史、自然气候及其他特殊性，防止国家环保管理系统瓦解。

（2）扩大监察人员队伍，提高监察人员素质，配备现代化设备，开发和应用先进的环境信息加工及发布工具，从而提高国家环保系统的运行效率，加强环境执法力度。

（3）完善城市交通系统，用天然气取代汽油和柴油，将公共交通改为电力牵引，将环境影响不达标的企业迁出城市。

（4）研发并应用节能技术，消除或降低每个生产环节对环境的不良影响；在企业中运用内部环境监督和审计系统。

（5）不断提高净化生活和工业废水的能力和效率。

（6）研发并采用保障水资源合理利用的技术，扩大水循环系统的使用范围，修复供水系统，以减少水资源损失。

（7）在联邦、地区、城市和企业层面制订并实施净化、恢复土地的计划，其中也包括非法堆放垃圾的土地；开发并启用包含土地修复信息的公开数据库，使信息可为不同对象服务。

（8）制定并采用环境风险管理办法。

（9）制定并实施森林资源使用方案，恢复珍稀木种，发展应对自然及人为突发状况（森林火灾、森林虫害侵袭）的技术和方法。

（10）制定并实施保护陆地和水生生物多样性、防止列入《俄罗斯联邦红皮书》中的动植物物种消失的措施。

（11）给特殊区域（自然保护区、禁伐禁猎区、国家公园）配备高素质人才、物质和技术设备。

（12）保证联邦、地区和企业的拨款金额达到有效解决环保问题、提高生态安全水准的目的。

四　俄罗斯生态安全战略实施的预期结果和实施机构

《战略》预期到2025年污染物的总排放量比2014年减少15%～25%，污水排放量减少30%，二氧化碳排放量减少35%，20%的企业将完全采用环保新技术。大气、地表水体、土壤、森林植被、生物多样性的状况改善，住宅区、自然保护区、遭受过人为破坏区域的环境质量提高。

预期结果的指标会因俄罗斯经济不同的发展状况（消极和积极的发展）而有所不同（见附表1）。

实施《战略》的措施及执行机构见附表2，其中自然资源与生态部是主要执行机构。

五　启示与建议

（一）俄高度关注世界经济带来的环境影响，中俄环保合作必然成为"一带一路"环境保护重要内容，应抓紧抓实

我国处在全力推进"一带一路"国家战略的关键时刻，俄生态安全战略专门指出了世界经济变化对俄罗斯生态环境造成威胁，我国作为第二大经济体，必然是俄方关注的重要对象，尤其是"丝绸之路经济带"建设的互联互通、产能合作等对俄境内生态环境可能产生的影响，俄方对此给予关切，并积极制定环境政策，如建立环境认证、环境审计、战略环评体系，将环境保护视为贸易和投资壁垒。

因此，我国要高度重视中俄合作的重大基础设施项目、资源开采等可能造成的生态环境问题，加强对俄罗斯生态环境标准和政策法规的研究，加强对重大投资项目的管理，预防和避免因生态环境问题阻碍"一带一路"战略落实。

（二）俄高度关注的跨国界环境问题，必然成为中俄环保合作的重要内容和焦点问题，要深入研究、积极应对

2015 年恰逢中俄总理定期会晤委员会环保分委会成立 10 周年，俄提出《战略》并高度关注跨国界环境问题，尤其是中俄跨界水污染问题，《战略》提出"中国工业企业的事故不止一次导致地表水体遭到污染，而这些水又流向了俄罗斯境内"，并指出"污水排放或人为突发事件，导致跨境水流和湖泊受到污染；跨界水体水量再分配，流入俄境内的水量减少；跨界水体上的设施建设，阻碍两国水生生物资源的自由迁徙"，以及跨国界生物栖息地的保护等。《战略》还提出，下一步俄罗斯计划修订双边或多边协议，调节跨国界环境影响，维护国家利益，保持边境地区良好的环境和生物多样性，这对中俄环保合作提出了新的挑战。

因此，我国需要关注跨国界领域的磋商，对俄方这些主要关切进行跟踪和深入分析，努力做到知己知彼，掌握主动，更好地维护我国利益。

（三）俄将环保作为内在需求，必然驱动俄环保市场快速发展，要抓住机遇，全力推动中俄环保务实合作

《战略》指出，俄境内的生态环境问题突出，如生活垃圾处理率不足 5%，地表水污染导致超过 40% 的居民缺乏充足的饮用水等。《战略》制定了应对威胁的方针措施，计划到 2025 年污染物的总排放量比 2014 年减少 15%~25%，污水排放量减少 30%，二氧化碳排放量减少 35%，20% 的企业完全采用环保新技术。

可以预测，未来俄罗斯环保市场将在一系列政策的驱动下不断扩大，我国应进一步拓宽中俄政府、科研机构及企业之间的环保合作，重点发挥中俄友好、和平与发展委员会生态理事会的作用，将其作为中俄总理定期会晤委员会环保分委会官方合作机制的有益补充，逐步推动中俄环保合作形成中央与地方统筹、官方和民间统筹、双边和多边统筹的全面务实合作的良好局面。

附　表

附表1　《俄罗斯联邦生态安全战略（2025）》的预期指标

序号	指标	2025 年与 2014 年的对比指标	
		消极指标	积极指标
1	减少污染物的排放总量	10%～15%	15%～25%
2	减少固定污染源空气污染物排放量	10%～20%	20%～40%
3	减少交通工具的空气污染物排放量	5%～10%	10%～20%
4	减少大气污染程度高和极高的城市数量	10%～20%	20%～30%
5	减少二氧化碳等温室气体的排放量	15%～25%	25%～35%
6	增加符合卫生防疫标准的饮用水供应人数	10%～20%	20%～40%
7	减少污水排放量	15%～20%	20%～30%
8	增加生活垃圾的回收（加工）量	15%～25%	20%～40%
9	增加各类生产垃圾的回收（加工）总量	10%～25%	20%～50%
10	消除以前（累积）的环境损害中特别危险品的数量	1.5～2 倍	3～5 倍
11	增加完全过渡到生态安全工艺（最佳可得技术）的企业数量	5%～10%	15%～20%
12	减少住宅区的土地污染面积	10%～15%	20%～25%
13	减少常受自然及人为突发事件影响的森林面积	5%～10%	15%～25%
14	增加特殊自然保护区的面积	5%～10%	20%～25%
15	增加商业机构中受过专门培训、从事生态安全保障工作的专家人数	20%～30%	50%～100%
16	增加从事环保及环保服务的中小企业数量	2～3 倍	5～10 倍
17	增加采用内部环境监督和审计体系的企业数量	1.5～2 倍	3～5 倍
18	增加采用环境管理体系的企业数量	1.5～2 倍	3～5 倍
19	增加国内生产总值中保障生态安全的经费占比	10%～20%	30%～50%

附表2　《俄罗斯联邦生态安全战略（2025）》的措施及执行机构

编号	措施名称	执行机构
1	制定一系列法律法规，保证生态友好型工艺广泛应用于俄罗斯经济的各个领域	工业与贸易部、自然资源与生态部

续表

编号	措施名称	执行机构
2	形成高效盈利的科研与应用网络，研发废物处理加工（无害处理）、污水和废气处理技术与设备，去除累积的环境损害	教育科学部、工业与贸易部、自然资源与生态部、俄罗斯科学院
3	制定方法，以评估和监测气候变化对自然要素、生物多样性、经济和居民的影响	经济发展部、自然资源与生态部、水文气象局
4	制定并通过联邦、地区和企业应对气候变化的方案，以保障经济、农业区及城市能应对气候变化	经济发展部、工业和贸易部、自然资源与生态部、水文气象局
5	建立包含区域子系统在内的国家环境监测数据库，给各级部门、有关商业机构、企业和厂商提供真实可靠的环境信息	水文气象局、自然资源与生态部
6	形成联邦和地方自然保护区网络，在气候变化条件下保持动植物、陆地水生生态系统的生物多样性	自然资源与生态部、各联邦主体
7	建立外来有害生物体和病原体监测系统，为制定应对气候变化战略提供信息	卫生部、消费者权益保护局、海关署、农业部、动植物检验检疫局
8	建立地方生活垃圾处理机制；制定法律法规和工作方法文件，保证机制的高效运行	建筑部、自然资源与生态部、经济发展部、航空局、各联邦主体
9	制定并通过国家及各联邦主体消除环境损害的措施，并制定法律法规来保证措施的实施	自然资源与生态部、经济发展部、各联邦主体
10	修订双边或多边协议，调节跨界环境影响，维护国家利益，保持边境地区良好环境和生物多样性	自然资源与生态部、外交部
11	形成环境认证、环境审计、战略环评体系，以查明和预防威胁生态的经济及其他活动	自然资源与生态部、经济发展部、财政部
12	制定并实施森林资源使用方案，恢复珍稀木种，发展应对自然及人为突发状况（森林火灾、森林虫害侵袭）的技术和方法	自然资源与生态部、林业部、各联邦主体
13	建立促进社会组织和公民团体参与保障生态安全工作的措施体系	俄罗斯社会院
14	建立科学技术协调中心，监测国家生态安全面临的威胁并制定消除措施	自然资源与生态部

《俄罗斯联邦水法典》简介

谢 静 国冬梅 李 菲

俄罗斯是世界上水资源最丰富的国家之一。国家水法是其政府管理水资源开发利用的政策方针，是约束和指导国内开发利用行为的法律文件，它对水资源开发利用与管理模式及其发展趋势具有决定性调控作用。《俄罗斯联邦水法典》（简称《水法》）于 2006 年 6 月 3 日通过，2007 年 1 月 1 日生效，经过 2008 年和 2013 年的修订，表现出全面性、灵活性、纲领性等发展趋势。它以水源保护为主题，重点集中于水量与污染控制方面，其目标在于使《水法》渗透到综合水资源规划利用中，以满足环境生态和经济社会需求，实现区域可持续发展。

俄罗斯目前已形成以《宪法》为指导、《环境保护法》为基础、《水法》等部门法以及相关政策为主要内容的水资源管理法律体系。俄罗斯为了实现水资源的可持续管理、保持生态安全、防治水污染，确立了明确的原则和目标，采取了一系列方法措施。本文在编译《俄罗斯联邦水法典》的基础上，重点剖析俄罗斯水体保护相关法律规定，旨在为水环境保护法的制定和对外谈判提供参考。

一 《俄罗斯联邦水法典》的原则

《俄罗斯联邦水法典》和根据《水法》颁布的标准性法律文件主要以下列原则为基础。

（1）水体保护优先于水体利用。水体的利用不应该对周围环境造成负面影响，受特别保护水体的保护、使用限制或者禁止使用应该根据联邦法律来确定。

（2）水体的使用目的。水体可以用于一个或多个目的，但要优先保障饮用水和日常经济发展用水，只有在水资源足够多的情况下，水体才能用于其他目的。

（3）公民、社会团体参与解决涉及水体问题的权力以及他们在保护水体方面的责任。公民、社会团体有权参与水资源使用和保护方面的决策。国家权力机构、地方自治机构、经济和其他活动主体必须保障公民、社会团体有权利按程序和方式参与决策，具体程序和方式由俄罗斯联邦法规确定。

（4）除《水法》中预先规定的情况外，自然人和法人对水体的使用权和所有权是平等的。

（5）水资源关系的调节取决于水体的水文特征、物理和地理特性、形态和其他特征，同时要考虑水体与水利工程的相互关系和流域范围内的情况。

（6）水资源使用的公开性原则。水体使用决议和水资源使用合同应向所有人公开，法律规定不允许公开的信息除外。

（7）水体的综合使用。水体可以有一个或多个使用者；除俄罗斯联邦法律规定的情况外，使用水体要缴费。

（8）水体保护的经济激励。在确定水体使用费时要考虑用户在水体保护方面的开支。

（9）俄罗斯联邦北部、西伯利亚和远东地区少数民族传统居住地的水体使用主要采用传统的使用方式。

二 《俄罗斯联邦水法典》的具体内容

（一）水体分类

（1）根据水文特征、物理地理特征、形态测量特征和其他特征，水体可分为地表水体、地下水体。地表水体由地表水及其覆盖的土地组成，具体包括海洋或者其个别部分（海峡、海湾，包括港口、三角湾等）、水流（河流、小溪、沟渠）、水域（湖泊、池塘、灌溉水域、水库）、沼泽、地下水的天然出口（泉水、喷泉）、冰川、雪水。地下水体包括地下水及含水土层，地下水体范围根据地下资源法来确定。

（2）《水法》对公用水体做了规定。国家或者市政所有的地表水体是公用水体，也就是人人都能享用的水体。每位公民都有权使用公用水体，并可以免费将上述水体用于满足私人或日常需要。

公用水体的使用根据保护人类生活的原则确定，根据俄罗斯联邦政府确定的程序进行，同时还根据地方自治机构确定的用于私人和日常需要的水体使用原则进行。

在公用水体中禁止收集（获取）饮用水和日常生活用水，禁止游泳，禁止使用小型船只、水上摩托和其他水上娱乐设备，以及俄罗斯联邦法律和各联邦主体法律禁止的行为。

关于限制公用水体水资源使用的信息应该由地方自治机构通过大众媒体通报给当地居民，地方自治机构应在沿岸设置提示牌，也可以使用其他方式通报上述信息。

公用水体的沿岸地带属于公共区域。公用水体沿岸地带的宽度为 20 米，不包括沟渠的沿岸地带以及长度不超过 10 公里的河流和小溪的沿岸地带。沟渠以及长度不超过 10 公里的河流和小溪沿岸地带的宽度为 5 米。

每位公民有权使用（不使用机械运输设备）公用水体的沿岸地带，可在其附近移动和逗留，其中包括业余和运动捕鱼、浮水设备的停泊。

（3）确定水体岸线（水体界线）的方法：海洋——根据固定的水位确定，水位发生周期性变化时根据最高的退潮界线确定；河流、小溪、沟渠、湖泊、灌溉水域——在没有冰层覆盖的情况下根据一个周期内多年平均的水位确定；池塘、水库——根据标准支撑水位确定；沼泽——根据零深度中泥层界线确定。地下水体范围根据地下资源法确定。

（4）水资源管理的参与者是俄罗斯联邦、俄罗斯联邦各主体、市政机构、自然人和法人；联邦、联邦主体和市政机关与水资源相关的职权，由联邦、联邦主体和市政机关的相关机构在法律所规定的职权范围内代为施行。

（二）水体使用目的

根据水体使用合同，使用俄罗斯联邦、俄罗斯联邦各主体或市政机构所有水体的目的：从地表水体获取水资源；用于休闲、发电。

根据水体使用决议，使用俄罗斯联邦、俄罗斯联邦各主体或市政机构所有水体的目的：保障国防和国家安全；收集和排放污水、废水；建设码头、修船设施；布置固定、浮动的平台和人工岛屿；建设水利工程设施（其中包括土壤改良系统）、桥梁、水下和地下通道、管道、水下通信线路和其他水下管网；勘探和开采矿产资源；进行与改变水体底部和河岸有关的疏浚、爆破、钻井和其他工作；打捞沉船；通过木筏和袋状流材挡栅运输木材；收集、获取水资源用于灌溉农业用地（其中包括草场和牧场）；供儿童、老战士、老年公民和残疾人有组织地进行休息；获取地表水资源用于渔业生产。

（三）水体使用决议

水体的使用要根据水体使用合同或者水体使用决议进行。

（1）水体使用决议的内容包括：水资源使用者信息；有关水体的信息，其中包括对被用部分的范围描述；水体使用的目的、类型和条件；水体使用的期限。

（2）水体使用决议应附有图表形式的数据（包括水体范围内的水利工程及其配套设施，带有特殊使用条件的区域）和使用说明。

（3）以排放污水、废水为目的的水体使用决议还应包括：污水、废水排放的确切位置；允许排放污水、废水的体积；污水、废水排放地的水质要求。

（四）水体使用费用

（1）使用水体或部分水体的费用在水资源使用合同中预先规定。

（2）水体使用的费用根据以下原则确定：促进节约使用水体及保护水体；水体使用费用的差别取决于河流流域；一个日历年内水体使用费用相同。

（3）使用费收归俄罗斯联邦、联邦各主体、市政机构。所有水体使用费率计算和使用费征收程序由俄罗斯联邦政府、联邦各主体、国家权力机构和地方自治管理机构制定。

三 水体使用和保护领域的管理工作

俄罗斯联邦国家权力机构在水资源关系领域的权力包括：拥有、使用和支配归俄罗斯联邦所有的水体；制定、审批和实施水体综合利用与保护方案，并对该方案进行修订；对水体的使用和保护情况实行国家监测和监督；组织和实施国家水体监测；制定国家水位记录表的管理程序并对其进行管理；制定水体使用决议的准备和审批程序；制定流域管理委员会的设立和工作程序；俄罗斯联邦境内水文地理和水利管理区域划分；制定归俄罗斯联邦所有的水体使用费率及使用费计算和征收程序；为制定水体影响标准和水质专项指标确立程序；重新划分地表水流域，补充地下水资源；确定水库水资源使用细则；制定水库泄洪、放水、蓄水和泄水措施；确定国家对水体使用和保护的检查和监督程序；制定饮用水和生活用水水源地的蓄水程序；制定用于气垫船起降的水体使用程序；针对分布在两个或两个以上联邦主体、归联邦所有的水体，采取预防和消除水资源负面影响的措施；确定水体损失的计算方法；确定将水体列入国家和区域性使用和保护监察范围的标准；确定列入国家使用和保护监察范围的水体目录。

俄罗斯地方自治管理机构在水资源管理领域的权力包括：拥有、使用和支配水体；采取预防和消除对水体负面影响的措施；采取水体保护措施；确定水体使用费率及使用费计算和征收方式。

四　河流流域

（一）河流流域组成

河流流域是使用和保护水体的基本单位，由河流和与其相连的地下水体及海洋组成。俄罗斯联邦共有 20 个河流流域：波罗的海流域；巴伦支 - 北海流域；特维纳 - 伯朝拉海流域；第聂伯河流域；顿河流域；库班流域；西里海流域；伏尔加河上游流域；奥克斯克流域；卡马流域；伏尔加河下游流域；乌拉尔流域；上鄂毕河流域；额尔齐斯河流域；下鄂毕河流域；安加拉 - 贝加尔河流域；叶尼塞河流域；勒拿河流域；阿纳德尔 - 科雷马河流域；阿穆尔河流域。

（二）河流流域管理委员会

（1）为保障合理地使用和保护水体而成立的河流流域管理委员会，对河流流域范围内水体使用和保护进行研究并提出建议。

（2）在制定综合使用和保护水体方案时，将考虑河流流域管理委员会的建议。

（3）河流流域管理委员会人员构成包括俄联邦政府权力执行机构、俄罗斯联邦各主体的国家权力机构、地方自治管理机构的全权代表，同时还有用水部门、社会联合企业的代表以及俄联邦北部地区、西伯利亚和远东地区少数民族代表。

（4）河流流域管理委员会成立和活动程序由俄联邦政府确定。

五　水体的国家监测和监察

（一）水体的国家监测

（1）水体的国家监测是对归联邦、俄罗斯各联邦主体、市政机构、法人和自然人所有的水体进行系统地观察、评估和水体组成变化的预报。

（2）水体国家监测是为了及时查明和预测影响水体水质及其组成的负面因素，研究和采取预防负面影响的措施；对水体保护措施的效果进行评估；为水体使用和保护提供信息保障，其中包括对水体的使用和保护进行国家检查与监督。

（3）水体国家监测包括：根据水资源数量和质量指标对水体状态进行定期监测，监督水资源保护区政策措施的执行情况；收集、加工和储存监测数据；将监测数据列入检查和监测的国家水体目录①；评估和预测水体组成、水资源数量和质量指标的变化情况。

（4）水体国家监测由以下部分组成：根据水文气象及其相关领域的监测数据对地表水体进行监测；对水体底部和岸堤状况进行监测，对水资源保护区的状况进行监测；结合地下资源状况国家监测数据对地下水资源进行监测；监测包括水利工程设施在内的水利系统及其用水期和排水期的水量。

（5）河流流域内的国家监测要考虑其水文状态、自然地理形态和其他特点；河流流域范围内水体国家监测的组织和实施由被授权的俄联邦权力执行机构负责，并有俄罗斯联邦各主体执行机构的参与。

（二）水体的国家监察

俄罗斯联邦政府负责确定将水体列入国家和区域性水体使用和保护监察范围的标准，并根据该标准确定列入国家水体使用和保护监察范围的水体目录。国家水体保护和利用监察机构的决议对所有水域具有强制性。

国家水体保护和利用监察员的权利有：检查其控制和监测范围内的水体保护和利用情况；检查水体保护和利用要求的遵守情况；根据检查结果做出决议并将结果通告相关用水部门；针对检查中出现的违反水体使用条件的情况应及时下达整改通知，并要求在规定期限内达到要求；按照规定的程序进行检查，必要时扣压船只（包括外国船只），打捞浮在水面的从船上泄漏的石油、污水、垃圾等有害污染物质或者采取有效措施防止有害物质污染水体；以书面形式将违反利用水体情况通知用水协议签署方相关责任人员；通告自然人、法人，要求其采取必要措施保护水体并按水体允许承载的污水能力标准对排放入水体的污水进行监控；根据自身权限向法院、仲裁法院提出上诉；按照相应规定程序组织科研、项目勘探，组织其他机构团体进行分析、取样、监测，并对水体突发事件做出结论。

六 水体保护

（一）水体保护的基本要求

（1）水体所有者必须制定旨在保护水体、防止污染和水体流失的措施，

---

① 国家水体目录是指归俄罗斯联邦、俄各联邦主体、市政机构、自然人和法人所有的水体记录信息的分类汇编，其中包括水体使用、河流流域及其他水域的相关信息。国家水体目录的设立是为了系统和全面使用水体和为水体保护提供信息保障，同时还为了规划和制定预防及消除对水体的负面影响的措施。

以及发生上述情况后的补救方法。俄罗斯联邦和俄罗斯联邦主体内属联邦或市政所有的水体保护按照本法典之规定由国家权力执行机构及地方自治机构在其职权内制定保护措施。

（2）根据本法典和其他法律规定，水体使用的自然人及法人有义务制定旨在保护水体和实现水体可持续利用的措施。

（二）水体污染防护

（1）严禁向水体内排放生产和消费废弃物，包括：禁止从船只和其他水上交通工具（机构装置部分）抛撒垃圾；严禁向水体排放核材料和放射性物质；严禁向水体排放农药、化学成分和其他对人体构成危害的物质含量超标的污水；严禁在水体内进行产生放射性或者有毒物质的核工业及其他工业的爆破工作。

（2）根据俄罗斯联邦法规规定，单个水体内的放射性物质、农药、化学成分及其他对人身健康构成危害的物质含量不能超过允许浓度限值。

（3）水体污染、紧急和突发事件防治以及补救措施根据俄罗斯联邦法律制定。只有符合俄罗斯联邦相关法规要求，才能在水体上开展会产生固体悬浮物的工作。

（三）地下水体防护

（1）自然人、法人开展对地下水体造成或可能造成不利影响的活动时，有义务采取防止地下水污染和衰竭的措施并遵守地下水体的允许负载影响标准。

（2）严禁向作为饮用水和日常生活用水水源地的地下水地区投放可能会影响地下水水质的废弃物，严禁在其范围内设立墓地、掩埋牲畜和其他可能对水体带来不利影响的行为。

（3）按照卫生法有关规定利用废水进行灌溉和施肥。在含水区进行地下资源开采时必须采取相应的地下水保护措施。

（4）进行地下水汲水设施的规划、布置、施工、改建、投产和其他工作时，必须制定防止此类设施造成地表水体和其他污染的措施。

（四）水利项目运行时的水体防护

（1）在规划、布置、施工、改建、投产和运营其他水利工程设施以及引进新工艺过程中，必须研究其对水体状况的影响并且遵守联邦法律规定的水体允许负载影响标准。

（2）根据相应的土地法和民法在受淹区域内建设新型水库和水利工程设施，禁止采用单向流动的供水系统。

（3）在没有水文和水质监测站的情况下，不允许利用废水进行灌溉；在缺乏防止水体污染设施和渗漏监测仪器的情况下，严禁石油及其产品的运输和存储项目投产。

（4）水利系统运行时严禁以下行为：严禁向水体排放未经净化和无害化处理的污水以及不符合相应技术规则的废水，其中包括不符合水体负载能力标准和水体负载有害物质能力标准的污水；严禁从水体取水时给水体带来不利影响的行为；严禁向水体排放含有传染性病原体以及不符合浓度限值的其他有害物质。

（5）出现违反有关水体防护和利用规定的行为时必须限制、暂停或者终止该水利项目运行。

（五）水体保护区和水体沿岸防护带

（1）为了防止污染、水体淤塞、水体流失，保护水生物及其他动植物栖息的水体环境，河流、海洋、溪水、水道、湖泊、水库沿线设立水体防护区并为上述水体区域内的生产经营和其他社会活动制定特别行为规范。

（2）在水体防护区内设立沿岸防护带，并对该区域内水产经营和其他社会活动制定相应限制规定。

（3）在水体防护带内存在雨水排放系统和岸堤的情况下，该区域水体防护带的宽度按照岸堤护栏和围墙设置。河流、溪水、湖泊、水库、海洋水体防护区的宽度一般从源头开始计算。水体防护带宽度的起点从岸堤护栏开始。沿岸没有护栏时水体防护区和水体沿岸防护带宽度从岸线开始计算。贝加尔湖水体防护区的宽度按照 1999 年 5 月 1 日第 N－94 号《贝加尔湖水体防护法》确定。主水道和生产单位之间的水道水体防护区的宽度与其他同等水道相同。根据水体岸堤坡度设置水体沿岸防护带的宽度。

（4）位于封闭水域的河流不设立水体防护区。用于生产特殊、稀有鱼类的湖泊、水库（包括鱼类和其他水生生物产卵、育肥、过冬地点）的沿岸防护带的宽度一般为 200 米，而与其堤岸的坡度无关。

（5）水体防护区内严禁以下行为：利用污水对土壤施肥；设立墓地、掩埋动物；堆放生产和消费性、放射性、化学、易爆、毒性废弃物和其他有害物质；利用航空技术进行病虫害防治和农药喷洒；具有固体外壳的交通工具驶入和停放（特种交通工具除外）。但是交通工具可以沿防护区内道路行驶，并且可以在道路和特定区域停靠。

（6）水体防护区内可以规划、布置、施工、改建、经营生产项目以及其他社会活动，但前提是必须具备保护水体的仪器设备，而且按照相应环保法和水体防护法防治水体污染和防止水体流失。

（7）水体沿岸防护带内严禁以下行为：开垦荒地；堆放易流失的土壤；放牧、组织夏令营和洗澡。

（8）按照土地法相关规定利用特制标牌区别水体防护区和水体沿岸防护带。

（六）特殊保护水体

（1）具有一定的自然、科学、文化、美化、休闲、沿岸开发和疗养意义的水体及其组成部分可以列为特殊保护水体。

（2）特殊保护水体的状态、地位和区域范围按照特别自然保护区法律的相关规定确定。

（七）生态灾害和紧急情况区

（1）根据《环保法》和《威胁人类生命健康、动植物和其他环境的自然和技术工程突发事件应急法》的有关规定设立水体生态灾害和紧急情况区。

（2）水体的所有者有义务制定防止和消除水体污染的措施。针对国家所有和俄罗斯联邦主体所有的水体，俄罗斯联邦国家权力执行机构和地方自治机构制定相应防止和消除水体污染的措施。

（3）按照《城市建设法》相关规定，在确定受淹区域范围和在其中从事生产经营及其他社会活动时要充分考虑其受淹频率。

（4）在缺乏相应水体保护措施情况下，严禁在经常受淹区域内建设新居住区、设立墓地、掩埋动物和建设楼房及其他建筑。

（八）《水体综合利用和保护纲要》

（1）《水体综合利用和保护纲要》是包括水体状况和水体使用情况的系统资料。这些资料是建设水利设施和开展流域范围内水体保护的依据。制定《水体综合利用和保护纲要》的目的：确定水体允许的人为负载能力；确定未来的水资源需求量；保护水体；确定防止水体污染的基本行动方向。

（2）《水体综合利用和保护纲要》包括如下内容。

第一，纲要有效期内的水体水质的规划指标、水利措施和水体保护措施清单。

第二，旨在平衡水资源分布的河流流域水利资源允许利用的级别和数量评估，根据河流和支流范围、水利区域内不同的水量条件对水资源用水需求进行比较计算，同时还要考虑各个时期地表水和地下水的不平衡分布，兼顾地表水的不平衡分布和地下水资源的补充。

第三，在各个河流流域、支流流域、水利区域不同水量条件下，遵照相应质量标准制定水利资源利用限度和污水排放限度。

第四，根据河流流域、支流流域、水利事业区域内不同的水量条件，俄罗斯联邦对应部门按照相应水质标准，制定水体水利资源汲水定额和污水排放定额。

第五，减少水灾影响、确定其他不利因素的基本规划指标以及完成上述指标的措施清单。

第六，确定实施水体保护和综合利用所需的财政拨款金额。

（3）俄罗斯联邦政府权力执行机构负责制定《水体综合利用和保护纲要》，并由河流流域管理委员会对上述机构针对每个河流流域制定的纲要逐一审批。俄罗斯联邦政府负责制定、审批和实施《水体综合利用和保护纲要》，并及时对《水体综合利用和保护纲要》进行修改。

（4）《水体综合利用和保护纲要》对于国家执行机构和地方自治机构属于强制性完成的项目。

（九）水体允许影响标准的制定

（1）通过制定和遵守水体允许影响标准达到地下水和地表水符合相应法律规定的目的。

（2）根据化学物质、放射性物质、微生物、其他水体水质指标的极限允许浓度来制定水体允许影响标准。

（3）俄罗斯联邦政府负责审批水体允许影响标准和水体水质规划指标。

（4）排放到水体中的微生物、其他物质或者污水的数量不应超过水体允许影响标准。

（5）水体水质规划指标由俄罗斯联邦政府权力执行机构制定，标准制定要考虑每个河流流域及其流域内的自然特征以及河流流域范围内的水体使用条件等。

七　《水法》修订的主要内容

2013 年 10 月 21 日俄罗斯联邦通过第 N 282 – Φ3 号联邦法律《关于对俄罗斯联邦〈水法〉和一些单独立法文件的修订》。

俄罗斯《水法》的修订主要涉及洪灾危险区和水源保护区（滞洪区）的建设和经济活动的开展。洪灾危险区是指河谷地区。俄罗斯有 300 多座城市、上万个居民点、700 多万公顷的农业用地遭受过洪灾。新法律对洪灾危险区的建设设立了特殊要求。

新法对洪灾危险区的建设设立了特殊要求，对洪灾危险区开展经济活动的要求也更加严格。水源保护区是指直接与河流和湖泊毗连的区域。按照法律规定，水源保护区的范围取决于水体规模。根据新法律，在水源保护区禁止开采矿产和建设汽车加油站。

法律对违反环境保护法规的行为，如过度利用水源、违法建设、在水源保护区开展经济建设、缺乏清洁设备等，提高了罚款金额。据专家评价，修订内容旨在降低洪灾危险区居民的危险性，保护水源免受人类活动的负面影响。

八　小结

俄罗斯《水法》特别明确了水体保护优先于水体利用，水体的利用不应该对周围环境造成负面影响，严禁排放不符合标准的污水，并对违反《水法》并造成水体危害的责任赔偿进行了规定。俄罗斯《水法》在制定和修订时突出水体的监测、水质规划指标、水文地理和水利区域划分，规定生活和工业用水原则以及污水排放的标准，强调保护水体、防止污染和水体流失的措施以及补救方法，以实现水资源的可持续利用。

俄罗斯作为我国最大的邻国，跨国界水体众多，研究其《水法》不仅对我国开展跨国界水环境合作具有重要意义，而且可为我国制定水环境保护相关法律法规提供参考。

俄罗斯废物管理现状与法律法规研究及建议

谢　静　涂莹燕　国冬梅

联合国环境规划署和国际固体废弃物协会 2015 年 9 月 7 日发布的《全球固体废弃物治理展望》指出，每年世界城市固体废弃物排放达百亿吨，其中 30% 缺乏有效处理处置。美国、日本等发达国家在经历快速经济发展后，建立了科学化、法制化的固体废弃物处理机制。而俄罗斯的废物（废弃物）回收利用在苏联解体后基本上处于无序、无主状态，2015 年俄罗斯废物作为再生原料，其利用水平平均只有 1/3，要比发达国家低 40% ~ 50%，比中国低 30%，生活垃圾的处理率平均仅为 4% ~ 5%，对火力发电厂灰渣、磷石膏、废轮胎、废塑料、净化设施的沉淀物和猪粪、禽粪的处理利用能力较低。截至 2016 年 1 月，俄罗斯累计有约 400 亿吨生活垃圾，未经处理的废物都堆放在露天场地或违规的垃圾场。近几年，俄罗斯废物管理的法律法规正在逐步完善，俄罗斯积极寻找适应本国经济社会发展水平的废物处理模式，同时为加强废物管理先后出台了一系列废物处理的职能、许可证制度等相关的法律法规，如《俄罗斯联邦生产与消费废物法》《联邦废物分类目录》《废物国家登记制度》等。

俄罗斯废物管理由俄罗斯联邦自然资源与生态部负责。俄罗斯在中俄双边框架下多次提出加强废物管理领域的合作与交流。为更好地了解俄罗斯关注，拓展中俄环保合作领域和渠道，推动中俄全面战略协作伙伴关系的发展，本文在中俄中亚环保合作项目支持下，对俄罗斯废物管理现状和法律法规进行研究，并提出如下建议。

一是抓住开展废物管理合作的机遇，促进中俄双边环保合作转型升级。中俄双边合作自 2006 年"松花江事件"以来一直集中于跨国界环境合作领域，跨界水体水质和边境地区生态环境显著改善，合作关系日益密切，互信程度显著增强，合作诉求发生变化，有必要积极推动两国环保合作从聚焦跨国界环境问题转向全方位的互利共赢的合作模式。

二是全面推动废物管理合作，将其作为多双边环保合作的优先领域。废物管理领域相对于跨国界水、跨国界大气、项目环境影响等问题敏感程度低，容易达成一致，也容易与绿色经济发展、资源能源节约等各国优先合作领域协同。因此，在当前我国推动"一带一路"战略的重要阶段，建议优先启动同俄罗斯等"一带一路"沿线各国在废物管理领域的务实合作，包括合作建立循环经济工业园区、环保技术和产业园区、废物处理示范项目等短期能够发挥影响力的项目，借助绿色"一带一路"各个合作平台，上海合作组织、金砖国家组织等多边合作平台，中俄博览会，中俄友好、和平与发展委员会生态理事会等双边合作平台，为推动中俄环保合作转型升级做出更大贡献。

三是深入调查俄罗斯等国废物管理合作需求，建立政府与企业合作"走出去"新模式，服务绿色"一带一路"建设。继续加强废物管理领域相关信息的收集和整理分析，借助"一带一路"生态环保大数据服务平台网站和中国－上海合作组织环保信息共享平台网站，加大废物管理经验的分享力度，共享沿线国家固体废弃物领域法律法规和先进环保技术，宣传我国固体废弃物领域法律法规、先进经验和技术，充分发挥双边、多边政府间环保合作平台的作用，给企业提供在国际舞台展示的机会，建立政府搭台、企业唱戏、科研机构支持的"联合走出去"新局面，切实推动建立务实合作伙伴关系和创新长效合作机制，为建设"绿色丝绸之路"提供范例。

一　俄罗斯废物处理现状

俄罗斯废物污染处理起步较晚，1998 年才制定相关法律法规，且由于管理机构变更，职责模糊不清，完善固体废弃物法律法规和提高固体废弃物处理水平被搁置多年。2016 年俄罗斯联邦自然资源与生态部颁布《2025年前俄罗斯联邦国家生态安全战略》[①]，并指出，截至 2016 年 1 月，俄罗斯国内累计有约 400 亿吨的生活垃圾，但其处理率不超过 5%，剩下的都堆放在露天场地或违规的垃圾场，俄罗斯废物处理、处置技术还不能满足人民群众对良好生态环境的需要。相比之下，芬兰、瑞典、荷兰等国家废物处置管理技术成熟，政策与行业规范体系建设完整，固体废物循环使用率平均已达到 75%。[②]

[①] Проект Стратегии Экологической Безопасности Российской Федерации На Период До 2025 Года.

[②] 张瑞久：《荷兰城市固体废物的管理与综合处理》，《节能与环保》2010 年第 3 期。

（一）俄罗斯废物生成总量逐年增长

根据俄罗斯联邦资源利用监督局数据①，从 2002 年起，俄罗斯废弃物生成总量呈逐年上升趋势且增长趋势稳定，这一增长趋势在未来预计不会有大的改变，这主要因为现代工业不断发展，产生的工业固体废料不断增加，工业产量和终端产品消费水平提高，并且消费废物的生成量增长会因为终端消费产品产量的超前提高而比废物的生成量增长更快。俄罗斯截至 2014 年年初已累计产生 350 亿吨废弃物，到 2016 年累计产生 400 亿吨废弃物。以莫斯科为例，莫斯科一年制造 550 万吨生活垃圾，但莫斯科垃圾处理厂每年只能处理莫斯科全部生活垃圾的 15%，其余的被直接堆放在市郊露天垃圾场，近 20 年来莫斯科没有修建新的垃圾处理厂。

俄罗斯废物生成总量与类别如表 15 - 1 所示。其中，废物主要产生于农业，林业，渔业，采矿业，加工业，建筑业，生产和分配电能、天然气和水，以及其他经济活动，2014 年 93% 的废物产生于采矿业，即矿物采掘和分选过程。可见，采矿业是俄罗斯废物生成的主要原因。

表 15 - 1　俄罗斯废物生成总量与类别

单位：百万吨

年份	2007	2010	2011	2012	2013	2014
废物生成总量	3899.3	3734.7	4303.2	5007.8	5152.8	5168.3
农业、林业和渔业	26.6	24.1	27.5	26.2	40.3	43.1
采矿业	2785.2	3334.6	3818.7	4629.3	4701.2	4807.3
加工业	243.9	280.1	280.2	291.0	253.7	243.1
建筑业	62.8	11.1	14.1	14.6	16.7	17.6
生产和分配电能、天然气和水	70.8	68	58	28.4	24.1	28.3
其他经济活动	710.0	16.9	104.7	18.3	116.8	28.9

近年来，俄罗斯危险废物总体而言呈递减的形势，2014 年 IV 类危险废物占危险废物总量的 83%，市政固体废物总量占危险废物总量的 46%。② 危险废物总量占国民生产总值比例逐年递减，可见俄罗斯有效控制了危险废物生成量（见表 15 - 2）。

---

① Федеральное Агентство Водных Ресурсов.

② 俄罗斯联邦自然资源与生态部：《俄罗斯环境状况公报 2014 年》，2014。

表 15 - 2　俄罗斯联邦危险废物总量和类别

年份	2007	2010	2011	2012	2013	2014
危险废物总量（Ⅰ～Ⅳ类危险废物）（百万吨）	287.653	114.368	120.162	113.665	116.666	124.335
危险废物总量占国民生产总值（吨/百万卢布）	7.412	2.470	2.147	1.827	1.748	1.741
Ⅰ类危险废物（百万吨）	0.1813	0.167	0.143	0.051	0.057	0.052
Ⅱ类危险废物（百万吨）	1.3114	0.71	0.655	0.459	0.357	0.298
Ⅲ类危险废物（百万吨）	11.051	16.671	15.79	11.643	19.118	19.716
Ⅳ类危险废物（百万吨）	275.1091	96.82	103.574	101.512	97.134	104.270
危险废物中市政固体废物总量（百万吨）	—	47.082	48.228	53.122	53.703	56.68

（二）俄罗斯废物处理领域资金缺口很大

2010～2014年俄罗斯政府环保领域支出总额和废物处理方面支出总额均逐年增加（见表15-3），其中2013年废物处理方面支出总额约占环境保护支出总额的11%，2014年废物处理方面支出总额约占环境保护支出总额的12%，跟其他领域环保投入相比处于领先地位，政府支持力度较大。支出总额包括主要资本的直接投资、日常开支、主要基金维护费用、环保执行机构或部门支出费用、科研成果和著作费用以及环保领域的教育费用，从2012年起支出费用由企业单独进行核算。

在俄罗斯联邦废物处理委员会2016年会议上，自然资源与生态部部长东斯科伊指出，关于废物加工利用基础设施建设方面的投资，初期阶段大概需要1500亿卢布（约合155亿元人民币）。但目前俄罗斯每年资金投入约为80亿卢布（约合8.3亿元人民币）。因此，俄罗斯废物加工领域还需要更多资金投入。

表 15 - 3　俄罗斯 2010～2014 年在废物处理方面的支出情况

单位：百万卢布

支出费用	2010 年	2011 年	2012 年	2013 年	2014 年
环保领域支出总额	372382	412014	445817	479384	536311
废物处理方面支出总额	41510	44172	41022	51612	61823

（三）俄罗斯联邦废物利用率和处理能力较低

2014年，废物利用和处理量占废物生成总量的45.6%，其中矿产废物利用和处理量逐年增加，占废物再利用和处理量的 91.88%。[①] 2014 年，危险废物利用和处理率为 83.5%。2014 年，废物贮存和处置量占废物生成总量的 57.1%。俄罗斯固体生活废物（垃圾）的处理水平平均为 4%~5%，对火力发电厂灰渣、磷石膏、废轮胎、废塑料、净化设施的沉淀物和猪粪、禽粪的处理利用能力较低。[②] 这种情况造成了双重后果，一方面，工业损失了大量原料和燃料——动力资源；另一方面，未被利用的废物在环境中积存。俄罗斯每年积存的废物约占生成量的 60%~70%，即 20 亿~25 亿吨。[③] 这种状况在很多情况下是因为废物的回收与加工费用较高，从而使得加工盈利水平降低或完全亏损；还有一个原因就是需要将废物破碎并制成再生原料或半成品，加工废物中的夹杂物或垃圾（特别是加工聚合废物时），降低了设备生产率。由此可见，俄罗斯废物利用、处理、贮存和处置能力尚有大幅提高的空间。

对比 2007 年和 2010~2014 年俄罗斯危险废物处理总量与利用和消除总量（见图 15-1）发现，除了 2007 年危险废物处理总量为废物利用和消除总量的 2.7 倍外，2010~2014 年危险废物处理总量约为废物利用和消除总量 1.2 倍，而这其中绝大部分为 V 级危险废物，通过环保技术利用和消除这些危险废物远比将其随意堆砌在垃圾场难，这导致 2013 年采矿场和垃圾场数量增加至 1000 顷，2014 年达到 5000 顷（2014 年俄罗斯领土内废物在单位面积的生产与消费数量分布见图 15-2）。废物常见的无害化处理方式有焚烧、堆肥和填埋等，主要根据地方经济发展状况、技术能力以及土地资源使用状况等选择。由于俄罗斯土地资源丰富，俄罗斯处理废物的主要方式是以掩埋和填埋方式转移和处理，利用和消除废物技术尚未成熟，资金投入需求大，这是俄罗斯废物管理领域的主要环境压力。俄罗斯废物处理总量压力还在继续增长，需要通过法律法规和最新环保技术降低废物形成量、消除其危害性、提高废物循环利用率。

俄罗斯联邦是《控制危险废料越境转移及其处置巴塞尔公约》缔约国之一。在《巴塞尔公约》框架下俄罗斯自然资源监督局负责越境转移处置危险废料，相关处理情况见表 15-4。可见，俄罗斯目前入境废物总量正在逐渐减少，而出境废物总量呈显著上升趋势，2014 年出境废物总量为 2012

---

① Государственная Программа Российской Федерации, Охрана Окружающей Среды На 2012 – 2020 Годы, 2015.

② 王树义：《中俄固体废物处理的立法比较》，《安全、健康和环境》2004 年第 4 期。

③ 王保士：《俄罗斯二次资源回收利用概况》，《再生资源与循环经济》2008 年第 12 期。

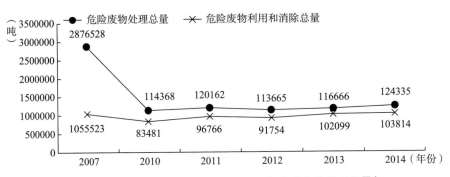

图 15-1　2007 年和 2010~2014 年俄罗斯危险废物处理总量与
利用和消除总量对比

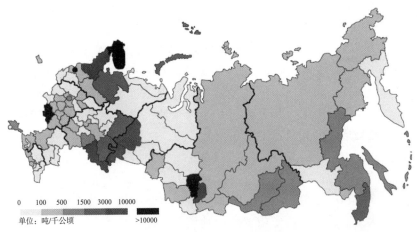

图 15-2　2014 年俄罗斯领土内废物在单位面积的生产与消费数量分布

年的 4.6 倍。这体现了俄罗斯正在将国内大量危险废物转移出境，控制危险
废物越境转移力度仍然有待提升，危险废物转移出境将损害国际社会环境，
因此必须意识到要继续发展和实施无害于环境的低废技术、再循环方法，
采用良好的管理制度，以便减少危险废物和其他废物的产生，尽量把这类
转移减少到最低。

表 15-4　转移出入境废物总量

单位：百万吨

危险废物	2012 年	2013 年	2014 年
入境废物总量	8822	6600	4500
出境废物总量	5975	7460	27239

俄罗斯原生资源对工业生产原料的保障率很高，在国际市场价格水平较高的背景下，这些原料在俄罗斯的价格仍然可被接受，这同样挫伤了废物回收与加工的积极性。

（四）中俄地方已开展废物处理技术交流

黑龙江省与俄哈巴罗夫斯克边疆区早在 2010 年就开展了固体废弃物处理领域的交流与合作。2010 年 7 月，黑龙江省危险废物管理中心代表团先后考察哈巴罗夫斯克、共青城两个城市的七家固体废物、危险废物利用处置企业，并与俄方环保官员交流了双方政府在固体废物和循环经济领域的管理机构运行方式和支持政策、法律、监管手段。

2011 年 3 月，俄阿穆尔州自然资源部赴哈尔滨考察垃圾处理技术，详细了解了固体废弃物处理工艺、处理成本等。

2011 年和 2012 年俄萨哈林州政府代表团曾 3 次到访黑龙江省环境保护厅，与中国就固体废物管理等问题进行交流，参观哈尔滨向阳垃圾填埋场、哈尔滨双琦环保资源利用有限公司，详细了解垃圾处理的管理、工艺、费用等问题。

2015 年 10 月，为响应两国元首关于"丝绸之路"经济带与欧亚经济联盟的对接合作倡议，在环保部国际司、黑龙江省环保厅支持下，哈尔滨市环保局与中国－上海合作组织环境保护合作中心在第二届中俄博览会期间在哈尔滨市举行"中俄绿色发展与合作研讨会暨先进环保技术展"，围绕环保产业和绿色经济，探讨在固体废弃物处理及资源化、流域综合治理及 PPP 模式等相关领域的环保最佳可得技术，积极推动中俄环保技术交流与产业合作基地建设。

二 俄罗斯废物管理法律法规

随着社会经济发展水平的提高，俄罗斯废物管理的法律法规和废物处理的调整系统正在逐步完善，俄罗斯将机构职能、许可证制度、登记制度等进行了修订，积极寻找适应本国经济社会发展水平的废物处理模式，提高生态安全水平，为完善废物管理出台了一系列法律法规（见表 15 – 5）。

表 15 – 5　俄罗斯废物管理相关法律法规

时间	法律法规	主要内容
1998 年	《俄罗斯联邦生产和消费废物法》	主要规定了有关废物处理活动的一些基本概念、政府职能，危险废物处理活动许可证制度，废物处理的总要求，废物处理的标准、基本原则、监督职能等

续表

时间	法律法规	主要内容
2002 年	《联邦废物分类目录》	废物危险等级内容
2011 年	《关于批准实行废物国家登记制度的命令》	包括对废物的种类、产生量、流向、贮存、处理等有关资料进行规范登记
2013 年	《关于对废物进行 I ~ IV 级危险等级编号的决议》	规定了申请许可证的工作内容及程序、条件，以及申请许可证所需提供的文件材料，也包括换领许可证的有关信息
2014 年	《联邦废物分类目录 2014》	规定有关废物产生的标准及其堆放限制、被允许的废物处理形式，将废物归类为某一具体危险等级的材料在有效期满之前不需要进行重新制定
2014 年	《关于修订〈俄罗斯联邦生产和生活废物法〉的法令》	明确指出了危险系数为 I ~ IV 级的废物处理要求，涉及废物处理问题的经济方面，自 2016 年 1 月 1 日起如果堆放废物或堆放固体建筑废物时对自然环境造成不良后果，个人需要为其买单
2015 年	《关于收集、运输、加工、处置、消除、贮存 I ~ IV 级危险废物的许可证管理条例》	规定了申请许可证的工作内容及程序、条件，以及申请许可证所需提供的文件材料，也包括换领许可证的有关信息
2016 年	《俄罗斯地方废物处理方案》	该方案是描述对俄罗斯各联邦主体内产生的包括固体废物在内的废物管理并进行回收、运输、加工、再利用、无害处理和掩埋行动的一系列图表和文字总和，包含废物的来源、各个种类及各个危险系数的废物数量、废物加工、废物再利用、废物无害处理、废物分类地点这一系列数据
2016 年	《关于修订〈俄罗斯联邦生产和消费废物法〉的法令》	涉及环境保护、住房和公共事业领域，为废物加工利用行业的建立创造了条件，还引入了生产者责任延伸制度，改善了城市生活垃圾处理领域的相关做法，重新分配了机构职能，调整了相关收费价格，完善了许可证制度

　　其中还包括对非营利的生产过程产生的废物的回收与加工采取将其费用纳入各相应工业部门的主要产品成本中的方法，成立俄罗斯资源节约与废物管理问题科学研究中心等措施。2016 年《俄罗斯联邦生产和消费废物法》新修订内容涉及环境保护、住房和公共事业领域，为废物加工利用行业的建立创造了条件。新修订的法案引入了新的经济机制——生产者责任延伸制度，改善了城市生活垃圾处理领域的相关做法，重新分配了机构职能，调整了相关收费价格，完善了许可证制度。2017 年，俄罗斯很多修订的环保法规和标准将开始生效，包括关于污染物排放管理、最佳可得技术

和《俄罗斯联邦生产和消费废物法》中的新标准。

（一）《俄罗斯联邦生产和消费废物法》

1998 年俄罗斯颁布了《俄罗斯联邦生产和消费废物法》，该法是俄罗斯在治理固体废物污染环境的方面的主要依据和基础，旨在：保护人体健康，维持或恢复良好的环境状况和保护生态多样性；保证社会的稳定发展，科学论证社会生态和经济利益之间的联系；利用最新科技成果，采用少废或无废工艺；减少废物数量，对原材料进行综合加工；减少废物的数量，将其纳入经济循环过程中，采用经济办法调节废物处理活动；根据俄罗斯联邦立法公开有关废物处理的信息；加入有关废物处理的国际条约等。

首先，该法的总则体现了环境保护与人类发展是同等重要的，人类有健康与病态，同样环境也有健康与病态。[①] 所以，要将生产与消费的废物处理好，要采用最新的工艺技术，要事先考虑废物对环境及周围人群的影响，减少废物的产生。处理好产生的废物，是保证环境与人类的健康发展、实现可持续发展的主要基础。

其次，引用市场机制手段对废物进行处理，在废物处理过程中在一定程度上允许将废物的所有权、处理权相互转让，从某种程度上可以将固体废物看成一种有效资源，追求资源配置的最优化。这样，一方面可以调动处置废物的积极性，另一方面还可以实现废物利用效益的最大化。

最后，该法的另一大亮点是确立了政府在处理废物方面的具体职能以及公众的监督权和知情权。政府在处理废物方面，应该制定优惠条件和措施，提高废物处理效率，积极参与研究处理废物的流程。同时，应虚心接受公众监督，保证废物处理的科学化、合理化，赋予公民在处理废物方面的一定权利。

2014～2016 年俄罗斯联邦自然资源与生态部修订了很多法令。其中最重要的法令之一是俄罗斯联邦第 458 号《关于修订〈俄罗斯联邦生产和消费废物法〉的法令》。[②] 这部法律的根本目的如下。

（1）完善废物处理的调整系统，提高生态安全水平，开发经济机制，减少废物掩埋并将废物运用到经济活动中，完善住宅和公用事业法律，将国家法律和经济合作与发展组织的决议和建议结合起来。生产商和进口商

---

① 王树义：《中俄固体废物处理的立法比较》，《安全、健康和环境》2004 年第 4 期。

② 《俄罗斯生态法》（俄文版）。

回收利用商品（产品）的责任自 2015 年起实行。

（2）改革住宅和公用事业系统的条约、采用区域执行单位机制以及调整废物处理新系统的规定 2016 年起生效，禁止单独堆放废物的规定 2017 年起实行，降低废物占有率则相应地将从 2019 和 2020 年实施。

（3）制定出一系列条约，保证完善现有的废物处理许可行动系统。回收、运输、再利用行动曾于 2011 和 2012 年被取消，这些行动将被恢复，废物加工将被合法化。

这部法律明确指出了危险系数为 I ~ IV 级的废物处理要求。自 2016 年 1 月 1 日起不要求将废物划分到《联邦废物分类目录》中某一具体危险等级。并且俄罗斯联邦自然资源与生态部应当批准并采用《危险废物危险等级划分制度》《废物国家登记制度》以及介绍废物典型形式的说明书。

自 2016 年 1 月 1 日起如果堆放废物或堆放固体建筑废物对自然环境造成不良后果，个人需要为其买单。

《俄罗斯联邦生产与消费废物法》的主要内容见表 15 - 6。

表 15 - 6 《俄罗斯联邦生产和消费废物法》

（1998 年颁布，2014 ~ 2016 年多次修订）①

章节	主要内容
第一章（共 6 条）	主要规定废物处理活动的一些基本概念，包括对废物处理法律的调整、废物处理的基本原则、废物的所有权问题以及俄罗斯联邦与俄罗斯联邦主体在废物处理方面的权限
第二章（共 2 条）	主要规定俄罗斯联邦、俄罗斯联邦主体及地方自治机关有关废物处理的职能，规定由被专门授权的联邦废物处理执行权力机关依法定程序完成国家废物管理任务
第三章（共 8 条）	主要规定危险废物处理活动许可证制度、废物处理的总要求，包括有关设计、建设、改造和摧毁企业、建筑物、结构、设备及其他工程项目的要求，对企业、建筑物、结构、设备及其他项目开发的要求，对废物贮存设施的要求，在城市及其他居民区处理废物的要求，危险废物处理的要求，对允许实施危险废物处理活动的人的专业培训的要求，危险废物越境运输的要求等
第四章（共 3 条）	主要规定废物处理的标准、国家清单与报表、编制国家废物册的程序和办法
第五章（共 4 条）	主要规定废物处理的经济调节的基本原则、废物处理的目标规划、废物处理费用、对有关废物处理活动的经济鼓励

① 《俄罗斯联邦生产和消费废物法》（俄文版）。

续表

章节	主要内容
第六章（共3条）	主要规定废物处理的监督，包括对废物处理活动的国家监督、废物处理的生产监督、废物处理的社会监督等
第七章（共2条）	主要规定违反俄罗斯联邦废物处理法应承担的责任，违反俄罗斯联邦废物处理法应承担的责任的种类，对违反俄罗斯联邦废物处理法的公民的行为的限制、暂停或禁止诉讼的要求等
第八章（共2条）	此章为附则，规定了该法的生效时期及根据该法制定的标准法令的实施

（二）《废物国家登记制度》

2014 年起俄罗斯联邦政府积极制定和修订废物管理登记制度，旨在完善俄罗斯废物利用和管理制度，明确监管部门职责，使废物分类更加明细化，加强废物处理率，提高工业能源效率，改善居民生活环境和条件。内容包括对废物的种类、产生量、流向、贮存、处理等有关资料进行规范登记。

自 2014 年 8 月 1 日起，俄罗斯联邦政府 2013 年 8 月 16 日发布的第 712 号《关于对废物进行 I～IV 级危险等级编号的决议》① 以及俄罗斯联邦自然资源与生态部 2011 年 9 月 30 日发布的第 792 号《关于批准实行废物国家登记制度的命令》开始生效。1998 年 6 月 24 日发布的《俄罗斯联邦生产和消费废物法》第 89 条规定，《废物国家登记制度》包含联邦废物分类目录、废物堆放单位国家登记表以及不同种类废物的使用或无害处理工艺数据库和废物数据库。国家废物登记由俄罗斯联邦自然资源利用监督局根据《俄罗斯联邦自然资源利用监督局管理条例》（经俄罗斯联邦政府 2004 年 6 月 30 日发布的第 400 号决议批准）和《废物国家登记制度》（经俄罗斯联邦自然资源与生态部 2011 年 9 月 30 日发布的第 792 号命令批准）的规定开展。

（三）《联邦废物分类目录 2014》

自 2014 年 8 月 1 日起，经俄罗斯联邦自然资源与生态部 2002 年 12 月 2 日发布的第 786 号命令（俄罗斯联邦自然资源与生态部 2003 年 7 月 3 日发布的第 663 号校正命令②）批准的《联邦废物分类目录 2003》失效。与此

---

① Требования К Составу И Содержанию Территориальных Схем Обращения С Отходами, В Том Числе ТвердымиКоммунальными Отходами, 2015.

② Техническое заданиена Выполнение Научно-Исследовательских Работ По Форми-рованию Проекта, Разработка Региональной Схемы Обращения С Отхода-ми, 2015.

同时，俄罗斯联邦自然资源利用监督局根据《废物国家登记制度》的要求批准了新的《联邦废物分类目录2014》。

《联邦废物分类目录2014》保留了《联邦废物分类目录2003》中已确认的废物危险等级内容。根据俄罗斯联邦自然资源利用监督局及其地方下属机关批准和发布的废物处理相关的文件，《联邦废物分类目录2014》规定废物产生的标准及其堆放限制、被允许的废物处理形式，废物归类为具体危险等级的文件在有效期内无须重新制定，以下两种情况除外。

（1）如果俄罗斯联邦法律规定必须要重新制定已批准的文件。

（2）如果自然资源使用单位批准文件和材料中规定的某一废物危险等级与《联邦废物分类目录2014》出现不一致。

（四）《关于收集、运输、加工、处置、消除、贮存I～IV级危险废物的许可证管理条例》

2015年10月3日，俄罗斯总理梅德韦杰夫签署联邦政府法令，颁布《关于收集、运输、加工、处置、消除、贮存I～IV级危险废物的许可证管理条例》（以下简称《条例》）。《条例》规定了申请许可证的工作内容及程序、申请许可证的条件，以及申请许可证所需提供的文件材料。《条例》也包括换领许可证的有关信息。根据《条例》，收集、运输、加工、处置、消除、贮存I～IV级危险废物的许可证发放单位为俄罗斯自然资源利用监督局。《条例》规定了申请领取危险废物经营许可证的条件和程序，并于2012年取消发放I～IV级危险废物运输、收集和利用的许可证，以减少非法垃圾场的数量。《条例》的通过和实施，保障了废物处理过程清洁无害，俄罗斯非法垃圾场的数量呈逐年递减趋势，危险废物造成的环境影响逐渐降低。

（五）《俄罗斯地方废物处理方案》

根据俄罗斯联邦自然资源与生态部批准，《俄罗斯地方废物处理方案》自2016年1月1日起执行，它是描述对俄罗斯各联邦主体内产生的包括固体废物在内的废物进行管理、回收、运输、加工、再利用、无害处理和掩埋的一系列图表和文字，包含从废物产生的来源、各个种类及各个危险系数的废物数量到加工、再利用、无害处理、分类地点的一系列数据。该方案是指导地方废物处理和管理的发展方针，是制定废物处理纲要的基础，促进废物被运用到经济活动中。《俄罗斯地方废物处理方案》的制定，旨在组织并实现在俄罗斯各联邦主体境内产生的包括固体废物在内的废物收集、运输、加工、再利用、无害处理、掩埋，预防或降低废物对人类健康以及自然环境造成的危害。

1. 《俄罗斯地方废物处理方案》遵循的原则

（1）根据现行的法律进行废物处理。

（2）必须减少废物产生。

（3）确保减少各处的废物数量。

（4）预防企业未经批准擅自堆放废物。

（5）在处理废物时减少对自然环境造成的人为负担。

（6）处理废物时遵循真实可靠和能够获得的信息。

2. 《俄罗斯地方废物处理方案》的内容

（1）俄罗斯各联邦主体境内废物产生来源的数据。

（2）俄罗斯各联邦主体境内产生的废物数量以及根据废物种类和危险系数进行废物分类。

（3）俄罗斯各联邦主体境内废物回收点的数据。

（4）俄罗斯各联邦主体境内堆放废物单位的数据。

（5）俄罗斯各联邦主体境内进行废物再利用单位的数据。

（6）俄罗斯各联邦主体境内废物加工单位的数据。

（7）俄罗斯各联邦主体境内进行废物无害处理的单位的数据。

（8）俄罗斯各联邦主体境内进行废物分类的机构的数据。

（9）俄罗斯各联邦主体境内废物无害处理、再利用及分类的目标指数数据。

（10）俄罗斯相关联邦主体境内的废物产生与废物加工、无害处理及掩埋的指标对比表。

（11）废物流量示意图，展示从废物形成到运到处理单位进行加工、再利用、无害处理和分类这一系列过程。

（12）处理废物的操作员信息。

（13）用于废物处理单位的建设、改造和升级的投资总数评估。

3. 《俄罗斯地方废物处理方案》反映的问题

《俄罗斯地方废物处理方案》反映以下问题。

（1）废物处理的财政经济数据和投资问题。

（2）废物处理市场参与者之间相互配合的组织问题。

该方案对俄罗斯联邦主体区域进行划分，达到优化废物处理活动的目的。该方案确定了地方执行单位的基本（组织、财政经济、投资）要求。该方案由被授权的俄罗斯联邦主体权力机关批准。

地方执行单位：实施地方废物处理方案的主要单位。

地方执行单位的基本任务是：在自己负责区域内保证完成废物处理的地方政策。地方执行单位的负责区域及任务由地方废物处理方案规定。

地方执行单位是具有处理废物及管理废物生产单位专有权的合法法人。地方执行单位处理的废物必须是在负责区域内产生或回收的。

4. 《俄罗斯地方废物处理方案》技术文件

根据俄罗斯联邦 2014 年 12 月 29 日颁布的《俄罗斯联邦生产和消费废物法》的规定，俄罗斯所有联邦主体应在 2015 年内制定出地方废物处理方案，并从 2016 年 1 月 1 日起开始实施。根据《俄罗斯联邦生产和消费废物法》的规定，地方废物处理方案是各个联邦主体进行所有与废物处理相关工作的法律基础。

目前专家已经将地方废物处理方案的筹备技术任务制定出来。该文件决定了方案制定的步骤。

5. 《俄罗斯地方废物处理方案》涉及的法律

《废物产生的来源》：从所产生废物的数量和成分来考虑，包括单独的工艺操作、过程、整体生产、产品消费。

《废物形成和废物加工、再利用、无害处理、掩埋的量化比》：废物产生的数量与再利用、无害处理、掩埋以及为进一步进行再利用、无害处理及掩埋而运输到其他联邦主体（或从其他联邦主体运来）的废物数量对比。

《废物流量示意图》：描述各个地区废物产生数量及各个地区从事废物加工、再利用、无害处理和分类活动的企业数量的图示。

《地方废物处理示意图的电子模型》：该模型是包含数据库、规划、技术保障在内的信息系统，目的在于保存、监测并更新信息系统，组织回收、运输、加工、再利用、无害处理和掩埋在俄罗斯各联邦主体内产生的包括固体废物在内的废物，并指导行动发展方针。

三　几点建议

（一）推动中俄开启全方位的务实环保合作

中俄双边环保合作自 2006 年"松花江事件"以来一直集中于跨国界环境合作领域，跨界水体水质和边境地区生态环境显著改善，两国合作关系日益密切，互信程度显著增强。近年来，俄方环保合作诉求发生变化，提出加强废物管理领域的交流与合作。

通过研究发现，俄罗斯近年来非常重视废物处理，希望通过重新制定法律法规，提高工业、生活和消费废物处理水平和能力，借鉴国际先进经验不断修订完善相关法律法规。中国在废物管理方面已经取得显著成果，一些大型企业已经有"一体化"的废物处理系统、先进的废物处理和再利用技术，该方面的环保投资也相对较大。因此，中俄废物管理领域合作潜能巨大。

2015 年又恰逢中俄总理定期会晤委员会环保合作分委会成立 10 周年。因此，建议抓住机遇，积极推动中俄环保合作转型升级，推动两国从仅仅开展跨国界地区的环保合作升级为开展全方位、多领域、多渠道的环保合作，推动建立互利共赢的务实合作模式。

（二）开展废物管理领域的合作，服务绿色"一带一路"建设

废物管理领域相对跨国界水、跨国界大气、项目环境影响等问题的敏感程度低，容易使双方达成一致，也容易与绿色经济发展、资源能源节约等各国优先合作领域协同。因此，在当前我国推动"一带一路"建设的重要阶段，建议优先启动跟俄罗斯等"一带一路"沿线国家在废物管理领域的务实合作，包括合作建立循环经济工业园区、环保技术和产业园区、废物处理示范项目等短期能够发挥影响的项目，借助绿色"一带一路"各个合作平台，上海合作组织、金砖国家组织等多边合作平台，中俄博览会，中俄友好、和平与发展委员会生态理事会等双边合作平台，为推动中俄环保合作转型升级做出更大贡献。

（三）深入调查合作需求，建立多方合作"走出去"新模式

继续加强废物管理领域相关信息的收集和整理、分析，借助"一带一路"生态环保大数据服务平台网站和上海合作组织环保信息共享平台网站，加大废物管理经验的分享力度，共享沿线国家废物管理领域法律法规和先进环保技术，宣传我国废物管理领域法律法规、先进经验和技术，充分发挥双边、多边政府间环保合作平台的作用，给企业提供在国际舞台展示的机会，建立政府搭台、企业唱戏、科研机构支持的"联合走出去"新局面，切实推动建立务实合作伙伴关系和创新长效合作机制。

参考文献

［1］ Проект Стратегии Экологической Безопасности Российской Федерации На Период До 2025 Года.

［2］ 张瑞久：《荷兰城市固体废物的管理与综合处理》，《节能与环保》2010 年第 3 期。

［3］ Федеральное Агентство Водных Ресурсов.

［4］ 俄罗斯联邦自然资源与生态部：《俄罗斯环境状况公报 2014 年》，2014。

［5］Государственная Программа Российской Федерации，Охрана Окружающей Среды На 2012 – 2020 Годы，2015.

［6］王树义：《中俄固体废物处理的立法比较》，《安全、健康和环境》2004 年第 4 期。

［7］王保士：《俄罗斯二次资源回收利用概况》，《再生资源与循环经济》2008 年第 12 期。

［8］耿富强：《试论〈固体废物污染环境防治法〉的完善》，硕士学位论文，东北林业大学，2009。

［9］《俄罗斯联邦生产和消费废物法》（俄文版）。

［10］《俄罗斯生态法》（俄文版）。

［11］Требования К Составу И Содержанию Территориальных Схем Обращения С Отходами，В Том Числе ТвердымиКоммунальными Отходами，2015.

［12］Техническое заданиена Выполнение Научно-Исследовательских Работ По Формированию Проекта，Разработка Региональной Схемы Обращения С Отходами，2015.

哈萨克斯坦跨国界河流管理
国家战略

涂莹燕　李　菲

2014 年 4 月，哈萨克斯坦颁布《哈萨克斯坦共和国 2014～2040 年国家水资源管理纲要》，作为哈萨克斯坦独立以来第一份重要水资源国家战略文件，该纲要将跨国界河流管理列为重要内容。本文通过研究跨国界河流在哈萨克斯坦的重要战略地位，分析哈萨克斯坦政府对跨国界河流国际合作的重要观点、认识和采纳的策略，这对于处理好我国跨国界河流环保合作问题具有重要和积极的现实意义。

一　跨国界河流在哈萨克斯坦的重要战略地位

哈萨克斯坦（以下简称"哈"）实际水资源总量为 1096 亿立方米，人均水资源量多达 7307 立方米，是中亚实际水资源总量和人均水资源量最多的国家。但是，由于水资源分布不均、局部地区缺水严重以及管理不善等，哈萨克斯坦面临水资源总量减少、跨国界河流水情恶化、水资源利用不合理等水安全危机，地方、部门间经常发生水事纠纷，甚至出现流血事件。哈政府历来重视跨国界河流问题，并将跨国界河流视为影响其外交、政治、对外经济合作的重要国家战略问题，当前哈与周边国家错综复杂的跨界水关系问题被列为哈水资源管理的突出问题之一。

哈 2014 年发布的国家水资源战略——《哈萨克斯坦共和国 2014～2040 年国家水资源管理纲要》（以下简称《水资源管理纲要》）已专门列出了中哈跨国界河流合作的重难点问题，并提出了开展中哈跨国界河流合作的具体举措。结合哈自然环境及国情，分析主要有如下原因。

第一，哈深处亚欧大陆中部，属严重干旱的大陆性气候，是欧亚大陆严重的贫水国之一。哈境内河流数量不少，但水量很小，且分布极不均衡，中西部缺水问题十分突出，东南部山区水资源虽丰富，但利用率不高。哈实际水资源总量为 1096 亿立方米，人均水资源量多达 7307 立方米，是中亚实际水资源总量和人均水资源量最多的国家。但是，由于水资源分布不均、局部地区缺水严重以及管理不善等，哈面临水资源总量减少、跨国界河流水情恶化、水资源不合理利用等水安全危机。扣除国内生态、湖泊等自然消耗水量，哈丰水年实际可利用水资源仅为 46 亿立方米，缺水年份实际水量为 23 亿立方米，仅为正常水量的一半，且哈因拥有众多大型内陆湖而成为生态脆弱区。

第二，哈境内 48% 地表水资源来自跨国界河流，是一个"上下游，国内外"水资源利用均受到限制的国家。据估算，哈 1010 亿立方米的地表水中仅有 563 亿立方米在哈境内产生，其余 447 亿立方米均源于哈中、哈俄、哈吉、哈乌间跨国界河流，而其中 42.6% 的水量来自中国。因此，哈对跨国界水资源极为重视，并一直密切关注包括中国在内的周边国家对跨国界河流的利用和保护。

第三，哈近年经济发展迅速，2000～2010 年 GDP 年均增速为 8%，成为世界上发展最快的三大经济体之一，哈人均 GDP 也达到 1.2 万美元，经济的迅速发展必然增加对水的需求。哈区域内河流适宜开发利用的水电资源蕴藏量不到理论上可开发量的 1/5。此外，人口因素对用水量也有一定影响，哈 2011 年人口数净增长 18 万，较快的人口增长势必对水资源造成较大压力。由此观之，哈水资源供给和需求状况让水成为哈重要战略资源，哈方对跨国界河流的重视和关注也成必然。

此外，咸海环境管理的失败也是哈政府对跨国界河流高度警惕和担忧的重要原因之一。哈社会经济发展受制于境内河流、湖泊的生态环境，哈境内咸海危机、巴尔喀什湖和伊犁河三角洲生态环境的恶化，为哈过度开发利用水资源敲响了警钟。哈环境保护主义者担心，如果中国实施的西部大开发继续从伊犁河和额尔齐斯河引水，对当地环境的破坏将是不可逆转的。哈环境律师埃里克·西弗斯批评哈政府签订了几乎放弃所有权利的协定。他注意到：中哈 2001 年 9 月签署的《中哈关于共同利用和保护跨界河流的合作协定》第四条规定"考虑到双方的利益，任何一方都不得限制另外一方对跨界河流水资源的合理利用和保护"；另外，在 1997 年联合国大会投票表决《国际水道非航行使用法公约》时，中国是投反对票的 3 个国家之一。这些因素意味着哈必然在处理与中国的跨国界河流问题上采取高度谨慎、以攻为守的策略。

二 哈萨克斯坦将跨国界水资源管理列为重要国家水资源管理战略内容

（一）哈萨克斯坦跨国界水资源合作现状

跨国界水在哈萨克斯坦地表水资源中占据着重要的政治、经济、环境地位，因此《水资源管理纲要》专门对跨国界水资源相关问题做出了指导。由于缺乏长期互利的跨国界水域协议，在中亚地区新地缘政治条件下，锡尔河水资源利用导致国家间的各种矛盾。

1. 哈萨克斯坦与中亚各国的水资源矛盾

比如吉尔吉斯斯坦（水力发电）、乌兹别克斯坦与哈萨克斯坦（农业灌溉）间的争议，乌兹别克斯坦与哈萨克斯坦在取水量问题上的争议，吉尔吉斯斯坦、乌兹别克斯坦（国民经济用水）与哈萨克斯坦（三角洲及海洋生态环境用水）的争议等。中亚各国由于实施单边国家水资源战略而在水力发电、经济取水等问题上存在的矛盾，被哈政府列为威胁水资源安全的三大因素之一。

2. 哈萨克斯坦与俄罗斯的水资源争议

哈萨克斯坦与俄罗斯两国水资源合作的基础是 1992 年 8 月签署的《哈俄关于共同利用和保护跨界水的协定》。哈俄联合委员会机制较为有效，两国水资源领域需要解决的主要有如下四个问题：推动哈俄中建立共同利用和保护额尔齐斯河水资源三方合作机制；协调大乌津河、小乌津河水利平衡；俄奥伦堡州和哈阿克托别州经济活动对乌拉尔河污染及过度使用问题；托博尔河流域紧张的水利平衡局势和复杂的水质问题。

3. 哈萨克斯坦与中国的水资源争议

哈萨克斯坦与中国签署的《中哈关于利用和保护跨界河流的合作协定》是哈方认定的两国跨国界水资源合作基础。哈萨克斯坦认为中国在跨国界河流分水问题上始终立场强硬。

哈国家水资源战略专题描述了与中国的争议问题，包括哈方认为伊犁河水环境恶化的主要原因是中国未经协调大量取水发展农业灌溉、向河中排污；哈方还认为中方加快的西部大开发增加了对额尔齐斯河的取水量，导致额尔齐斯河枯水年水资源不足、水质恶化、河漫滩生物生产力下降、水生态系统恶化等问题。

（二）哈萨克斯坦加强跨国界水资源管理的主要措施

目前，哈萨克斯坦与邻国的水资源关系建立在政府间合作协议上，并成立哈俄共同利用和保护跨界河流委员会、中哈利用和保护跨界河流委员会、中哈环保合作委员会、哈吉使用楚河和塔拉斯河水利设施委员会、中亚国家间水利事务协调委员会等多双边协调机制。虽然哈萨克斯坦建立多项双边、多边跨国界水合作机制，但哈政府仍认为现有协议和组织不能完全解决跨国界水资源争议问题，并希望建立平等的国际协定和健全的水利基础设施，以保障跨国界水资源的平等分配。

为此，哈萨克斯坦《水资源管理纲要》提出了一系列关于推动建立多边跨国界水资源与环境管理的国际协议、双边合作协议的计划，及推动跨国界环境影响评价的建议措施，包括以下几个方面。

提高用水效率：研究制定《中亚地区有效利用水能资源构想》，并推动制定水能资源国际协议；研究制定并采用统一的针对跨境流域水资源的计量系统、评定系统及其使用制度，同时在径流形成和分散地区使用区域监控系统。

加强与邻国多边跨国界水资源合作：推动签订《关于使用锡尔河流域水资源和能源资源的哈萨克斯坦共和国、吉尔吉斯斯坦共和国、塔吉克斯坦共和国和乌兹别克斯坦共和国政府间协议》《使用和保护额尔齐斯河流域水资源方面进行合作的三方协议（俄罗斯、哈萨克斯坦、中国）》，推动签订《在中亚水工建筑物安全领域进行合作的政府间协议》等3项协议。

加强与邻国双边跨界水资源合作：研究制订《中哈跨境河流水资源分配技术工作的主要方向的计划》、推动签订《中哈政府间关于跨境河流水资源分配问题的协议》《有关使用锡尔河流域国家间共用水利设施问题的哈萨克斯坦共和国与乌兹别克斯坦共和国政府间协议》《有关使用楚河和塔拉斯河的国家间共用水利设施问题的哈萨克斯坦共和国与吉尔吉斯斯坦共和国政府间协议》等4项协议。

完善哈国内跨界环境影响评估、损害赔偿的法律基础：推动批准并执行《对跨境环境影响的评估协定》的《生态策略评价议定书》、《保护和使用跨境水流与国际湖泊协定》和《工业事故跨境影响协定》的《公民责任和对跨境的工业事故造成的损失进行赔偿的议定书》。

加强哈跨国界河流水利基础设施建设：推动东哈萨克斯坦州的边境河——乌尔肯－乌拉斯特河联合水利枢纽的建设，改建边境河——松别河的引水设施。

三 讨论

（一）高度重视跨国界水资源问题在哈国重要战略地位

从哈萨克斯坦水资源禀赋来看，哈萨克斯坦"四边入流、中部缺水、尾湖众多、大进大出"，哈属于对跨国界水资源依存度较高、水资源利用受限的国家。因而，哈萨克斯坦与周边国家签署的协议松散、约束力不强，与别国的跨国界水资源合作关系错综复杂，如哈与吉尔吉斯斯坦、塔吉克斯坦、土库曼斯坦、乌兹别克斯坦等周边国家签订的跨国界水协议有十几项，其中不包括涉及能源换水的能源合作协议。虽然如此，上述协议仍然在一定程度上发挥了维护地区稳定、避免引发竞争和冲突等积极作用。鉴于跨国界水在哈国的重要战略地位，建议我国在开展相关合作时，应认识到跨国界水问题是涉及哈萨克斯坦国家政治、经济、安全、外交大局的重大国家战略问题，加强研究哈国跨国界水资源相关的政策和措施。

（二）积极拓宽环保合作内涵

据哈官方估算，哈萨克斯坦 48.5% 的地表水资源源于跨国界河流，其中 42.6% 的水量源于中国，因此中国在哈跨国界水国家战略布局中占有重要位置。《水资源管理纲要》积极推动的 7 项跨国界水合作协议中有 3 项与中国有关也体现了这一点。当前，中哈两国政治关系密切，哈也将发展与中国的全面战略伙伴关系列为哈外交政策的重点之一。建议我国在开展中哈环保合作时，以中俄环保合作为范本，立足发挥中哈政治关系优势，切实抓好跨国界河流环保工作，以务实的合作推动两国环保坦诚、有效的合作。

（三）《水资源管理纲要》执行机构变更对哈水资源管理的影响

2014 年 4 月哈政府出台《水资源管理纲要》，2014 年 8 月哈政府宣布进行大部制改革，即将原环境与水资源部水资源利用保护、环保等职能纳入农业部，将可再生能源、绿色经济等职能纳入能源部。哈《水资源管理纲要》的实施工作也随之由原统一归口部门分散至农业部和能源部。机构变更是一国大事，水资源与环境部的撤销是否意味着哈政府工作重心更加偏向经济发展这一问题有待进一步考察。如哈农业部使用水资源量一直占哈国水资源利用的 70% 以上，而农业部出台约束自身行为的政策显然动力不足。

参考文献

［1］王俊峰、胡烨：《中哈跨界水资源争端：缘起、进展与中国对策》，《新疆大学学报》2011 年第 9 期。

［2］邓铭江：《哈萨克斯坦跨界河流国际合作问题》，《干旱区地理》2012 年第 5 期。

［3］龙爱华、邓铭江、李湘权等：《哈萨克斯坦水资源及其开发利用》，《地球科学进展》2010 年第 12 期。

［4］联合国欧洲经济委员会（UNECE）：《哈萨克斯坦与邻国在跨界水问题上的合作》，2006（The United Nations Economic Commission for Europe（UNECE），*Trans-Boundary Water Cooperation Trends in the Newly Independent States*，2006）。

图书在版编目（CIP）数据

上海合作组织区域和国别环境保护研究. 2016 / 国
冬梅等编著. -- 北京：社会科学文献出版社，2017.3
（上海合作组织环境保护研究丛书）
ISBN 978 - 7 - 5201 - 0516 - 3

Ⅰ.①上… Ⅱ.①国… Ⅲ.①上海合作组织 - 环境保
护 - 国际合作 - 研究 Ⅳ.①X

中国版本图书馆 CIP 数据核字（2017）第 056626 号

上海合作组织环境保护研究丛书
上海合作组织区域和国别环境保护研究（2016）

编　　著／国冬梅　王玉娟　张　宁　等

出 版 人／谢寿光
项目统筹／周　丽　王楠楠
责任编辑／王楠楠　吴　鑫

出　　版／社会科学文献出版社·经济与管理分社（010）59367226
　　　　　　地址：北京市北三环中路甲29号院华龙大厦　邮编：100029
　　　　　　网址：www.ssap.com.cn
发　　行／市场营销中心（010）59367081　59367018
印　　装／三河市东方印刷有限公司

规　　格／开本：787mm×1092mm　1/16
　　　　　　印张：17.5　字数：302千字
版　　次／2017年3月第1版　2017年3月第1次印刷
书　　号／ISBN 978 - 7 - 5201 - 0516 - 3
定　　价／98.00元